Jürgen Wolf

Fujifilm X-T3
DAS HANDBUCH ZUR KAMERA

Liebe Leserin, lieber Leser,

die Fujifilm X-T3 ist eine attraktive und leistungsfähige Kamera, die sich vor der Konkurrenz nicht verstecken muss. Sie ist handlich, leistungsstark und nach einer kurzen Eingewöhnungszeit intuitiv bedienbar. Nicht zuletzt ihr Look und ihr Bedienkonzept machen sie besonders: Das moderne digitale Innenleben profitiert von der analog anmutenden Bedienung mit dedizierten Drehschaltern und Tasten, die sich erfrischend von anderen Kameras unterscheidet.

Jürgen Wolf hat lange Jahre vorrangig mit Canon fotografiert, aber parallel auch mit Fujifilm. Die X-T3 hat ihn nun vollends von Fujifilm überzeugt. Profitieren Sie in diesem Buch von seinen Erfahrungen im Kennenlernen des Systems sowie seinen Empfehlungen für die Konfiguration und das praktische Fotografieren mit der Fujifilm X-T3.

Sie lernen die Bedienelemente und das Bedienkonzept der X-T3 kennen und erfahren, wie Sie die Programmmodi P, S, A und M verwenden. Großen Raum nehmen natürlich auch die Themen Belichtung, Schärfe und Farbsteuerung inkl. Fujifilm-Filmsimulationen ein. Sie entdecken, wie Sie die X-T3 individuell anpassen können und ihre Stärken in typischen Fotosituationen bestmöglich ausspielen. Das Blitzen ist ebenso Thema wie das Filmen und Jürgen Wolf gibt Ihnen nicht zuletzt auch Tipps für die Zubehörwahl inkl. Objektiven. – Auch andere Mütter haben schöne Töchter und Söhne, die Fujifilm X-T3 ist dafür der beste Beweis!

Sollten Sie Hinweise, Anregungen, Kritik oder Lob an uns weitergeben wollen, so freue ich mich über Ihre E-Mail. Zunächst einmal wünsche ich Ihnen aber viele Erkenntnisse beim Lesen dieses Buches und einen guten Einstieg in die ambitionierte Fotografie mit Ihrer Fujifilm X-T3!

Ihr Frank Paschen
Lektorat Rheinwerk Fotografie

frank.paschen@rheinwerk-verlag.de
www.rheinwerk-verlag.de
Rheinwerk Verlag · Rheinwerkallee 4 · 53227 Bonn

Wir hoffen, dass Sie Freude an diesem Buch haben und sich Ihre Erwartungen erfüllen. Ihre Anregungen und Kommentare sind uns jederzeit willkommen. Bitte bewerten Sie doch das Buch auf unserer Website unter www.rheinwerk-verlag.de/feedback.

An diesem Buch haben viele mitgewirkt, insbesondere:

Lektorat Frank Paschen
Korrektorat Petra Biedermann, Reken
Herstellung Melanie Zinsler, Vera Brauner
Typografie und Layout Vera Brauner
Einbandgestaltung Eva Schmücker
Coverbild Unsplash: 533238 © Jason Hafso
Satz III-Satz, Husby
Druck und Bindung Mohn Media Mohndruck, Gütersloh

Dieses Buch wurde gesetzt aus der TheSans (9,35 pt/13,7 pt) in FrameMaker.
Gedruckt wurde es auf mattgestrichenem Bilderdruckpapier (115 g/m²).
Hergestellt in Deutschland.

Das vorliegende Werk ist in all seinen Teilen urheberrechtlich geschützt. Alle Rechte vorbehalten, insbesondere das Recht der Übersetzung, des Vortrags, der Reproduktion, der Vervielfältigung auf fotomechanischen oder anderen Wegen und der Speicherung in elektronischen Medien.

Ungeachtet der Sorgfalt, die auf die Erstellung von Text, Abbildungen und Programmen verwendet wurde, können weder Verlag noch Autor, Herausgeber oder Übersetzer für mögliche Fehler und deren Folgen eine juristische Verantwortung oder irgendeine Haftung übernehmen.

Die in diesem Werk wiedergegebenen Gebrauchsnamen, Handelsnamen, Warenbezeichnungen usw. können auch ohne besondere Kennzeichnung Marken sein und als solche den gesetzlichen Bestimmungen unterliegen.

Bibliografische Information der Deutschen Nationalbibliothek:
Die Deutsche Nationalbibliothek verzeichnet diese Publikation in der Deutschen Nationalbibliografie; detaillierte bibliografische Daten sind im Internet über *http://dnb.d-nb.de* abrufbar.

ISBN 978-3-8362-7065-6

1. Auflage 2019
© Rheinwerk Verlag, Bonn 2019

Informationen zu unserem Verlag und Kontaktmöglichkeiten finden Sie auf unserer Verlagswebsite **www.rheinwerk-verlag.de**. Dort können Sie sich auch umfassend über unser aktuelles Programm informieren und unsere Bücher und E-Books bestellen.

Inhaltsverzeichnis

Vorwort 15

1 Bedienelemente und Bedienkonzept der Fujifilm X-T3 17

1.1 Die Bedienelemente 17

1.2 Das Bedienkonzept 20
- 1.2.1 Den Programmmodus einstellen 21
- 1.2.2 Objektive und der Blendenring 23
- 1.2.3 Das vordere/hintere Einstellrad und der Fokushebel 24
- 1.2.4 Die Q-Taste und die Funktionstasten 25
- 1.2.5 Die Aufnahmebetriebsarten und der Fokusschalter 26

1.3 Bildkontrolle über das Display und den Sucher 29
- 1.3.1 Das Endergebnis stets im Blick 31
- 1.3.2 Die Bildschirmansicht ändern 31
- 1.3.3 Den Touchscreen verwenden 33

1.4 Im Kameramenü und Schnellmenü navigieren 34
- 1.4.1 Das Schnellmenü 34
- 1.4.2 Das Kameramenü 34

1.5 Einstellungen für einen guten Start 36
- 1.5.1 Aufnahmeeinstellungen 36
- 1.5.2 Geräuschlos fotografieren 37
- 1.5.3 Hilfe bei der Bildkomposition 38
- 1.5.4 Speicherkartenmanagement 39
- 1.5.5 Alles wieder auf den Start setzen 40

1.6 Bildwiedergabe 40
- 1.6.1 Das Kameramenü bei der Bildwiedergabe 46
- 1.6.2 Die Bildwiedergabe per Touchscreen steuern 46

EXKURS: Elektronischer Verschluss (ES) 47

2 Die Programmmodi P, S, A und M verwenden 49

2.1 Der Programmmodus P – die Programmautomatik 49
- 2.1.1 Anpassungen in der Programmautomatik 51
- 2.1.2 Den Programm-Shift nutzen 52

2.2 Die Zeitvorwahl im Programmmodus S 55
- 2.2.1 Anpassungen bei der Zeitvorwahl 58
- 2.2.2 Belichten aus der Hand, ohne zu verwackeln 59
- 2.2.3 Der Bildstabilisator 60

2.3 Die Blendenvorwahl im Programmmodus A 62

2.4 Volle manuelle Kontrolle im Programmmodus M 67

2.5 Die verschiedenen Programmmodi mit der ISO-Einstellung 70
- 2.5.1 Die ISO-Automatik für die Programmmodi P und A 71
- 2.5.2 Erweiterte ISO-Einstellungen – L und H 74

EXKURS: Zum Auffrischen: Zusammenspiel von Blende,
Belichtungszeit und ISO 75

3 Die Belichtung steuern 79

3.1 Die Belichtungsmessmethoden der X-T3 79
- 3.1.1 Die Mehrfeldmessung für (fast) alle Fälle 80
- 3.1.2 Die Integralmessung 81
- 3.1.3 Die mittenbetonte Integralmessung 81
- 3.1.4 Die Spotmessung 82

3.2 Die Belichtungskorrektur 86

EXKURS: Das Histogramm lesen 88

3.3 Auf Nummer sicher mit einer Belichtungsreihe 89

3.4 Starke Kontraste im Griff 92
- 3.4.1 Der Kontrastumfang bei schwierigen Motiven 92
- 3.4.2 Den Kontrastumfang der Kamera überlassen 94

3.5 Kleine Hilfen für die Belichtungskontrolle 95

	3.5.1	Bildbeurteilung im Wiedergabemodus	95
	3.5.2	Überbelichtungswarnung und Live-Histogramm vor der Aufnahme	96

EXKURS: Die Welt ist grau – das Problem mit schwarzen und weißen Motiven 98

4   Fokussieren mit der X-T3 … 99

4.1   Die Modi für den Autofokus … 99
- 4.1.1   AF-S für statische Objekte … 99
- 4.1.2   AF-C für bewegte Motive … 101

4.2   Die verschiedenen Autofokusbereiche … 102
- 4.2.1   AF-Modus »Einzelpunkt« … 102
- 4.2.2   AF-Modus »Zone« … 105
- 4.2.3   AF-Modus »Weit«/»Verfolgung« … 108
- 4.2.4   AF-C anpassen … 110
- 4.2.5   Weniger Ausschuss fotografieren … 113
- 4.2.6   Die Fokusdistanz mit AF-L speichern … 113

4.3   Gesichts- und Augenerkennung … 115
- 4.3.1   Gesichtserkennung … 115
- 4.3.2   Gesichtserkennung mit Auge … 117
- 4.3.3   Die Kameraausrichtung bestimmt das Autofokusfeld … 118

4.4   Manuelles Fokussieren mit der X-T3 … 118
- 4.4.1   Digitale Entfernungsanzeige … 119
- 4.4.2   Fokuskontrolle … 120
- 4.4.3   Die Assistenten zum manuellen Fokussieren … 122
- 4.4.4   Im manuellen Modus den Autofokus verwenden … 124
- 4.4.5   Autofokus und manuellen Fokus kombinieren … 125

4.5   Fokussieren mit dem Touchscreen … 126
- 4.5.1   Touchscreen-Modi … 126
- 4.5.2   Touchscreen-Steuerung bei Sucheraufnahmen … 129
- 4.5.3   Gestensteuerung … 130

EXKURS: Hybrid-AF … 132

5 Die Farben steuern — 134

- 5.1 Den Weißabgleich anpassen — 135
- 5.2 Die Fujifilm-Filmsimulationen für JPEG-Bilder — 140
- 5.3 Weitere Bildeffekte für JPEG-Bilder — 144
    - 5.3.1 Kontrasteinstellungen — 144
    - 5.3.2 Körnungseffekt und Rauschreduktion — 144
    - 5.3.3 Farbe Chromeffekt — 146
    - 5.3.4 Farbsättigung anpassen — 146
    - 5.3.5 Schärfen — 147
    - 5.3.6 Filtereffekte verwenden — 147
- 5.4 Eigene Einstellungen erstellen — 148
- 5.5 Den Farbraum wählen — 151

6 Die Fujifilm X-T3 individuell anpassen — 152

- 6.1 Die Tastenbelegung ändern — 152
    - 6.1.1 Die Funktionstasten ändern — 152
    - 6.1.2 Die Bedienrad-Einstellungen beim Drehen ändern — 154
- 6.2 Das Schnellmenü anpassen — 156
- 6.3 »Mein Menü« individuell anpassen — 157
- 6.4 Display- und Suchereinstellungen — 159

7 Blitzen mit der X-T3 — 160

- 7.1 Der mitgelieferte EF-X8 im Einsatz — 160
- 7.2 Systemblitze für die X-T3 — 162
    - 7.2.1 Fujifilm EF-20 — 164
    - 7.2.2 Fujifilm EF-X20 — 164
    - 7.2.3 Fujifilm EF-42 — 164
    - 7.2.4 Fujifilm EF-X500 — 165
    - 7.2.5 Blitze von Metz, Godox und Nissin — 165

7.3	**Die Blitzeinstellungen der X-T3**		166
	7.3.1	Die Blitzsteuerung	167
	7.3.2	Blitzleistung einstellen	168
	7.3.3	Den TTL-Modus anpassen	169
	7.3.4	Synchronisation	170
	7.3.5	Rote-Augen-Korrektur	171
	7.3.6	TTL-Sperre	172
	7.3.7	Weitere Funktionen	173
7.4	**Blitzen in der Praxis**		174
	7.4.1	Indirektes Blitzen	175
	7.4.2	Blitzen im Programmmodus S	176
	7.4.3	Langzeit-Synchronisation in den Modi A und P	177
	7.4.4	Blitzen im Programmmodus M	178
	7.4.5	Grenzen der Belichtungssynchronzeit und HSS	179
	7.4.6	Die Farben beim Blitzen steuern	181
	7.4.7	Manuell blitzen	181
7.5	**Entfesselt blitzen**		182
	7.5.1	»Commander«-Modus	182
	7.5.2	Funk ohne TTL	183
	7.5.3	Funk mit TTL	183
	7.5.4	TTL-Blitzkabel	184
	7.5.5	Fujifilm-TTL	184
	7.5.6	Weitere Hilfsmittel	185
7.6	**Blitzen im Studio**		186
EXKURS: Tethered-Aufnahmen			189

8	**Der Alltag mit der Fujifilm X-T3**		**191**
8.1	**Porträtfotografie**		191
	8.1.1	Geeignete Brennweiten	191
	8.1.2	Geringe Schärfentiefe	192
	8.1.3	Gezielt fokussieren	193

8.2	Naturfotografie		194
	8.2.1	Große Schärfentiefe	195
	8.2.2	Landschaftsaufnahmen belichten	196
	8.2.3	Graufilter und Verlaufsfilter	196
8.3	Makrofotografie		198
	8.3.1	Geringe Schärfentiefe	199
	8.3.2	Durchgehende Schärfe mit Focus Stacking	201
8.4	Timelapse mit Intervallaufnahmen erstellen		204
8.5	Serienaufnahmen (Actionaufnahmen)		205
	8.5.1	Pre-Aufnahmen	207
	8.5.2	Sport-Sucher-Modus	208
8.6	Langzeitbelichtung		209
	8.6.1	Langzeitbelichtung in der Nacht	211
	8.6.2	Langzeitbelichtung am Tag	211
8.7	Den Selbstauslöser verwenden		213
8.8	Die Kamera mit mobilen Geräten fernsteuern		214
	8.8.1	Fernauslöser für Bulb via Bluetooth	217
	8.8.2	Fernsteuerung der Kamera mit WiFi	218
	8.8.3	Bilder auf das mobile Gerät übertragen	219

9 Filmen mit der X-T3 221

9.1	Filmaufnahmen starten		221
9.2	So fokussieren Sie beim Filmen		222
	9.2.1	Automatisches Fokussieren mit AF-C	223
	9.2.2	Fokussieren mit dem Touchscreen	224
	9.2.3	Manuell fokussieren	224
9.3	Filmen in den verschiedenen Programmmodi		225
	9.3.1	Filmen in der Programmautomatik	225
	9.3.2	Filmen im Programmmodus A (Blendenvorwahl)	226
	9.3.3	Filmen im Programmmodus S (Zeitvorwahl)	227
	9.3.4	Filmen im Programmmodus M (manuell)	228

	9.3.5	Zebrastreifen für die Belichtungskontrolle	229
	9.3.6	Bedienungsgeräusche stummschalten	230
	9.3.7	Weißabgleich	231
9.4	4K oder Full HD und welche Framerate?		232
	9.4.1	Videomodus wählen	232
	9.4.2	Videocodec und Filmkompression auswählen	234
	9.4.3	Zeitlupen- und Zeitrafferfilme	235
	9.4.4	Übersicht der Videoeinstellungen	235
	9.4.5	Verschiedene Ausgabeoptionen	237
9.5	F-Log und HLG		238
	9.5.1	Filmsimulationen und andere Einstellungen für Videos	241
	9.5.2	Mehr Übersicht mit Zeitcodes	242
9.6	Den Ton steuern		243
9.7	Einen Film wiedergeben		245

10 Zubehör für die X-T3 — 246

10.1	Objektive für die X-T3		246
	10.1.1	Standardzooms	248
	10.1.2	Telezooms	252
	10.1.3	Weitwinkelzooms	254
	10.1.4	Festbrennweiten	256
	10.1.5	Makroobjektive	260
	10.1.6	Telekonverter	262
10.2	Mehr Energie mit Batteriegriff		262
10.3	Fernauslöser		265
10.4	Sensorreinigung		266
	10.4.1	Reinigung mit dem Blasebalg	267
	10.4.2	Trockenreinigung mit Sensorkontakt	267
	10.4.3	Feuchtreinigung mit Sensorkontakt	267
10.5	Firmware-Upgrade		268

11 Fotos bearbeiten ... 271

11.1 Welche Bildgröße produziert die X-T3? ... 271

11.2 Sinnvolle Systemvoraussetzungen ... 272
    11.2.1 Systemvoraussetzungen für die Bildbearbeitung ... 272
    11.2.2 Systemvoraussetzungen für den Videoschnitt ... 272

11.3 Kamerainterne Raw-Bearbeitung ... 273
    11.3.1 Funktionen bei der Raw-Konvertierung ... 274
    11.3.2 Bilder zuschneiden ... 275

11.4 Raw-Konverter für den Computer ... 275
    11.4.1 Raw File Converter EX 3.0 ... 276
    11.4.2 Capture One 12 Pro Fujifilm ... 276
    11.4.3 Adobe Lightroom Classic und CC/Camera Raw ... 277

11.5 Software für den Videoschnitt ... 278
    11.5.1 Adobe Premiere Pro CC ... 278
    11.5.2 Final Cut Pro X ... 278
    11.5.3 Media Composer von Avid ... 278
    11.5.4 Weitere Videoschnittprogramme ... 279

12 Die Menüs im Überblick ... 280

12.1 Bildqualitäts-Einstellung (1/3) ... 280

12.2 Bildqualitäts-Einstellung (2/3) ... 282

12.3 Bildqualitäts-Einstellung (3/3) ... 283

12.4 AF/MF-Einstellung (1/3) ... 284

12.5 AF/MF-Einstellung (2/3) ... 285

12.6 AF/MF-Einstellung (3/3) ... 286

12.7 Aufnahme-Einstellung (1/2) ... 287

12.8 Aufnahme-Einstellung (2/2) ... 288

12.9 Blitz-Einstellung ... 289

12.10	Film-Einstellung (1/5)	290
12.11	Film-Einstellung (2/5)	292
12.12	Film-Einstellung (3/5)	293
12.13	Film-Einstellung (4/5)	294
12.14	Film-Einstellung (5/5)	295
12.15	Einrichtung > Benutzer-Einstellung	296
12.16	Einrichtung > Ton-Einstellung	297
12.17	Einrichtung > Display-Einstellung (1/3)	297
12.18	Einrichtung > Display-Einstellung (2/3)	298
12.19	Einrichtung > Display-Einstellung (3/3)	299
12.20	Einrichtung > Tasten/Rad-Einstellung (1/3)	300
12.21	Einrichtung > Tasten/Rad-Einstellung (2/3)	301
12.22	Einrichtung > Tasten/Rad-Einstellung (3/3)	302
12.23	Einrichtung > Energieverwaltung	303
12.24	Einrichtung > Datenspeicher-Einstellung	304
12.25	Einrichtung > Verbindungs-Einstellung	305
Index		307

Vorwort

Wenn Sie dieses Buch in den Händen halten, dann haben Sie vermutlich eine Fujifilm X-T3 erworben oder planen, in nächster Zeit eine zu kaufen. Die X-T3 ist (zur Drucklegung) eine der besten APS-C-Kameras auf dem Markt mit enorm vielen Funktionen und neuen Maßstäben in dieser Kameraklasse. Meine Aufgabe in diesem Buch ist es, Ihnen diese Funktionen auf einem angenehmen Weg näherzubringen, damit Sie Ihre Kamera in vollem Umfang ausnutzen können.

Sofern Sie sich als Einsteiger in die Fotografie dieses Buch gekauft haben, so muss ich hier jedoch darauf hinweisen, dass dieses Buch ein Kamerahandbuch ist und kein Einstieg in die Fotografie. Zwar werden Sie den einen oder anderen Exkurs zu grundlegenden Themen finden sowie Praxisbeispiele in der Fotografie, aber trotzdem liegt der Fokus des Buches ganz klar in der Nutzung der Fujifilm X-T3.

Das Buch richtet sich an Einsteiger mit der und Umsteiger zur Fujifilm X-T3. Gerade wer von einem anderen System zur X-T3 wechselt, der findet hier zunächst ein komplett anderes Bedienkonzept vor. Aber eben diese Art der Bedienung dürfte den einen oder anderen dazu bewogen haben, das System zu wechseln. Wenn Sie bereits mit einer anderen Kamera des Fujifilm-Systems vertraut sind, dann wird Ihnen der Einstieg mit der X-T3 relativ einfach fallen.

Dieses Buch hat allerdings nicht den Anspruch, ein Kompendium zur X-T3 zu sein, und will auch nicht die gute Bedienungsanleitung der X-T3 ersetzen, die Ihnen mit der Kamera mitgeliefert wird. Sie können sich auch eine PDF-Version der Anleitung von der Website *http://fujifilm-dsc.com/en-int/manual/x-t3/* herunterladen. Wie Sie den Akku einlegen und aufladen oder Objektive wechseln sowie Datum, Uhrzeit, Zeitzone und Sprache der Kamera einstellen, haben Sie bestimmt schon selbst herausgefunden. Auf den Seiten 27 bis 43 der Bedienungsanleitung finden Sie diese Schritte recht ausführlich beschrieben vor.

Trotzdem lassen sich mit Hilfe der Menütexte oder dem mitgelieferten Handbuch viele Funktionen und Einstellungen nicht immer so einfach durchschauen. Und genau hierbei springt das Buch für Sie ein. Das Buch begleitet Sie durch die Einträge im Kameramenü und zeigt Ihnen Kapitel für Kapitel unterschiedliche Konfigurationsmöglichkeiten der X-T3. Hierbei versuche ich immer, Ihnen diverse Einstellungen, Funktionen oder Menüeinträge anhand von Beispielen zu erläutern, die sich in der Praxis bewährt haben.

Das Ziel des Buches ist es, dass Sie nach der Lektüre die Arbeitsweise von verschiedenen Funktionen und Automatiken der Fujifilm X-T3 kennen und somit die passende Auswahl bzw. Einstellung für Ihr Motiv treffen können. Das Buch begleitet Sie beim Einstieg in das Bedienkonzept der Kamera bis hin zu Einstellungen für komplexere Anforderungen.

Der Weg durch dieses Buch

Das gleich folgende **erste Kapitel** bietet Ihnen einen allgemein gehaltenen Überblick über die Bedienelemente und das Bedienkonzept der Kamera.

Die allgemeinen Programmmodi der Kamera lernen Sie in **Kapitel 2** kennen. Gerade Umsteiger von anderen Kameraherstellern werden die Programmmodi wie die Programmautomatik mit **P**, die Zeitvorwahl mit **S**, die Blendenvorwahl mit **A**, und den manuellen Modus mit **M** (zusammen häufig als die PSAM- oder PASM-Modi zusammengefasst) suchen, die bei anderen Herstellern gewöhnlich mit einem Wahlrad einstellbar sind. Aber auch wenn die X-T3 dieses Wahlrad nicht hat, sind diese vier grundlegenden Modi vorhanden.

Kapitel 3 steht dann komplett im Zeichen der korrekten Belichtung. Hier lernen Sie die verschiedenen Belichtungsmethoden kennen und erfahren, wie Sie mit der X-T3 auch bei kritischen Belichtungssituationen die richtigen Einstellungen vornehmen.

Ein weiterer sehr bedeutender Punkt ist das Fokussieren. Und hier darf gleich gesagt werden: Der Autofokus der X-T3 ist vom Feinsten und stellt viele Konkurrenten in der APS-C-Klasse derzeit in den Schatten. **Kapitel 4** zeigt Ihnen, wie Sie Bilder immer auf den Punkt scharf bekommen.

In **Kapitel 5** erfahren Sie, wie Sie die Farbwirkung bei der Aufnahme beeinflussen können. Neben dem Weißabgleich bietet die X-T3 (wie auch andere Fujifilm-Kameras) mit den Fujifilm-Filmsimulationen eine Besonderheit, die sich großer Beliebtheit erfreut. **Kapitel 6** beschreibt, welche Möglichkeiten die X-T3 bietet, die Kamera den persönlichen Bedürfnissen oder der Situation ganz individuell anzupassen. **Kapitel 7** behandelt das künstliche Licht und zeigt Ihnen die Einsatzmöglichkeiten mit einem Blitz bei der X-T3.

Nachdem Sie die wichtigsten Einstellungsmöglichkeiten der Kamera kennen, finden Sie in **Kapitel 8** einige gängige Praxisbeispiele wie u. a. zur Porträtfotografie, zur Naturfotografie oder zur Makrofotografie und einige Empfehlungen für die Kameraeinstellungen in diesen Situationen wieder. Da die X-T3 auch eine hervorragende Kamera zum Filmen ist, wird das Thema in **Kapitel 9** behandelt.

Kapitel 10 zeigt auf, mit welchen gängigen Komponenten Sie Ihre Kamera erweitern können, ehe Sie in **Kapitel 11** erfahren, wie und womit Sie die Fotos am Computer (und auch in der Kamera) bearbeiten können. In **Kapitel 12** habe ich alle Menüs mit ihren Optionen zusammengestellt.

Bei der Entstehung des Handbuches trugen wie immer viele Personen beim Rheinwerk Verlag bei. Meinem Lektor Frank Paschen mit seinem Kollegen August Werner möchte ich dabei ganz besonders danken. Sofern Sie Fragen oder Anregungen haben, freue ich mich sehr, von Ihnen zu hören. Schreiben Sie mir einfach eine E-Mail an *wolf@pronix.de* oder direkt an den Verlag. Jetzt wünsche ich Ihnen viel Spaß beim Lesen des Buches und mit der Fujifilm X-T3.

Jürgen Wolf

Kapitel 1
Bedienelemente und Bedienkonzept der Fujifilm X-T3

Um mit der Fujifilm X-T3 ein wenig vertrauter zu werden, finden Sie in diesem Kapitel zunächst einen allgemeinen Überblick über die Bedienelemente und das Bedienkonzept der Kamera. Gerade wenn Sie ein Aufsteiger oder Umsteiger von einer anderen Kamera sind, werden Sie sich nach der Lektüre dieses Kapitels schneller und leichter zurechtfinden.

1.1 Die Bedienelemente

Wie es sich für ein Kamerahandbuch gehört, finden Sie zunächst einen Überblick zu den wichtigsten Tasten und Einstellrädern der Fujifilm X-T3. An dieser Stelle werde ich allerdings noch nicht jedes einzelne Element beschreiben, und Sie müssen sich diese Details auch nicht merken. Die genauen Funktionen aller Bedienelemente lernen Sie nach und nach im Buch kennen.

Abbildung 1.1 *Die Fujifilm X-T3 von oben*

❶ **Dioptrieneinstellrad**: Dieses Rad ermöglicht es Kurz- und Weitsichtigen, den Sucher so einzustellen, dass ohne Brille ein scharfes Bild dargestellt wird. Zum Ändern der Einstellung müssen Sie das Rad durch Herausziehen entriegeln, die Einstellung vornehmen und das Rad anschließend durch Hineindrücken wieder verriegeln.

❷ **ISO-Wert**: Mit diesem Einstellrad stellen Sie den ISO-Wert ein. Mit dem Knopf in der Mitte können Sie das Einstellrad verriegeln und wieder entriegeln. Damit verhindern Sie, dass die Einstellung aus Versehen geändert wird.

❸ **Aufnahmebetriebsart**: Unter dem Einstellrad für den ISO-Wert finden Sie ein weiteres Einstellrad, mit dem Sie eine Aufnahmebetriebsart wie Einzelbild, Video oder Belichtungsreihe wählen.

❹ Das Symbol mit dem durchgestrichenen Kreis zeigt die Lage des Sensors in der Kamera an.

❺ **Mikrofon**: Die beiden kleinen Löcher vor den Einstellrädern für den ISO-Wert und die Belichtungszeit befinden sich die Mikrofone der Fujifilm X-T3.

❻ **Blitzschuh**: Ermöglicht das Aufsetzen des mitgelieferten Aufsteckblitzgerätes EF-X8 sowie anderer externer Blitzgeräte.

❼ **Belichtungsmessmethode**: Unterhalb der Belichtungszeit finden Sie ein weiteres Einstellrad, mit dem Sie die Belichtungsmessmethode einstellen.

❽ **Belichtungszeit**: Mit diesem Einstellrad stellen Sie die Belichtungszeit ein. Auch hier können Sie mit dem Knopf in der Mitte das Einstellrad verriegeln.

❾ **Ein-/Ausschalter**: Hier schalten Sie die Kamera ein (ON) und aus (OFF). Die Taste auf dem Ein-/Ausschalter ist der **Auslöser**, mit dem Sie durch Antippen fokussieren und durch Herunterdrücken auslösen.

❿ **Belichtungskorrekturrad**: Mit diesem Rad stellen Sie eine gezielte Über- oder Unterbelichtung um bis zu drei Blendenstufen ein.

⓫ **Fn1-Taste**: Dieser Taste können Sie für den Schnellzugriff eine Funktion zuweisen.

⓬ **VIEWMODE**: Mit dieser Taste wechseln Sie zwischen verschiedenen Bildschirmmodi des elektronischen Suchers (kurz EVF) und des Displays.

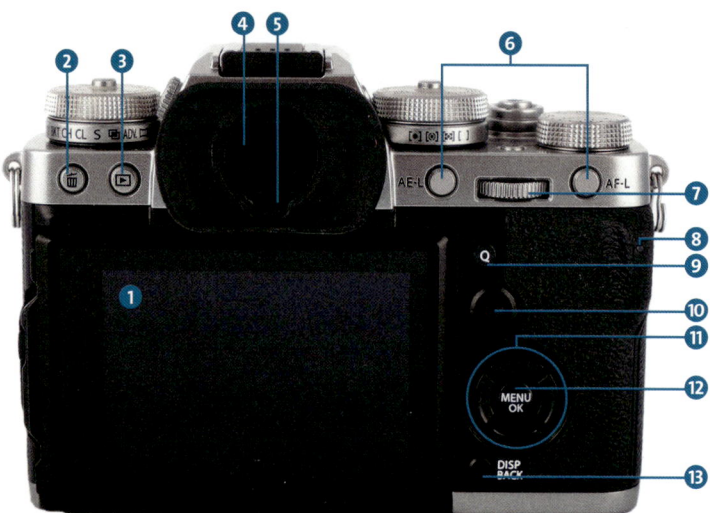

Abbildung 1.2 *Die Fujifilm X-T3 von hinten*

❶ **Display/Touchscreen**: Das Display dient zur Kontrolle von Bildaufbau, Belichtung, Kameraeinstellungen und zur Fotobegutachtung. Ebenso kann das Display als Touchscreen verwendet werden.

❷ **Löschen-Taste**: Damit löschen Sie Bilder oder Filme von der Speicherkarte bei der Wiedergabe von Fotos bzw. Filmen.

❸ **Wiedergabetaste**: Hiermit geben Sie Bilder oder Filme im elektronischen Sucher oder auf dem Display wieder.

❹ **Elektronischer Sucher (EVF)**: Der elektronische Sucher ist die Alternative zum Display und die erste Wahl bei einer hellen Umgebung.

❺ Unterhalb des EVF ist der **Augensensor**, der bei Annäherung den Sucher ein- und den Monitor ausschalten kann.

❻ **AE-L** und **AF-L**: Mit AE-L speichern Sie die Belichtungseinstellung und mit AF-L die Scharfstellung, um sie für die nächste Aufnahme zu verwenden.

❼ **Hinteres Einstellrad**: Hat abhängig von anderen Einstellungen verschiedene Funktionen. Es kann gedreht, aber auch gedrückt werden, um eine zugewiesene Funktion auszuführen.

❽ **Kontrollleuchte**: Die kleine Leuchte ist leicht zu übersehen und zeigt den Kamerastatus an. Leuchtet die Kontrollleuchte grün, ist die Schärfe eingestellt. Leuchtet sie orange, werden die Bilder auf die SD-Karte gespeichert, und es können im Augenblick keine weiteren Bilder aufgenommen werden. Blinkt sie hingegen grün und orange, werden gerade Bilder auf die SD-Karte geschrieben, aber es kann trotzdem fotografiert werden. Eine blinkende rote Kontrollleuchte hingegen signalisiert einen Objektiv- oder Speicherfehler.

❾ **Q-Taste**: Damit rufen Sie ein Schnellmenü für den Zugriff auf bestimmte Einstellungen auf.

❿ **Fokushebel**. Damit wählen Sie durch Kippen den Fokussierpunkt aus. Kann auch gedrückt werden, um den mittleren Fokuspunkt auszuwählen. Der Fokushebel ist quasi ein Joystick und kann auch für die Auswahl und Bestätigung von Menüpunkten und Einstellungen verwendet werden.

⓫ **Auswahltasten**: Die vier Auswahltasten werden verwendet, um Elemente zu markieren oder die Bildwiedergabe zu steuern. Beim Fotografieren sind diese Tasten auch mit Funktionen belegt, die jederzeit geändert werden können. Daher dienen diese Taste auch als Funktionstaste **Fn3**, **Fn4**, **Fn5** und **Fn6**.

⓬ **MENU/OK-Taste**: Mit dieser Taste werden die Menüs aufgerufen, und sie dient auch zum Auswählen bzw. Bestätigen von Einstellungen.

⓭ **DISP/BACK-Taste**: Hiermit wählen Sie, wie die Anzeige im Sucher oder auf dem Display aussehen soll. In den Menüs hingegen dient diese Taste als Zurück- oder Abbrechen-Taste zur Navigation.

Kapitel 1 Bedienelemente und Bedienkonzept der Fujifilm X-T3

Abbildung 1.3 *Die Fujifilm X-T3 von vorn*

① **Objektiv-Entriegelungsknopf**: Der Knopf muss gedrückt werden, wenn Sie ein Objektiv vom Kamerabody entfernen wollen.

② **Fn2-Taste**: Dieser Taste können Sie für den Schnellzugriff eine Funktion zuweisen.

③ **Vorderes Einstellrad**: Hat abhängig von anderen Einstellungen verschiedene Funktionen. Wie das hintere Einstellrad kann es sowohl gedreht als auch gedrückt werden, um eine zugewiesene Funktion auszuführen.

④ **AF-Hilfslicht**: Wenn das Hilfslicht aktiviert ist, hilft es bei der automatischen Scharfstellung. Das Licht blinkt auch als Countdown beim Selbstauslöser.

⑤ **Synchronanschluss**: Der Anschluss wird von Blitzgeräten verwendet, die sich nur mit einem Synchronkabel mit der Kamera verbinden lassen.

⑥ **Fokusschalter**: Mit diesem Schalter wählen Sie den Fokusmodus aus. **S** steht für Einzel-Autofokus (AF-S), **C** für kontinuierlicher Autofokus (AF-C) und **M** für den manuellen Modus.

1.2   Das Bedienkonzept

Die Fujifilm X-T3 mag mit ihren zahlreichen Einstellrädern und Tasten im ersten Moment kompliziert wirken. Im Verlauf des Buches werden Sie aber feststellen, dass die Kamera ein sehr gut durchdachtes und einfach zu bedienendes System ist. In diesem Kapitel gehe ich auf das grundlegende Bedienkonzept der X-T3 ein, in den folgenden Kapiteln widme ich mich dann den einzelnen Details und dem Feintuning der Kamera.

1.2.1 Den Programmmodus einstellen

Viele Kameras haben ein Moduswahlrad, wie Sie es in Abbildung 1.4 sehen, mit dem Sie den Programmmodus (auch: Aufnahmeprogramm) wählen. Neben einem Automodus finden Sie hier häufig die Modi **P** für die Programmautomatik, **A** oder **Av** für die Blendenvorwahl, **S** oder **Tv** für die Zeitvorwahl und **M** für den manuellen Modus vor.

Abbildung 1.4 *Ein typisches Moduswahlrad an einer Kamera eines anderen Kameraherstellers (Canon EOS M6), mit dem Sie zwischen Programmautomatik (**P**), Blendenvorwahl (**Av**), Zeitvorwahl (**Tv**) und manuellem Modus (**M**) wählen*

Die Fujifilm X-T3 hat dieses Moduswahlrad nicht! Trotzdem sind alle diese Programme auch hier vorhanden und können ganz einfach und intuitiv verwendet werden. Wie bei Fujifilm üblich, gibt es für jeden dieser Parameter eine dediziertes Einstellrad. Das hat den Vorteil, dass Sie die Einstellungen konfigurieren können, ohne die Kamera einschalten zu müssen.

Die nötigen Einstellräder zur Wahl des Programmmodus bei der X-T3 finden Sie auf der linken Seite mit dem Einstellrad für den ISO-Wert, auf der rechten Seite mit dem Einstellrad für die Zeitvorwahl und dem Blendenring direkt am Objektiv. Abhängig davon, wie Sie diese drei Parameter einstellen, können Sie die Aufnahmeprogramme wie bei jeder beliebigen Kamera auch einstellen und verwenden.

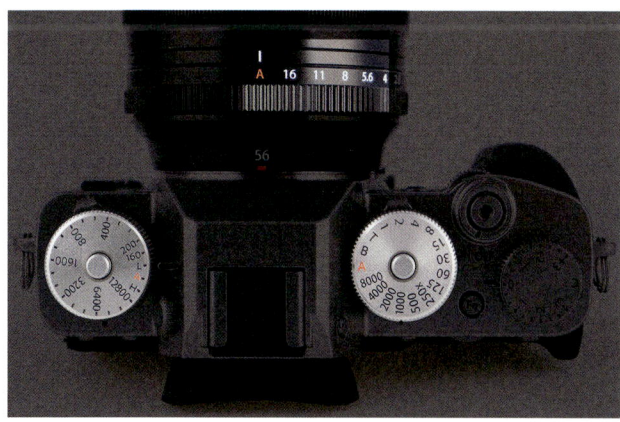

Abbildung 1.5 *Die nötigen Einstellungen für die verschiedenen Aufnahmeprogramme (linkes Rad: ISO-Wert, rechtes Rad: Belichtungszeit, am Objektiv: Blende)*

In Tabelle 1.1 wird aufgelistet, wie Sie die Programmmodi an der X-T3 einstellen können. Gerade Umsteiger von anderen Kameraherstellern sind oft verblüfft, wie einfach und intuitiv die Einstellungen hierbei gemacht werden können.

Aufnahmeprogramm	Einstellungen bei der X-T3
Programmautomatik **P**	Um die Programmautomatik zu verwenden, wählen Sie sowohl am Blendenring als auch am Einstellrad für die Belichtungszeit das rote **A** (für »Automatik«). Die Kamera übernimmt die Entscheidung für diese beiden Werte. Sie treffen hier dann nur noch die Entscheidungen zum ISO-Wert, obgleich Sie auch hier noch das ISO-Rad auf **A** stellen können.
Blendenvorwahl **A, Av**	Für die Blendenvorwahl stellen Sie das Einstellrad der Belichtungszeit auf das rote **A**. Wollen Sie auch den ISO-Wert automatisch passend einstellen lassen, können Sie auch dieses Einstellrad auf **A** stellen. Mit dem Blendenring am Objektiv geben nun Sie die passende Blende vor. Die Blendenvorwahl wird auch als Zeitautomatik bezeichnet.
Zeitvorwahl **S, T, Tv**	Eine Zeitvorwahl können Sie einstellen, indem das Blendenrad am Objektiv auf das rote **A** stellen. Auch hier können Sie das Einstellrad für den ISO-Wert bei Bedarf auf **A** stellen, wenn Sie diesen Wert nicht selbst einstellen wollen. Mit dem Einstellrad für die Belichtungszeit wählen Sie nun die gewünschte Belichtungszeit, die Kamera stellt dazu passend die Blende ein. Die Zeitvorwahl wird auch als Blendenautomatik bezeichnet.
manueller Modus **M**	Beim manuellen Modus nehmen Sie alle Einstellungen wie den ISO-Wert, die Blendenvorwahl und die Zeitvorwahl selbst in die Hand.

Tabelle 1.1 *Programmmodi an der X-T3 einstellen*

Kein echter Vollautomatikmodus
Bei allen in Tabelle 1.1 beschriebenen Einstellungen können Sie zusätzlich die Belichtungskorrektur und den Weißabgleich einstellen. Das heißt auch, dass es bei der Fujifilm X-T3 keinen wirklichen Vollautomatikmodus gibt, bei dem die Kamera auch noch die korrekte Belichtung für Sie übernimmt.

In Tabelle 1.2 finden Sie eine Schnellübersicht zu den einzelnen Aufnahmeprogrammen und wie Sie diese mit der Fujifilm X-T3 einstellen können.

	ISO-Wert	Blendenvorwahl	Zeitvorwahl
Programmautomatik	(**A**) optional	A	A
Blendenvorwahl	(**A**) optional		A
Zeitvorwahl	(**A**) optional	A	
manuell			

Tabelle 1.2 *Aufnahmeprogramme der Fujifilm X-T3 einstellen (**A** = Automatik).*

Der Filmmodus

Den Modus zum Filmen finden Sie unterhalb des Einstellrads für den ISO-Wert. Stellen Sie dieses Einstellrad auf das Video-Symbol, haben Sie die Aufnahmebetriebsart zum Filmen ausgewählt. Zurück zum Einzelbildmodus gelangen Sie, indem Sie das Einstellrad (wieder) auf **S** stellen. Wenn in diesem Buch die Rede von Film(en), Video oder Movie ist, dann handelt es sich immer um dasselbe.

Abbildung 1.6 *Stellen Sie das Einstellrad auf das Videosymbol, können Sie mit dem Auslöser eine Videoaufnahme starten.*

1.2.2 Objektive und der Blendenring

Auf die Einstellung der Blende gehe ich hier etwas ausführlicher ein, weil es eventuell zu Verwirrungen kommen könnte. Bei Objektiven mit einer Festbrennweite und bei Zoomobjektiven mit durchgehend gleicher Lichtstärke finden Sie auf dem Blendenring die Blendenwerte als Zahlenwert inklusive dem roten **A** für die Automatik wieder. Durch Drehen am Ring stellen Sie die gewünschte Blende bzw. die Automatik ein.

Abbildung 1.7 *Bei Objektiven mit Festbrennweite und Zoomobjektiven mit durchgehend gleicher Lichtstärke finden Sie die einzustellenden Blendenwerte (inklusive **A**) direkt auf dem Blendenring wieder.*

Abbildung 1.8 *Zoomobjektive, die keine durchgehend gleiche Lichtstärke haben, haben keine Blendenwerte am Blendenring. Sie können die Blende mit dem Ring einstellen, sehen Ihre Wahl aber nur im Sucher oder im Display. Für die manuelle oder automatische Blende gibt es bei solchen Objektiven einen Schalter. (Bild: Fujifilm)*

Zoomobjektive ohne durchgehende Lichtstärke wie zum Beispiel das Fujifilm XF 55–200 mm F 3.5–4.8 haben keine Zahlenwerte am Blendenring, weil hier ja mit der Brennweite auch die Blende variiert. Trotzdem ist auch hier der Blendenring zum Einstellen vorhanden. Allerdings müssen Sie hier den Blendenwert im Sucher oder auf dem Display kontrollieren. Für die automatische Einstellung der Blende finden Sie bei solchen Objektiven einen Schalter mit dem roten **A** vor. Über den Schalter wechseln Sie also zwischen manueller Blende und automatischer Blende.

Zu guter Letzt gibt es noch ein paar (wenige) Objektive, bei denen auf einen Blendenring verzichtet wurde. Das Fujifilm XF 27 mm F2.8 oder die günstigen XC-Objektive sind solche Kandidaten. Bei diesen Objektiven lassen sich Blende und Zeitvorwahl nur über das Menü der Kamera bzw. über das vordere Einstellrad einstellen (wenn die Standardeinstellung nicht verändert wurde).

Abbildung 1.9 *Das Fujifilm XC 50–230 mm hat keinen Blendenring und kann daher nur über das Menü der Kamera oder das vordere Einstellrad eingestellt werden.*

1.2.3 Das vordere/hintere Einstellrad und der Fokushebel

Bei der X-T3 werden auch verschiedene Einstellungen über die Einstellräder gemacht. Allerdings wird das vordere oder hintere Einstellrad nicht ganz so intensiv für die Anpassung von Kamerawerten verwendet, wie Sie dies von anderen Kameraherstellern vielleicht her kennen.

Das vordere Einstellrad ist mit drei Funktionen belegt, die sich allerdings alle ändern lassen. Die erste Funktion ist für die Steuerung der Blende von Objektiven ohne Blendenring gedacht. Es ist allerdings auch möglich, diese Funktion für andere Objektive einzurichten. Die zweite Funktion ist mit der Belichtungskorrektur belegt, mit der Sie die Belichtung anpassen können, wenn Sie das Einstellrad für die Belichtungskorrektur auf **C** (für »custom«; benutzerdefiniert) gestellt haben. Und als dritte Funktion können Sie den ISO-Wert anpassen. Allerdings müssen Sie auch hier zuvor noch die ISO-Radeinstellung als Befehl über das Menü einrichten. Wenn Sie die Blendeneinstellung und ISO-Wert-Einstellung auf das vordere Rad gelegt haben sollten, dann können Sie zwischen diesen Werten wechseln, indem Sie das vordere Einstellrad drücken.

Abbildung 1.10 *Vorderes Bedienrad* ❶

Abbildung 1.11 *Hinteres Bedienrad* ❷ *und der Fokushebel* ❸

> **Bedienradeinstellung**
> Sie gelangen zu den Einstellungen des vorderen und hinteren Bedienrades, indem Sie das vordere Bedienrad gedrückt halten, wodurch der entsprechende Konfigurationsdialog angezeigt wird. Sie werden allerdings schon bemerkt haben, dass die Kamera enorm viele Konfigurationsmöglichkeiten bietet, daher gehe ich auf die benutzerdefinierte Einstellung und Konfiguration noch gesondert in den jeweils passenden Kapiteln des Buches ein, um Sie jetzt nicht schon bei der Einführung der Kamera mit zu vielen Details zu erschlagen.

Das hintere Einstellrad ist überschaubar mit einer Funktion belegt: In der Programmautomatik im Modus **P** können Sie durch das Drehen am Rad eine passende Kombination aus Blende und Belichtungszeit auswählen. Drücken Sie das hintere Rad, wird der aktive Fokusbereich vergrößert, und Sie haben die Lupenfunktion aktiviert. Durch Drehen können Sie in diesen vergrößerten Bereich ein- und auszoomen. Allerdings kann auch dieses Rad bei Bedarf mit einer anderen Funktion belegt werden.

Ebenfalls wichtig ist der Fokushebel für den rechten Daumen. Mit ihm wählen Sie durch Kippen bzw. Drücken den Fokussierbereich. Die Auswahl des Fokussierpunktes wiederum unterscheidet sich ein wenig vom gewählten AF-Modus, der sich über das Einstellrad unterhalb des Belichtungszeitrad ändern lässt. Abhängig vom gewählten AF-Modus können Sie mit dem hinteren Einstellrad die Messfeldgröße wählen.

1.2.4 Die Q-Taste und die Funktionstasten

Über dem Fokushebel finden Sie die **Q**-Taste, mit der Sie schnell auf häufig benötigte Funktionen zugreifen können, ohne sich durch die Menüs durchklicken zu müssen. Die Einträge in diesem Schnellmenü lassen sich natürlich auch anpassen, wie so vieles bei der X-T3.

Weiterhin stehen Ihnen (noch mehr) Funktionstasten zur Verfügung, die zum Teil schon mit Funktionen vorbelegt sind und auch an Ihre persönlichen Bedürfnisse angepasst werden können. Neben den beiden **Fn**-Tasten auf der Ober- und Vorderseite der Kamera sind auch die vier Auswahltasten solche (konfigurierbaren) Funktionstasten. Standardmäßig stellen Sie mit der oberen **Fn**-Taste auf der X-T3 den Modus für die Gesichts-/Augenerkennung ein. Bei den vier **Fn**-Tasten rund um die **MENU/OK**-Taste ist die linke Taste für die Einstellung der Filmsimulationen, die untere für einen Leistungs-Verstärkungsmodus, die rechte für den Weißabgleich und die obere Taste für den AF-Modus vorbelegt.

Abbildung 1.12 *Über die Q-Taste rufen Sie ein Schnellmenü auf.*

> **Leistungs-Verstärkungsmodus**
> Wenn Sie den Leistungs-Verstärkungsmodus aktivieren, wird die Leistung der automatischen Scharfstellung und die Bildrate des Suchers von 60 Bildern pro Sekunde auf 100 Bilder pro Sekunde erhöht. Dies bedeutet allerdings auch, dass mehr Strom benötigt wird und sich die Akkulaufzeit verkürzt.

Mit der Tasten **AE-L** können Sie die Belichtungseinstellung und mit **AF-L** die Scharfstellung speichern und so für die nächste Aufnahme verwenden. Und wenn Sie wollen, können Sie auch die Tasten **AE-L** und **AF-L** mit eigenen Funktionen belegen, wenn Sie diese Standardfunktionen ohnehin nicht oder selten verwenden.

Wie Sie Ihre X-T3 nach Ihren eigenen Wünschen anpassen, erfahren Sie ausführlich in Kapitel 6, »Die Fujifilm X-T3 individuell anpassen«.

1.2.5 Die Aufnahmebetriebsarten und der Fokusschalter

Mit dem Einstellrad unterhalb des ISO-Einstellrades passen Sie die Aufnahmebetriebsart der Kamera an. Ihnen stehen die in Tabelle 1.3 aufgelisteten Betriebsarten zur Verfügung.

Option	Beschreibung
🎥	Damit stellen Sie die Kamera in die Betriebsart zum Aufnehmen von Videos. Auf das Filmen mit der X-T3 werde ich noch gesondert in Kapitel 9, »Filmen mit der X-T3«, eingehen.

Tabelle 1.3 *Die verschiedenen Betriebsarten der Fujifilm X-T3*

Option	Beschreibung
BKT	Stellen Sie das Rad auf **BKT** (engl. *bracketing*), wenn Sie eine Reihenaufnahme erstellen wollen. Sehr hilfreich hierbei ist, dass in dieser Aufnahmebetriebsart auch gleich die vordere **Fn**-Taste an der X-T3 dafür belegt ist, die Einstellungen der Serienaufnahme vorzugeben. Die Art der Automatikreihe geben Sie im Menü **Aufnahme-Einstellung > DRIVE-Einstellung > BKT-Einstellung > BKT Auswahl** vor. Folgende Reihentypen stehen Ihnen zur Verfügung: ▶ **AUTO-BELICHTUNGS-SERIE**: Bei dieser Belichtungsreihe erstellen Sie eine bestimmte Anzahl von Bildern mit unterschiedlichen Belichtungen. Dabei lassen sich die Anzahl der Bilder und der Abstand der Blendenstufen variabel anpassen. Aus den so erstellen Bildern kann am Computer ein HDR-Bild entstehen. Es lässt sich zudem einstellen, ob die Bilderreihe schnell hintereinander erstellt werden soll oder Sie für jedes der Bilder den Auslöser betätigen müssen. ▶ **ISO BKT**: Mit dieser Belichtungsreihe erstellen Sie Aufnahmen mit denselben Belichtungswerten, aber einem unterschiedlichen ISO-Wert. Den Unterschied des ISO-Wertes können Sie mit 1/3, 2/3 oder 1 Blendenstufe wählen. Diese Funktion kann hilfreich für eine Belichtungsreihe sein, bei der immer die gleichen Belichtungswerte benötigt werden, um z. B. eine einheitliche Schärfentiefe und Bewegungsunschärfe zu erzielen. ▶ **Filmsimulation-Serie**: Hiermit erstellen Sie Aufnahmen mit drei unterschiedlichen Fujifilm-Filmsimulationen. Welche Filmsimulationen verwendet werden, lässt sich einstellen. ▶ **Weissab. BKT**: Mit der Weißabgleichreihe werden drei Varianten mit kleineren bis größeren Unterschieden in den Farbtönen entsprechend dem eingestellten Weißabgleich erstellt. Damit erzeugen Sie ein Bild mit einem normalen und jeweils ein Bild mit einem warmen und einem kalten Weißabgleich. Die Schrittweite können Sie auch hier mit +/–1, +/–2 oder +/–3 angeben. ▶ **Dynamikbereich-Serie**: Hiermit erstellen Sie eine schnelle Folge von drei Aufnahmen mit unterschiedlichen Dynamikbereichen. Für die ersten Aufnahme wird 100 %, für die zweite 200 % und für die dritte 400 % verwendet. Damit entstehen Bilder mit unterschiedlichen Kontrastdarstellungen. Diese Reihenaufnahme hat keine weiteren Einstellmöglichkeiten. ▶ **Fokus-BKT**: Hiermit können Sie bis zu 999 Aufnahmen mit einer variierenden Fokuseinstellung erstellen. Nach jedem Auslösen ändert die Kamera dabei die Fokusposition um die eingestellte Schrittweite von 1 bis 10. Je kleiner die Schrittweite, umso geringer ist die Änderung der nächsten Fokusposition. Ein Intervall zwischen den Auslösungen können Sie hierbei auch einstellen. Diese Funktion wird sehr gerne in der Makrofotografie verwendet, um durch ein *Fokus-Stacking* ein durchgehend scharfes Bild am Computer zusammensetzen zu können.

Tabelle 1.3 *Die verschiedenen Betriebsarten der Fujifilm X-T3 (Forts.)*

Option	Beschreibung
CH **CL**	Mit **CH** (Continuous High) und **CL** (Continuous Low) können Sie schnelle bzw. langsame Serienaufnahmen erstellen. Hierbei werden so lange Fotos aufgenommen, wie Sie den Auslöser gedrückt halten. Natürlich nur in der Theorie. Da die Bilder auch auf der Speicherkarte gespeichert werden müssen, gibt es hier auch Limits. Wenn der Speicherpuffer der Kamera keine Bilder mehr aufnehmen kann, wird die Serienaufnahme verzögert, um Bilder auf die Speicherkarte zu schreiben. Eine schnelle Speicherkarte ist daher hier von Vorteil. Auch hier können Sie noch über die vordere **Fn**-Taste die Anzahl der Bilder pro Sekunde einstellen. In der **CH**-Betriebsart können Sie bis zu 11 Bilder pro Sekunde machen. Verwenden Sie den elektronischen Verschluss und einen Crop von 1,25, dann sind sogar 30 Bilder pro Sekunde mit 16 Megapixeln möglich. In der **CL**-Betriebsart können maximal 5,7 Bilder pro Sekunde aufgenommen werden.
S	Das ist die Einzelbildbetriebsart (**S** = Single Frame), in der Sie mit jedem Drücken des Auslösers ein Bild machen. Diese Betriebsart wird wohl am häufigsten verwendet und ist ideal, wenn Sie Zeit für die Aufnahmen haben.
▣	Mit der Mehrfachbelichtung können Sie zwei Bilder auf unterschiedliche Weise kreativ miteinander kombinieren. Zugegeben, so etwas kann heute auch mit jeder Bildbearbeitungssoftware über Ebenen wesentlich besser realisiert werden, aber dies gleich direkt in der Kamera zu verwenden, macht durchaus mal Spaß. Da außerdem nach dem ersten Foto das Bild als durchsichtige Vorlage für das zweite Bild im Sucher oder Display eingeblendet wird, können Sie das zweite Bild passend ohne Eile erstellen und sehen auch vor dem Auslösen, wie es aussehen würde.
ADV.	Hier finden Sie erweiterte Filter (**ADV.** = Advanced Filter) für kreative Zwecke. Hiermit können Sie Bilder mit Filtern wie **Lochkamera**, **Miniatur**-Effekt, **Pop-Farbe**, **High-Tone** oder **Low-Key** aufnehmen. Manche Filter machen durchaus Spaß, und Sie sollten damit experimentieren, aber ich würde damit nicht unbedingt meine Urlaubsfotos aufnehmen wollen.
▭	Mit dieser Betriebsart erstellen Sie eine Panoramaaufnahme direkt in der Kamera. Hierbei können Sie die **Richtung** in der Sie die Kamera drehen und den **Winkel** des Panoramas vorgeben. Die Funktion ist durchaus interessant, um ein schnelles Panorama aus der Hand zu erstellen. Probleme hat die Funktion aber beim Zusammensetzen des Panoramas, wenn sich Objekte darin bewegen. Dies sollten Sie möglichst vermeiden.

Tabelle 1.3 *Die verschiedenen Betriebsarten der Fujifilm X-T3 (Forts.)*

> **Wozu »Weissab. BKT« oder »Filmsimulation-Serie«?**
> Bei einigen Funktionen in der Aufnahmebetriebsart **BKT** werden Sie sich vermutlich fragen, wofür sie gut sein sollen. Die **Filmsimulation-Serie** und der **Weissab. BKT** dürfte wohl eher interessant für Fotografen sein, die ausschließlich in JPEG fotografieren. Fotografien Sie Ihre Bilder im Raw-Format, ist ein Anpassen der Weißabgleichs ja jederzeit im Raw-Konverter möglich, und die Filmsimulationen können auch in der Kamera nachträglich am Raw-Bild angewendet werden.

Ein weiterer sehr wichtiger Schalter für das Fotografieren mit der X-T3 ist der Fokusmodus-Schalter an der vorderen Seite der Kamera. Sie können zwischen drei Optionen wählen:

- **S** (AF-S): Wenn Sie bei dieser Einstellung den Auslöser halb herunterdrücken, wird das anvisierte Objekt scharfgestellt, und der Fokus bleibt so lange erhalten, wie Sie den Auslöser halb herunterdrücken oder durchdrücken und so das Bild aufnehmen. Diese Einstellung eignet sich vorwiegend für statische oder sich nur langsam bewegende Objekte.
- **C** (AF-C): In dieser Einstellung passt sich die Scharfstellung ständig dem anvisierten Objekt an, solange Sie den Auslöser halb herunterdrückt halten. Dieser Modus eignet sich sehr gut, wenn Sie sich bewegende Motive fotografieren, z.B. in der Kinder- oder Sportfotografie.
- **M** (manuell): Mit diesem Modus deaktivieren Sie den Autofokus und nehmen die Scharfstellung über den Scharfstellring am Objektiv selbst in die Hand. Es gibt immer wieder Situationen, in denen die manuelle Fokussierung besser geeignet ist: Aufnahmen in der Dunkelheit, Aufnahmen vom Stativ, Fotografieren durch halbdurchlässige Objekte (beispielsweise Gardine), Sternenfotografie, Naturfotografie, Makrofotografie – das sind einige Beispiele, bei denen ich lieber manuell den Fokus einstelle.

Abbildung 1.13 Der Fokusmodus-Schalter der X-T3

1.3 Bildkontrolle über das Display und den Sucher

Unverzichtbar für die Bildkontrolle beim Fotografieren und für das Einstellen der Kamera sind das Display/der Touchscreen auf der Kamerarückseite und der elektronische Sucher (kurz: EVF, *Electronic View Finder*). Wenn Sie die Kamera einschalten, zeigt das Display das aktuelle Motiv (also das, worauf Sie die Kamera richten) mitsamt den Informationen zu den aktuellen Einstellungen an.

Display-Einstellung konfigurieren

Welche Informationen auf dem Display bzw. Sucher angezeigt werden, können Sie bei Ihrer Fujifilm X-T3 im Kameramenü **Einrichtung > Display-Einstellung > Display Einstell.** anpassen.

Abbildung 1.14 *Ansicht im rückseitigen Display der X-T3. An dieser Stelle ist es nicht sinnvoll, Sie mit der Beschreibung der einzelnen Symbole zu erschlagen. Auf die Bedeutung werde ich in den thematisch passenden Kapiteln eingehen. Eine Übersicht aller Symbole finden Sie in der Bedienungsanleitung von Fujifilm auf den Seiten 10 und 12.*

Wollen Sie den Sucher verwenden, müssen Sie lediglich mit dem Auge durchsehen. Ein Augensensor unterhalb des Suchers reagiert sofort, schaltet das Display aus und den elektronischen Sucher ein.

Abbildung 1.15 *Zur Bildkontrolle beim Fotografieren verwenden Sie das Display oder den Sucher.*

Augensensor und Auflösung

Beachten Sie: Der Augensensor am Sucher reagiert auch auf andere Objekte, die in der Nähe sind. Halten Sie zum Beispiel Ihre Hand davor, wird auch das Display aus- und der Sucher eingeschaltet. In der Standardeinstellung wird außerdem der Augensensor ausgeschaltet, wenn Sie das Display kippen. Wenn Sie den Eindruck haben, dass die Auflösung im elektronischen Sucher besser ist, dann haben Sie recht. Das Display hat 1,04 Millionen Bildpunkte, der Sucher hingegen 3,69 Millionen Bildpunkte.

Sucher oder Display – jede Option hat abhängig von der Art der Fotografie ihre Vor- und Nachteile. Es gibt oft Aufnahmesituationen wie z. B. in der Makrofotografie, wo die Kamera an einer Position ist, in der es fast unmöglich wird, noch durch den Sucher zu sehen. Dann ist das Dis-

1.3 Bildkontrolle über das Display und den Sucher

play sehr hilfreich, das Sie für eine bessere Ansicht auch neigen können. Bei anderen Aufnahmesituationen auf Augenhöhe, wie etwa bei der Porträtfotografie, ist der Sucher wiederum besser geeignet. Auch die Lichtsituation spielt bei der Wahl der besseren Option eine Rolle. Ist die Sonne sehr hell, kann es schwierig werden, etwas auf dem Display zu erkennen. Beim Filmen (aus der Hand) sieht man zwar häufiger, dass das Display verwendet wird, aber auch hier wäre der Sucher besser geeignet, weil die Kamera besser stabilisiert ist, wenn man sie am Auge hat. Sie werden selbst schnell feststellen, wo Sie lieber den Sucher und wo Sie das Display verwenden wollen.

> **EVF-Sucher und LCD-Monitor**
> Die Fujifilm X-T3 hat natürlich einen elektronischen Sucher (engl. *electronic viewfinder*), was häufig kurz als EVF-Sucher abgekürzt wird. Im Buch werde ich hierbei lediglich vom *Sucher* sprechen, weil es sich so einfacher lesen lässt. Dasselbe gilt für den LCD-Monitor, der im Buch als *Display* bezeichnet wird.

1.3.1 Das Endergebnis stets im Blick

Ein Vorteil, den Sie mit einer spiegellosen Kamera im Allgemeinen haben, ist, dass Sie im Sucher oder auf dem Display das Bild so angezeigt bekommen, wie das Ergebnis aussähe, wenn Sie den Auslöser durchdrücken würden. Wenn Sie den Auslöser halb herunterdrücken, wird neben den eingestellten Kamerawerten eine Vorschau der Schärfentiefe angezeigt. Zudem lässt sich im Sucher oder auf dem Display schon vorab erkennen, ob ein Bild z. B. unter- oder überbelichtet ist. Gerade für Einsteiger ist diese Vorschau eine enorme Erleichterung, da noch die Erfahrung fehlt, wie sich bestimmte Einstellungen auswirken.

1.3.2 Die Bildschirmansicht ändern

Wenn Sie auf der Rückseite die **DISP/BACK**-Taste mehrmals drücken, durchlaufen Sie die verschiedenen Anzeigen auf dem Display oder im elektronischen Sucher. Die Anzahl der verschiedenen Anzeigen hängt davon ab, ob Sie das Display oder den elektronischen Sucher verwenden, während Sie diese Taste drücken.

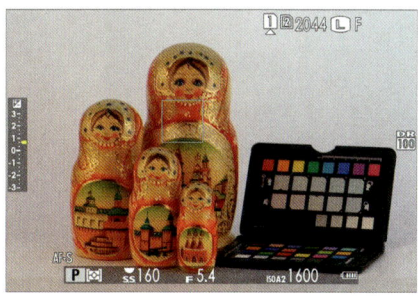

Abbildung 1.16 Bildansicht mit Informationen (Standard-Ansicht)

Abbildung 1.17 Bildansicht ohne Informationen

Drücken Sie **DISP/BACK**-Taste, während das Display aktiv ist, stehen Ihnen drei Anzeigen zur Verfügung: einmal die Bildanzeige mit Informationen, dann die Bildanzeige ohne Informationen und zu guter Letzt die Anzeige nur mit Informationen ohne Bild. Es gibt noch eine vierte Anzeige, die jedoch nur zu sehen ist, wenn Sie den Fokusmodus-Schalter auf **M** (manuell) stellen.

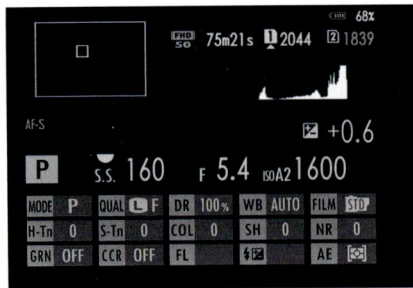

Abbildung 1.18 *Reine Informationsanzeige*

Abbildung 1.19 *Im manuellen Modus finden Sie eine duale Anzeige mit der Bildansicht mit Informationen und einem kleinen vergrößerten Bereich, der beim manuellen Fokussieren sehr hilfreich ist.*

Wollen Sie die Anzeigen im Sucher durchlaufen, müssen Sie hindurchschauen (und ihn so aktivieren) und die **DISP/BACK**-Taste drücken. Die Anzeigen von Display und Sucher werden immer separat ausgewählt. Beim Sucher finden Sie drei Anzeigen vor: Neben der Standardansicht mit einem schwarzen Rand, wo die Informationsanzeigen und Einstellungen enthalten sind, können Sie hier auch einen Vollbildmodus verwenden, bei dem diese Informationen innerhalb des Bildes angezeigt werden. Die dritte Anzeige steht auch hier nur im manuellen Modus zur Verfügung und entspricht der dualen Anzeige, wie schon auf dem Display in Abbildung 1.19 zu sehen ist.

Abbildung 1.20 *Vollbildansicht im Sucher*

Abbildung 1.21 *Standardansicht im Sucher*

Wenn Sie die Kamera vertikal drehen, dreht sich auch die Anzeige der Informationen entsprechend mit. Im manuellen Modus drehen sich die Informationen leider nicht mit.

1.3 Bildkontrolle über das Display und den Sucher

Abbildung 1.22 *Drehen Sie die Kamera, wird auch die Anzeige der Informationen im Display mitgedreht. Dasselbe gilt für die Informationen im Sucher, wenn Sie die Kamera im Hochformat halten.*

> **Ansichtsmodus festlegen und Strom sparen**
>
> Fotografieren Sie in erster Linie nur mit dem Sucher oder nur mit dem Display, können Sie dies mit der Taste **VIEWMODE** rechts neben dem Sucher auch festlegen. Die Auswahl ändert sich mit jedem Drücken der Taste, und die aktive Auswahl wird kurz im Display bzw. Sucher angezeigt. Wählen Sie hier die Option **Nur EVF** oder **Nur LCD**, wenn Sie ausschließlich eine der beiden Optionen verwenden wollen. Fotografieren Sie hingegen ohnehin ausschließlich mit dem Sucher, dann würde sich die Option **Nur EVF+Sensor** empfehlen. Damit wird das Display niemals verwendet und der Sucher nur eingeschaltet, wenn Sie mit dem Auge durchsehen. Diese Option ist daher auch der Ansichtsmodus, der am wenigsten Strom verbraucht. Am meisten Strom wird übrigens mit der Option **Nur EVF** verbraucht, weil der Sucher hier so lange angeschaltet bleibt, wie auch die Kamera eingeschalten ist. Die Standardeinstellung ist **Sensor**, womit eine automatische Umschaltung zwischen dem Display und dem Sucher erfolgt, wenn Sie mit dem Auge durch den Sucher schauen. Der Modus **Sensorauge+LCD Bildeinst.** ist im Prinzip ähnlich wie **Sensor**, nur wird für die Bildvorschau nach der Aufnahme ausschließlich das Display verwendet. Diese Bildvorschau nach der Aufnahme ist aber standardmäßig deaktiviert und muss über **Einrichten > Display-Einstellung > Bildvorschau** aktiviert werden, wenn Sie sie verwenden wollen.

1.3.3 Den Touchscreen verwenden

Das Display der Fujifilm X-T3 kann auch als Touchscreen für das Fotografieren, zum Fokussieren, zur Funktionsauswahl, zur Bildwiedergabe oder für die Kamerabedienung bei der Videoaufnahme verwendet werden. Die Tochbedienung muss allerdings bei Bedarf aktiviert werden, per Standardeinstellung ist sie deaktiviert. Bei zum Thema passender Stelle gehe ich in diesem Buch auch auf die Möglichkeiten des Touchscreens ein. Falls Sie die Option an dieser Stelle schon verwenden wollen, stellen Sie den Touchscreen über das Kameramenü **Einrichtung > Tasten/Rad-Einstellung > Touchscreen-Einstellung > Touchscreen Ein / Aus** auf **An**.

1.4 Im Kameramenü und Schnellmenü navigieren

Nachdem Sie nun einen ersten Überblick zur X-T3 erhalten haben, dürften Sie vermutlich auch festgestellt haben, dass sich die Kamera, wie eigentlich jede andere Kamera auch, auf verschiedene Arten bedienen lässt. Neben den Bedienelementen mit Tasten und Einstellrädern steht Ihnen ein Schnellmenü zur Verfügung, das Sie mit der **Q**-Taste aktivieren, sowie das Kameramenü, dass Sie mit der **MENU/OK**-Taste aufrufen.

1.4.1 Das Schnellmenü

Das Schnellmenü rufen Sie mit der **Q**-Taste auf der Rückseite der Kamera auf. Häufig wird das Schnellmenü auch als *Q-Menü* (kurz für: »Quick-Menü«) bezeichnet. Das Menü dient für den schnellen Zugriff auf wichtige Einstellungen der Kamera, seine Verwendung ist einfach. Mit dem Fokushebel oder den Auswahltasten wählen Sie die gewünschte Funktion aus, und mit dem hinteren Einstellrad ändern Sie deren Wert. Das Schnellmenü funktioniert auch im Sucher, so dass Sie einzelnen Einstellungen auch anpassen können, ohne die Kamera absetzen zu müssen.

Abbildung 1.23 *Über die Q-Taste rufen Sie das Schnellmenü auf. Es dient dem schnellen Zugriff auf bestimmte Einstellungen (hier wird der Selbstauslöser von 2 Sekunden verwendet).*

Schnellmenü anpassen

Die vorbelegten 16 Funktionen im Schnellmenü sind nicht nach Ihrem Geschmack? Das ist kein Problem, weil sich auch hier alle 16 Funktionen neu belegen lassen. Wie Sie das Schnellmenü an die eigenen Bedürfnissen anpassen, erfahren Sie in Abschnitt 6.2, »Das Schnellmenü anpassen«.

1.4.2 Das Kameramenü

Viele Einstellungen können Sie direkt an den Tasten und Einstellrädern der Fujifilm X-T3 oder in Ihrem Schnellmenü vornehmen. Trotzdem können bei weitem nicht alle Funktionen mit einem Schnellzugriff erreicht werden, da ja die Anzahl der Tasten begrenzt ist, und für viele Einstellungen existiert gar keine solche Möglichkeit. Für solche Einstellungen führt daher kein Weg am

1.4 Im Kameramenü und Schnellmenü navigieren

Kameramenü vorbei. Um dieses aufzurufen, drücken Sie die **MENU/OK**-Taste auf der Rückseite der Kamera.

Abbildung 1.24 *Über die **MENU/OK**-Taste rufen Sie das allgemeine Kameramenü auf. Das Kameramenü ist die Steuerzentrale für viele Einstellungen Ihrer X-T3.*

Es erscheinen sieben Hauptregister auf der linken Seite mit den Menüsymbolen **I.Q.** (**Bildqualitäts-Einstellung**), (**AF/MF-Einstellung**), (**Aufnahme-Einstellung**), (**Blitz-Einstellung**), (**Film-Einstellung**), (**Einrichtung**) und (**Mein Menü**).

> **Ausgegrautes MY (Mein Menü)**
> Das Hauptregister **MY** ist ein benutzerdefiniertes Menü, in dem Sie häufig verwendete Einstellungen im Kameramenü für den schnellen Zugriff sammeln können, um nicht jedes Mal durch sämtlich Seiten und Menüs navigieren zu müssen. Das Register ist ausgegraut und nicht anwählbar, wenn Sie dem Menü noch keine Einträge zugewiesen haben. Auf **Mein Menü** gehe ich in Abschnitt 6.3, »›Mein Menü‹ individuell anpassen«, ein.

Mit dem Fokushebel oder den Auswahltasten navigieren Sie zwischen den Hauptregistern auf der linken Seite und den Unterregistern mit ihren Menüpunkten auf der rechten Seite. Wenn einer der Menüpunkte auf der rechten Seite hellgrau hervorgehoben ist, befindet sich der Cursor im Menü. Ist das Hauptregister auf der linken Seite hellgrau hinterlegt, befindet sich der Cursor im Hauptregister.

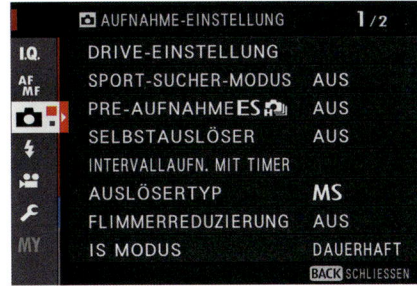 

Abbildung 1.25 *Ein Hauptregister ist ausgewählt (hier: **Aufnahme-Einstellung**).*

Abbildung 1.26 *Ein Menüpunkt ist ausgewählt (hier: **Intervallaufn. mit Timer**).*

Wenn Sie den Hauptregister wie in Abbildung 1.25 ausgewählt haben, können Sie nicht nur mit dem Fokushebel und den Auswahltasten, sondern auch mit dem hinteren Einstellrad zwischen den einzelnen Hauptregistern wechseln und mit dem vorderen Einstellrad durch die Seiten des Hauptregisters blättern. Wenn ein Hauptregister mehrere Seiten hat, erkennen Sie dies zum Beispiel bei der **Aufnahme-Einstellung** an **1/2**. Hier gibt es also zwei Seiten, von denen aktuell die erste Seite angezeigt wird.

Um die einzelnen Menüpunkte zu durchlaufen, müssen Sie den Cursor auf einen Menüpunkt setzen, wie in Abbildung 1.26 zu sehen ist. Durch die Menüpunkte navigieren Sie dann wiederum mit dem Fokushebel und den Auswahltasten. Auch hier können Sie mit dem hinteren Einstellrad durch die Menüpunkte scrollen und mit dem vorderen Einstellrad die Seiten wechseln.

Um einen Menüpunkt auszuwählen, können Sie den Fokushebel drücken oder nach rechts kippen, die Auswahltaste nach rechts drücken, das hintere Einstellrad drücken oder die **MENU/OK**-Taste drücken. Umgekehrt, um wieder rückwärts aus einem Menü herauszunavigieren, können Sie Auswahltaste nach links drücken, den Fokushebel nach links kippen oder die **DISP/BACK**-Taste drücken. Dies können Sie lange wiederholen, bis Sie das Kameramenü beendet haben.

Kameramenü schnell beenden
Sie müssen natürlich nicht durch das gesamte Kameramenü zurücknavigieren, um dieses zu verlassen. Sie können das Kameramenü auch sofort beenden, indem Sie kurz den Auslöser antippen.

1.5 Einstellungen für einen guten Start

Im Verlaufe des Buches werden Sie viele nützliche Funktionen und Einstellungen der Kamera kennenlernen und erfahren, was Sie damit machen können. Die X-T3 können Sie sehr individuell nach persönlichen Vorlieben und Anforderungen anpassen. Sie können viele Tasten nach Ihren Wünschen belegen oder das Schnellmenü individualisieren. Die Individualisierung der X-T3 werde ich gesondert in Kapitel 6, »Die Fujifilm X-T3 individuell anpassen«, beschreiben.

Bei den »Einstellungen für einen guten Start« handelt es sich daher eher um kleinere allgemeine Einstellungen, die sich von der Standardeinstellung unterscheiden und die in der Praxis ganz angenehm sind und das Fotografenleben erleichtern.

1.5.1 Aufnahmeeinstellungen

Im Kameramenü bei **Bildqualitäts-Einstellung** lasse ich die **Bildgrösse** auf **L 3:2**, weil dies die höchste Qualität ist und ich alle Möglichkeiten für die Nachbearbeitung erhalten will. Das Bild können Sie immer noch nachträglich verkleinern oder im Seitenverhältnis verändern. Bei der **Bildqualität** wähle ich meistens **RAW** oder **F+RAW**. Mit **F+RAW** zeichnen Sie Raw- und JPEG-Bilder gleichzeitig auf. Für Schnappschüsse stelle ich manchmal auch nur **F**(ine) (nur JPEG-Bilder) ein. Wenn Sie ausschließlich in **RAW** fotografieren, steht Ihnen die Option der **Bildgrösse** nicht zur Verfügung, und es wird dann ohnehin im 3:2-Format fotografiert. Die Option **N**(ormal) erstellt auch ein JPEG, aber die Qualität ist nicht so gut wie beim JPEG mit der Option **F**(ine). Eine dritte und letzte Option, die ich hier bei der **Bildqualitäts-Einstellung** noch ändere: Ich setze bei **RAW-Aufnahme** den Wert von **Unkomprimiert** auf **Verlustfr. Kompression**. Damit wird der Dateiumfang der Raw-Datei etwa um 50 % reduziert, ohne dass die Raw-Qualität verschlechtert wird. Allerdings muss hierbei auch Ihr Raw-Konverter in der Lage sein, eine komprimierte Raw-Datei zu verarbeiten. Testen Sie diese Option daher zunächst mit Ihrem Raw-Konverter aus, ehe Sie sie als Standardeinstellung verwenden.

Abbildung 1.27 Bei der *Bildqualitäts-Einstellung* dürfte wohl zunächst die wichtigste Frage lauten: Raw oder JPEG – oder Raw und JPEG?

Raw oder JPEG?

Die Bildformate in der Fotografie sind für gewöhnlich entweder das Raw- oder das JPEG-Format. Dass Sie das Raw-Format mehr Bildinformationen enthält und Sie somit mehr aus dem Bild herausholen können als mit dem JPEG-Format, wissen Sie sicherlich. Allerdings bedeutet dies in der Praxis häufig auch, dass ein Raw-Format auch immer für die Weitergabe bearbeitet werden muss, und sei es nur, das Bild in das JPEG-Format zu exportieren. Ein JPEG-Bild ist gleich nach dem Fotografieren bereit für die Weitergabe und in der Nachbearbeitung etwas limitiert.

So bietet das Raw-Format dem Fotografen immerhin an, Bilder mit 10, 12 oder 14 Bit an Helligkeitsinformationen pro Farbkanal zu speichern. In der Praxis bedeutet dies, dass Ihnen mit Raw 1024 bis 16 384 Helligkeitsstufen pro Farbkanal zur Verfügung stehen. Wenn Sie hierbei dunkle oder helle Bereich nachbearbeiten wollen, dann stehen Ihnen eben einfach weitaus mehr Bildinformationen dafür zur Verfügung als beim JPEG-Format mit 8 Bit pro Farbkanal, was nur maximal 256 Helligkeitsstufen entspricht. Gerade bei Aufnahmen in schwierigen Lichtverhältnissen lässt sich damit bei in Raw fotografierten Bildern noch mehr aus den überoder unterbelichteten Bereichen herausholen.

1.5.2 Geräuschlos fotografieren

Es gibt Situationen, in denen es nicht unbedingt von Vorteil ist, wenn es bei jedem Scharstellen piept und der Verschluss beim Auslösen klackert. Den Signalton für das Scharfstellen schalte ich definitiv immer ab. Sie finden diese Einstellung im Register **Einrichtung** bei **Ton-Einstellung** mit **AF-Signal Tonlautst**, wo Sie die Lautstärke reduzieren oder gleich ganz ausschalten können. Mir reicht es als Bestätigung aus, wenn das Autofokusfeld bei erfolgter Scharfstellung grün leuchtet. Als zusätzliche Bestätigung erscheint ein kleiner grüner Punkt am linken unteren Bildrand.

Für eine komplett geräuschlose Aufnahme müssen Sie bei der **Aufnahme-Einstellung** den **Auslösertyp** auf **ES** (elektronischer Auslöser) setzen. Mit dieser Funktion wird allerdings der mechanische Verschluss ausgeschaltet. Mehr zum elektronischen Verschluss erfahren Sie am Ende des Kapitels im Exkurs »Elektronischer Verschluss (ES)«. Um auch den Auslöseton des elektronischen Auslösers abzuschalten, wechseln Sie nochmals zum Register **Einrichtung** in die **Ton-Einstellung** wechseln und stellen dort die **Auslöse-Lautst.** auf **Aus**.

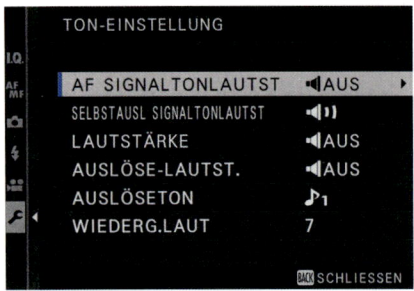

Abbildung 1.28 *Signaltöne beim Fotografieren ausschalten*

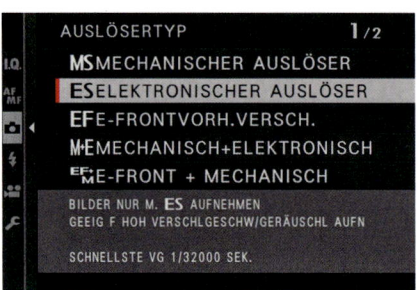

Abbildung 1.29 *Ganz geräuschlos wird es mit dem elektronischen Verschluss (ES).*

1.5.3 Hilfe bei der Bildkomposition

Ich verwende gelegentlich gerne ein Raster, das mir bei der Ausrichtung meiner Kamera und der Bildkomposition hilft. Um das Raster zu aktivieren, gehen Sie in das Register **Einrichtung** bei **Display-Einstellung > Display Einstell.** und setzen dort ein Häkchen vor **Rahmenhilfe**. Ebenfalls im Bereich **Display-Einstellung** finden Sie auf der zweiten Seite die Einstellung **Rahmenhilfe**, wo Sie neben einem 9er-Raster auch ein 24er-Raster oder HD-Raster mit einer Begrenzungslinie oben und unten für Fotos im HD-Seitenverhältnis vorfinden.

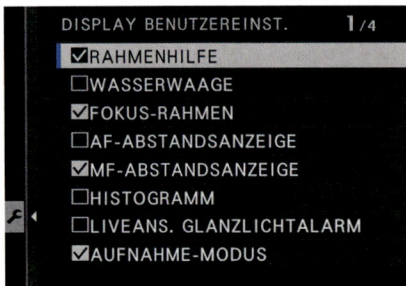

Abbildung 1.30 *Das Raster muss zunächst aktiviert werden.*

Abbildung 1.31 *Das Raster kann hilfreich sein bei der Ausrichtung der Kamera und bei der Bildkomposition (hier ein 24er-Raster).*

> **Wasserwaage**
>
> Die Fujifilm X-T3 bietet eine elektronische Wasserwaage, die Sie bei der waagerechten und vertikalen Ausrichtung der Kamera unterstützt. Sie können Sie im selben Einstellmenü wie die **Rahmenhilfe** aktivieren, indem Sie ein Häkchen vor **Wasserwaage** setzen.

1.5.4 Speicherkartenmanagement

Die X-T3 bietet Platz für zwei SD-Karten. In welchem Format, bestimmen Sie mit der Einstellung **Bildqualitäts-Einstellung > Bildqualität** im Kameramenü. Wenn Sie zwei SD-Karten verwenden, haben Sie mehrere Optionen, wie Sie Ihre Bilder auf diesen Karten speichern. Im Kameramenü finden Sie diese Einstellungen im Register **Einrichtung** bei **Datenspeich Setup** mit **Steckpl.-Einst. (Standb.)**, wo die Standardeinstellung zunächst **Sequenziell** lautet. Bei dieser Einstellung wird erst die SD-Karte im Steckplatz 1 und dann diejenige im Steckplatz 2 vollgeschrieben. Die zweite Option mit **Sicherung** ist eine Backup-Option, bei der jedes Bild auf beide Karten gespeichert wird. Das ist zum Beispiel hilfreich, wenn eine Speicherkarte kaputt gehen sollte, weil Sie immer gleich ein Backup auf der anderen Karte haben. Wenn Sie Raw und JPEG gleichzeitig fotografieren, also die **Bildqualitäts-Einstellung > Bildqualität** auf **Fine+RAW** oder **Normal+RAW** gesetzt haben, dann bietet sich noch die Option **RAW/JPEG** für **Steckpl.-Einst. (Standb.)** an. Damit werden die Raw-Bilder auf der Speicherkarte im Steckplatz 1 und die JPEG-Aufnahmen auf der Speicherkarte im Steckplatz 2 gespeichert. Fotografieren Sie hingegen nur JPEG, wird bei dieser Option eben nur das JPEG auf die Speicherkarte geschrieben.

Abbildung 1.32 *Hier finden Sie alle Einstellungen zur Speicherung der Bilder oder Filme auf die Speicherkarten.*

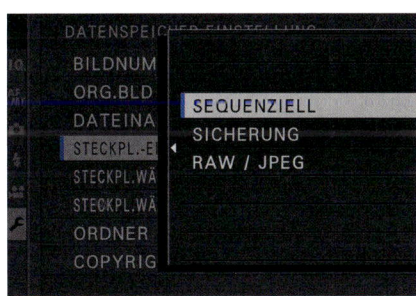

Abbildung 1.33 *Verschiedene Möglichkeiten zum Speichern der Bilder*

> **Steckplatz für die Aufnahmen auswählen**
>
> Wenn Sie Ihre **Steckpl.-Einst. (Standb.)** auf **Sequenziell** stellen, steht Ihnen im Menü **Einrichtung** bei **Datenspeich Setup** mit **Steckpl.Wähl. ◌ Sequenz)** eine Option zur Verfügung, mit der Sie den Steckplatz für die Fotoaufnahme wechseln können. Dasselbe gilt für das Filmen mit **Steckpl.Wähl. (🎬 Sequenz)**. Diese beiden Optionen sind auch hilfreich, wenn Sie einen Steckplatz ausschließlich für Fotos und den anderen Steckplatz für Filme verwenden wollen. Vorausgesetzt natürlich immer, in beiden Steckplätzen ist eine SD-Karte.

Ich gehe davon aus, dass Sie bereits SD-Karten besitzen und vermutlich auch schon in die Steckplätze der Kamera geschoben haben. Die Bedienungsanleitung geht ausreichend tief auf das Thema ein.

Die Frage, was für eine Geschwindigkeitsklasse bei einer Speicherkarte denn nun besser geeignet ist, hängt auch vom persönlichen Anwendungszweck ab. Wenn Sie mit der Fujifilm X-T3 nur Einzelbilder aufnehmen, können Sie im Prinzip auch günstige UHS-I- und noch ältere Speicherkarten verwenden. Wenn Sie allerdings schnelle Serienaufnahmen machen oder 4K-Videofilme aufnehmen wollen, dann wird die langsame Speicherkarte zum Flaschenhals. In dem Fall würde ich Ihnen empfehlen, SDXC-Speicherkarten mit UHS-II-Schnittstelle und einer Geschwindigkeitsklasse von mindestens V60 zu kaufen.

1.5.5 Alles wieder auf den Start setzen

Wollen Sie die Kamera wieder auf die Standardeinstellung zurücksetzen, finden Sie im Register **Einrichtung** bei **Benutzer-Einstellung** den Eintrag **Reset** mit zwei Optionen. Mit **Aufnahmemenü zurücks.** setzen Sie alle Einstellungen in den Aufnahmemenüs **Bildqualitäts-Einstellung**, **AF/MF-Einstellung**, **Aufnahme-Einstellung**, **Blitz-Einstellung** und **Film-Einstellung** auf die Standardwerte zurück. Mit der zweiten Option, **Setup zurücks.**, hingegen setzen Sie alle Einstellungen in **Einrichtung** auf die Standardwerte zurück. Ausgenommen davon sind **Datum/Zeit**, **Zeitdiff.** und **Verbindungs-Einstellung**.

1.6 Bildwiedergabe

Vermutlich haben Sie bereits das eine oder andere Mal den Auslöser betätigt und somit ein paar Fotos auf der Speicherkarte gespeichert. In der folgenden Anleitung finden Sie eine grundlegende Einführung, wie Sie die Bildwiedergabe der X-T3 verwenden können, um Ihre Bilder zu betrachten oder bei Nichtgefallen zu löschen. Die Bildwiedergabe funktioniert sowohl im Display als auch im Sucher.

Wiedergabe per HDMI auf einem externen Medium

Dank des HDMI-Ausgangs der X-T3 können Sie für die Bildwiedergabe auch ein TV-Gerät oder Monitor verwenden (siehe Abbildung 1.34). Hierfür benötigen Sie ein Kabel, das kameraseitig einen Micro-HDMI-Stecker vom Typ D hat und gewöhnlich (abhängig von Ihrem Monitor) einen TV-seitigen Stecker vom Typ A. Wenn Sie die Kamera damit mit dem TV-Gerät verbunden haben, schalten Sie sie an und drücken die Wiedergabetaste. Gewöhnlich reagiert das TV-Gerät jetzt automatisch und gibt das Kameramenü wieder. Reagiert das TV-Gerät nicht, müssen Sie eventuell den HDMI-Kanal am TV-Gerät wechseln oder das TV-Gerät auf einen bestimmten HDMI-Kanal schalten, wenn mehrere HDMI-Anschlüsse vorhanden sind. Da Sie hiermit lediglich das Kamerabild auf das TV-Gerät übertragen, können Sie auch in den Aufnahmemodus wechseln und Bilder aufnehmen und den Vorgang gleich am TV-Gerät betrachten.

1.6 Bildwiedergabe

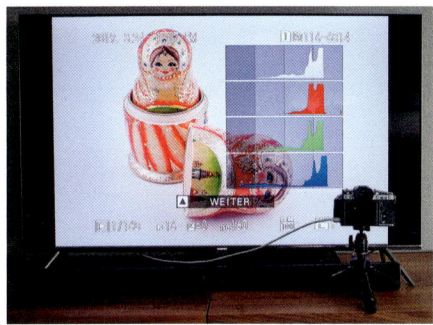

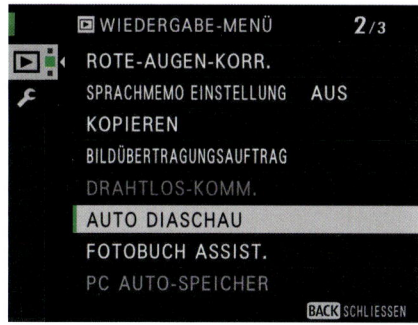

Abbildung 1.34 *Dank eines HDMI-Ausgangs können Sie Bilder auch über ein TV-Gerät wiedergeben.*

Abbildung 1.35 *Im **Wiedergabe-Menü** finden Sie bei Bedarf auch eine Diashow mit Auto-Diashow vor.*

SCHRITT FÜR SCHRITT
Aufnahmen betrachten, vergleichen und bewerten

1 Bildwiedergabe starten

Die Bildwiedergabe starten Sie auf der Rückseite der X-T3 mit der Wiedergabetaste ▶. Gewöhnlich wird hier das zuletzt gemachte Foto oder der zuletzt gemachte Film angezeigt. Durch die einzelnen Bilder blättern Sie mit dem vorderen Einstellrad, dem Fokushebel oder den Auswahltasten.

Abbildung 1.36 *Die Wiedergabetaste finden Sie links oben auf der Rückseite der X-T3.*

Abbildung 1.37 *Wiedergabemodus der X-T3*

> **Gesichtserkennung**
>
> Wenn Sie die Gesichtserkennung beim Fotografieren aktiviert haben, können Sie das erkannte Gesicht mit einem grünen Rahmen einblenden, indem Sie bei der Bildvorschau den Fokushebel nach unten kippen. Zum Zoomen in das Gesicht kippen Sie den Fokushebel erneut nach unten.

2 Speicherkarte auswählen

Wenn Sie zwei Speicherkarten verwenden, können Sie die jeweils andere Karte auswählen, indem Sie im Wiedergabemodus die Wiedergabetaste länger gedrückt halten. Der Wechsel wird dann auch auf dem Display oder im Sucher angezeigt.

3 Anzeigemodi wechseln

Mit der **DISP/BACK**-Taste wechseln Sie zwischen den vier verschiedenen Anzeigemöglichkeiten. Hierfür finden Sie die Standardanzeige mit Informationen zu Aufnahmezeit/Datum, Bildqualität, Belichtungszeit, Blende, ISO-Wert und einiges mehr. Dann folgt eine weitere Anzeige ohne Informationen und nur mit dem Bild, eine Anzeige mit erweiterten Informationen wie dem Histogramm, in der Sie den Fokushebel nach oben kippen können, um noch mehr Informationen zum Bild zu erhalten, und eine vierte Anzeige, wo Sie Ihre Bilder gleich in der Kamera mit 1–5 Sternen bewerten können.

Abbildung 1.38 *Die Standardanzeige des Wiedergabemodus.*

Abbildung 1.39 *Der Wiedergabemodus ohne weitere Informationen. Kippen Sie den Fokushebel nach oben, um in den Wiedergabemodus mit vielen Informationen zu wechseln.*

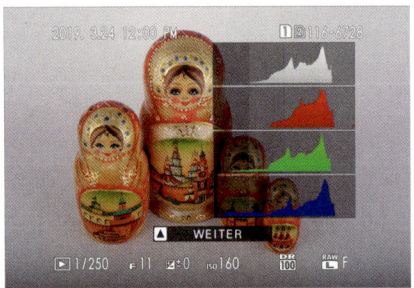

Abbildung 1.40 *Diese Anzeige enthält neben einem Histogramm und den Informationen der Standardwiedergabe weitere Informationen, wenn Sie den Fokushebel bis zu zweimal nach oben kippen.*

Abbildung 1.41 *Hier können Sie die Bilder mit 1–5 Sternen bewerten, indem Sie den Fokushebel nach oben bzw. zur Abwertung wieder nach unten kippen. Dies funktioniert natürlich auch mit den Auswahltasten nach und nach unten.*

> **Das Histogramm aufrufen**
> Wenn Sie im Wiedergabemodus den Fokushebel nach oben kippen oder die Auswahltaste nach oben betätigen, wechseln Sie zur dritten Anzeige mit dem Histogramm und können so weitere Informationen durchlaufen, indem Sie erneut den Hebel nach oben kippen bzw. die Auswahltaste nach oben drücken.

4 Einzelne Bilder löschen

Das aktuell angezeigte Bild der Bildwiedergabe können Sie mit der Papierkorbtaste auf der Rückseite löschen. Daraufhin erscheint Dialog, wo Sie auswählen, ob Sie ein Bild, eine Auswahl von Bildern oder alle Bilder löschen wollen. Um das gerade anzeigte Bild zu löschen, wählen Sie **Bild** und drücken dann die **MENU/OK**-Taste oder den Fokushebel. Es folgt eine Rückfrage, bei der Sie die Löschung von der Speicherkarte mit **MENU/OK** bestätigen müssen.

Auf diese Weise können Sie weitere Bilder löschen, indem Sie mit den Auswahltasten oder dem Fokushebel nach links oder rechts navigieren, bis Sie den Vorgang mit der **DISP/BACK**-Taste abbrechen.

Abbildung 1.42 Wählen Sie **Bild**, um das angezeigte Bild zu löschen.

Abbildung 1.43 Bildlöschen bestätigen oder abbrechen

5 Mehrere Bilder löschen

Wollen Sie hingegen mehrere Bilder löschen, müssen Sie zunächst ebenfalls die Papierkorbtaste drücken, aber auf dem Bildschirm **Bildauswahl** wählen, womit nun mehrere Bilder zur Auswahl angezeigt werden. Mit dem Fokushebel oder den Auswahltasten können Sie nun durch die Bilder navigieren und die zu löschenden Bilder mit der **MENU/OK**-Taste oder durch Drücken des Fokushebels mit einem Häkchen markieren. Haben Sie alle zu löschenden Bilder markiert, drücken Sie auf die **DISP/BACK**-Taste, und es erfolgt eine letzte Rückfrage, ob Sie alle markierten Bilder löschen wollen. Die Anzahl der Bilder wird dabei rechts unten eingeblendet. Bestätigen Sie mit der **MENU/OK**-Taste, oder brechen Sie die Aktion mit der **DISP/BACK**-Taste ab.

 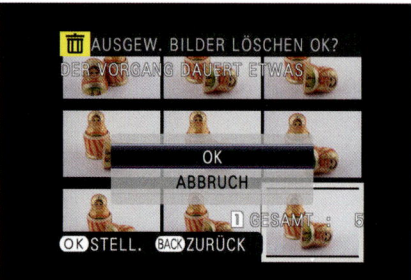

Abbildung 1.44 *Bilder zum Löschen markieren Sie mit einem Häkchen.*

Abbildung 1.45 *Das Löschen mehrerer Bilder (hier: 5) müssen Sie zur Sicherheit bestätigen.*

Alle Bilder löschen bis auf ein paar Ausnahmen

Es gibt Situationen, wo Sie vielleicht einfach nur viele Testaufnahmen mit der Kamera gemacht haben und es trotzdem eine Handvoll ganz guter Bilder gibt. Nun alle Bilder bis auf die wenigen guten einzeln wie in Schritt 5 zum Löschen auszuwählen, kann mühsam sein. Hier würde es sich empfehlen, bei der Bildwiedergabe mit der **MENU/OK**-Taste das **Wiedergabe-Menü** aufzurufen und dort den Eintrag **Schützen** und dann **Bild** zu wählen. Jetzt können Sie ähnlich wie beim Löschen durch die einzelnen Bilder navigieren und die gewünschten Bilder mit der **MENU/OK**-Taste vor dem Löschen schützen. Die nicht geschützten Bilder können Sie jetzt in einem Rutsch löschen, indem Sie im Menü zum Löschen aus Abbildung 1.42 den Eintrag **Alle Bilder** auswählen. Der Bilderschutz gilt allerdings nur für die Löschfunktion. Wenn Sie die Speicherkarte formatieren, werden auch die geschützten Bilder gelöscht.

Abbildung 1.46 *Wählen Sie im **Wiedergabe-Menü** den Eintrag **Schützen** aus.*

Abbildung 1.47 *Bilder vor versehentlichem Löschen schützen*

6 Bildansicht vergrößern

Für die Vergrößerung einer Bildansicht drehen Sie das hintere Einstellrad nach rechts, um in mehreren Stufen in das Bild hineinzuzoomen. Zur Übersicht werden das Bild und der Rahmen der angezeigten Ausschnittsvergrößerung angezeigt. Über diese Vorschau stellt die weiße Markierung innerhalb des Balkens die Vergrößerungsstufe dar. Mit dem Fokushebel oder den Auswahltasten können Sie den Ausschnitt der Vergrößerung verschieben. Wenn Sie in der vergrößerten Ansicht zum nächsten Bild wechseln wollen, drehen Sie das vordere Einstellrad. Drücken Sie das hintere Einstellrad, den Fokushebel oder die **MENU/OK**-Taste, um die vergrößerte Ansicht zu beenden.

Abbildung 1.48 *Bild im Wiedergabemodus in vergrößerter Ansicht betrachten*

Fokuszoom

Wollen Sie bei der Bildwiedergabe direkt auf die maximale Ausschnittsvergrößerung des Fokussierpunkts springen, müssen Sie lediglich das hintere Einstellrad drücken.

7 Bilder sichten

Auch das Sichten größerer Bildmengen können Sie über das hintere Einstellrad durchführen, indem Sie das Einstellrad nach links drehen. Mit einem Drehen werden 9 und beim zweiten Mal bis zu 100 Bilder in einer Miniaturansicht angezeigt. Ein bestimmtes Bild wählen Sie mit dem Fokushebel oder den Auswahltasten aus. Mit der **MENU/OK**-Taste oder durch Drücken des Fokushebels können Sie das Bild dann in der Vollansicht betrachten.

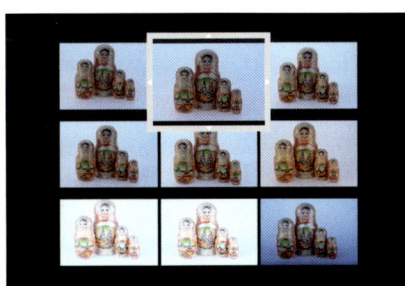

Abbildung 1.49 *Größere Bildmengen sichten (hier 9 Bilder)*

Abbildung 1.50 *Und hier die Bildwiedergabe von 100 Bildern gleichzeitig*

8 Bildwiedergabe beenden

Die Bildwiedergabe beenden Sie, indem erneut die Wiedergabetaste an der Kamera drücken oder einfach kurz den Auslöser antippen.

1.6.1 Das Kameramenü bei der Bildwiedergabe

Wenn Sie die Bilder mit der Wiedergabetaste an der Kamera wiedergeben und die **MENU/OK**-Taste drücken, erscheint ein eigenes Menü für den Wiedergabemodus. Das Menü enthält allerdings nur zwei Register: Das erste Register ist das **Wiedergabe-Menü** ▶ mit Einstellungen und Funktionen, die vorwiegend nur für die Wiedergabe, Ausgabe und Nachbearbeitung von Bildern und Videos dienen. Beim zweiten Register, **Einrichtung** 🔧, handelt es sich um dasselbe Register wie schon im Aufnahmemodus.

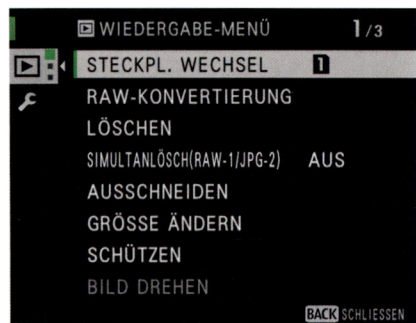

Abbildung 1.51 *Das **Wiedergabe-Menü** für Einstellungen der Bilder- und Filmwiedergabe*

1.6.2 Die Bildwiedergabe per Touchscreen steuern

Es ist auch möglich, die Bildwiedergabe per Touchscreen zu steuern. Hierzu müssen Sie allerdings den Touchscreen über das Kameramenü im Register **Einrichtung > Tasten/Rad-Einstellung > Touchscreen-Einstellung** mit der Option **Touchscreen Ein / Aus** auf **An** stellen.

Wenn Sie den Touchscreen aktiviert haben, können Sie bei der Wiedergabe durch Wischen nach links oder rechts durch die Bilder navigieren. Durch Doppeltippen können Sie maximal in das Bild hineinzoomen und den Bildausschnitt durch Wischen auf dem Touchscreen verschieben. Ein erneutes Doppeltippen stellt den Vollbildmodus wieder her. Auch das Ein- und Auszoomen mit zwei Fingern durch Spreizen oder Zusammenziehen ist hierbei möglich. Sie können auch bis zur Multibildvorschau mit 9 bzw. 100 Bildern auszoomen und Bilder dann durch Antippen auswählen.

EXKURS
Elektronischer Verschluss (ES)

Bei den Einstellungen für einen guten Start haben Sie erfahren, wie Sie mit dem elektronischen Verschluss völlig geräuschlos fotografieren können. Der eine oder andere dürfte sich hierbei fragen, wozu die Kamerahersteller überhaupt noch einen mechanischen Schlitzverschluss in ihre Geräte einbauen.

Die Entwicklung ist noch nicht so weit, dass die Hersteller spiegelloser Kameras komplett auf den mechanischen Schlitzverschluss verzichten können. Bei der Verwendung des elektronischen Verschlusses wird vereinfacht ausgedrückt das Licht, das auf den Sensor fällt, direkt auf die Speicherkarte geschrieben. Allerdings wird der Sensor hierbei Zeile für Zeile von oben nach unten ausgelesen und hierbei dauernd neu belichtet. Das Auslesen wird als *Rolling Shutter* bezeichnet. Bei Motiven, die sich nicht oder nur langsam bewegen, treten mit dem elektronischen Verschluss keine Probleme auf. Dadurch bedingt, dass nicht alle Pixel gleichzeitig belichtet werden, sondern etwas zeitversetzt, kann es allerdings bei schnell bewegten Motiven zu verzerrten Bildern kommen, weil eben verschiedene Teile des Motivs zu unterschiedlichen Zeiten belichtet werden. Hierbei ist die Rede von einem *Rolling-Shutter-Effekt*. Auch bei gepulsten LEDs kann es zu unschönen Streifenmustern kommen. Solche Probleme hat man mit einem mechanischen Verschluss nicht, da dieser mit zwei Lamellenvorhängen funktioniert, die sich um das Starten und Beenden der Belichtung kümmern..

Abbildung 1.52 *Der Rolling-Shutter-Effekt kann bei Fotos oder Videoaufnahmen von sich schneller bewegenden Motiven auftreten. Die Türen und Fenster von diesem vorbeifahrenden Zug waren natürlich gerade.*
56 mm | f4 | 1/32000 s | ISO 2500

EXKURS Elektronischer Verschluss (ES)

Wenn die Bedingungen also ideal sind, dann kann der elektronische Verschluss in vielen Fällen die erste Wahl sein. Gerade in ruhiger Umgebung und bei Motiven, die sich nicht oder nur langsam bewegen, verwende ich diese Verschlussart sehr regelmäßig. Wenn Sie allerdings die Kamera in den Bulb-Modus stellen (Einstellrad für die Belichtung auf **B** drehen), ist der elektronische Verschluss auf eine Belichtungszeit von 1 Sekunde beschränkt. Bei der Bildqualität besteht – abgesehen von den Problemen, die beim Rolling Shutter auftreten können – kein Unterschied zwischen der mechanischen und der elektronischen Verschlussart.

Da mit dem elektronischen Verschluss einige Funktionen wie die Bulb-Langzeitbelichtung oder das Blitzen nicht verwendbar sind, und Probleme wie der Rolling-Shutter-Effekt auftreten können, finden Sie bei der X-T3 über **Aufnahme-Einstellung > Auslösertyp** mit **EF** noch eine dritte Option. Mit dieser startet die Belichtung mit einem ersten elektronischen Vorhang und das Ende der Belichtung wird dann mechanisch durchgeführt. Allerdings ist die Aufnahme dann nicht mehr geräuschlos (wenn auch etwas leiser) und für die beste Qualität wird eine maximale Belichtungszeit von 1/2000 s empfohlen, auch wenn 1/8000 s möglich sind.

Die anderen drei Auslösertypen wie **M+E**, **EF+M** und **EF+M+E** sind eine Kombination aus den den drei Auslösertypen **MS**, **ES** und **EF**. So arbeitet bei **M+E** der mechanische Verschluss bis zu 1/8000 s. Bei schnelleren Belichtungszeiten ab 1/8000 s bis hoch zu 1/32000 s wird der elektronische Verschluss verwendet. Bei der Kombination aus **EF+M** arbeitet der elektronische erste Vorhang bis 1/2000 s. Über 1/2000 s verwendet die Kamera dann den mechanischen Verschluss bis zu max. 1/8000 s. Bei der letzten Kombination mit **EF+M+E** ist der elektronische erste Vorhang bei bis zu 1/2000 s aktiv. Über 1/2000 s bis zu 1/8000 s wird der mechanische Verschluss verwendet. Werden höhere Belichtungszeiten über 1/8000 s bis zu max. 1/32000 s benötigt, wird der elektronische Verschluss der Kamera aktiviert.

Kapitel 2
Die Programmmodi P, S, A und M verwenden

In diesem Kapitel erfahren Sie, wie Sie die verschiedenen Programmmodi mit der Fujifilm X-T3 einstellen und verwenden können. Vieles in diesem Kapitel richtet sich vor allem an Ein- und Wiedereinsteiger. Sie erfahren, welchen Bildeffekt Sie mit den einzelnen Programmmodi erzielen und wie Sie das Zusammenspiel der Faktoren Blende, Belichtungszeit und ISO-Wert steuern.

2.1 Der Programmmodus P – die Programmautomatik

Da die Fujifilm X-T3 keinen Vollautomatikmodus besitzt und auch keine speziellen Motivprogramme bietet für das Fotografieren mit bestimmten Voreinstellungen für z. B. Porträt- oder Sportaufnahmen, kann ich gleich mit der Programmautomatik anfangen. Die Programmautomatik ist praktisch die einfachste Möglichkeit, mit der X-T3 zu fotografieren.

Vollautomatikmodus

Der Vollautomatikmodus ist im Grunde eine Erweiterung des Programmmodus **P**. Bei diesem Modus übernimmt die Kamera alle Einstellungen wie die Blende, Belichtungszeit und den ISO-Wert für Sie. Selbst die Fokussierung versucht die Kamera dabei zu übernehmen. Gewöhnlich haben Sie in diesem Modus keinen Einfluss mehr auf andere Kameraeinstellungen. Häufig wird daher noch ein Motivprogramm angeboten, so dass Sie wählen können, ob Sie Porträtaufnahmen, Nachtaufnahmen, Sonnenuntergänge usw. fotografieren wollen, worauf die Programmautomatik dann mit entsprechenden Einstellwerten reagieren kann. Die X-T3 hat, im Gegensatz zur kleineren X-T30 zum Beispiel, keinen solchen Vollautomatikmodus.

Bei der Programmautomatik kümmert sich die Kamera um die optimale Kombination aus Blende und Belichtungszeit, damit ein optimal belichtetes Bild entsteht. Der ISO-Wert hingegen bleibt für Sie frei wählbar. Zum Einstellen der Programmautomatik drehen Sie die Einstellräder für die Belichtung und die Blende auf **A**. Wie Sie die Blende auf **A** setzen können, hängt vom Objektiv ab. Während Festbrennweiten am Blendenring auf **A** gestellt werden, gibt es andere Objektive, bei denen ein Blendenschalter auf **A** gestellt werden muss.

Objektive ohne Blendenring und Blendenschalter

Bei Objektiven ohne Blendenschalter oder Blendenring, wie zum Beispiel bei XC-Objektiven wie dem 50–230 mm, ist die Blende zunächst automatisch auf **A** gestellt, kann aber mit dem vorderen Drehrad verstellt werden.

Abbildung 2.1 *Bei Zoomobjektiven muss ein Blendenschalter auf **A** gesetzt werden.*

Ob der Blendenwert auf **A** steht, können Sie außerdem immer am weißen Blendenwert (**F**) bei den Kameraeinstellungen im Display oder Sucher erkennen (siehe Abbildung 2.3). Ist dieser Wert blau, dann haben Sie den Blendenwert selbst eingestellt, und der Blendenwert ist nicht im automatischen Modus. Dies können Sie ändern, indem Sie das vordere Einstellrad nach rechts drehen, bis der Blendenwert wieder weiß ist.

Abbildung 2.2 *Die Programmautomatik aktivieren Sie, indem Sie das Einstellrad für die Belichtung und die Blende auf **A** einstellen. Beim ISO-Wert habe ich mich hier für ISO 800 entschieden.*

2.1 Der Programmmodus P – die Programmautomatik

Im Sucher oder auf dem Display sehen Sie unten links den Buchstaben **P**, wenn Sie die Programmautomatik eingestellt haben. Ebenfalls entscheidend für die Belichtung und die automatische Kombination aus Blende- und Belichtungszeit in der Programmautomatik ist der Messmodus. Eine empfehlenswerte Einstellung für den Messmodus in der Programmautomatik wäre die Position **Mehrfeld**. Diesen Messmodus werde ich noch gesondert in Abschnitt 3.4.1, »Der Kontrastumfang bei schwierigen Motiven«, behandeln.

Abbildung 2.3 *Am Buchstaben **P** unten links erkennen Sie, dass Sie die Programmautomatik eingestellt haben. Die beiden anderen Werte der Belichtungszeit (**SS**; hier **1000**) und Blende (**F**; hier **3.6**) werden in diesem Modus automatisch angepasst.*

Abbildung 2.4 *Das Einstellrad für den Messmodus auf die Position **Mehrfeld** zu setzen, ist in den meisten Fällen die beste Empfehlung für die Programmautomatik.*

> **Anforderungen an das Bild bei der Programmautomatik**
>
> Die Programmautomatik kümmert sich um ein korrekt belichtetes Bild, und zwar mit einer Kombination aus Blende und Belichtungszeit. Für gestalterische Mittel wie die Schärfentiefe eignet sich die Programmautomatik daher weniger, obgleich dies auch mit Programm-Shift möglich ist. (Zum Programm-Shift siehe Abschnitt 2.1.2, »Den Programm-Shift nutzen«.) Wenn ich die Programmautomatik verwende, dann interessieren mich bevorzugt zwei Dinge:
> - Das Bild soll korrekt belichtet sein.
> - Das Bild soll scharf sein.

2.1.1 Anpassungen in der Programmautomatik

Auch wenn die Programmautomatik Blende und Belichtungszeit automatisch einstellt, so bietet dieser Modus trotzdem weitere Anpassungsmöglichkeiten, um auf bestimmte Situationen entsprechend zu reagieren. Wichtige Einstellungen wie den ISO-Wert können Sie hier nach wie vor beeinflussen. So können Sie durchaus mit ISO 100 eine Langzeitbelichtung in der Nacht mit der Programmautomatik durchführen. Auch die Belichtung können Sie jederzeit über das Einstellrad für die Belichtungskorrektur anpassen. Dies ist beispielsweise hilfreich bei Aufnahmesituationen, wo die Programmautomatik nicht mehr zum gewünschten Ergebnis führt. Denken Sie an Gegenlicht oder an Sonnenauf- oder Sonnenuntergänge, für die Sie die Belichtung dann ganz einfach in 1/3-Schritten korrigieren können.

Abbildung 2.5 *Bei Situationen wie diesem Sonnenaufgang stößt die Programmautomatik an ihre Grenzen. Hier hat eine Belichtungskorrektur von –1 ⅓ geholfen, um der Überbelichtung gegenzusteuern.*

> **Motivhelligkeit**
> Wenn die Helligkeit für die Belichtungsmessung außerhalb des Messbereiches der Kamera liegt, erscheint --- bei der Anzeige der Belichtungszeit und des Blendenwerts. Dies kann zum Beispiel bei sehr hellen Motiven (gegen die Sonne) oder extrem dunklen Motiven (Objektivdeckel auf dem Objektiv vergessen) passieren.

2.1.2 Den Programm-Shift nutzen

Auch in der Programmautomatik sind Sie nicht an die vorgeschlagene Zeit-Blenden-Kombination der X-T3 gebunden. Wollen Sie die Wirkung von Blende und Belichtungszeit an Schärfentiefe oder Bewegungsunschärfe anpassen, können Sie einen Programm-Shift (oder auch Programmverschiebung) in der Programmautomatik durchführen. Die Zeit-Blenden-Kombination können Sie bei der X-T3 durch Drehen des hinteren Einstellrades verschieben. Drehen Sie das Einstellrad nach rechts, wird die Blende weiter geöffnet und im Gegenzug die Belichtungszeit verkürzt. Drehen Sie das Einstellrad hingegen nach links, wird die Blende weiter geschlossen und die Belichtungszeit verlängert. Achtung: Die Belichtung wird dabei beibehalten, Sie greifen hier »nur« bildgestalterisch ein.

2.1 Der Programmmodus P – die Programmautomatik

Abbildung 2.6 *Hier verwendet die Programmautomatik eine recht weit geschlossene Blende (F10).*

Abbildung 2.7 *Dasselbe Motiv, nur habe ich hier durch Drehen am hinteren Einstellrad mit Hilfe eines Programm-Shifts die Zeit-Blenden-Kombination geändert. Mit der niedrigen Blendenzahl (hier F1.2) wurde die Schärfentiefe deutlich reduziert, und der Fokus liegt nur noch auf einer der vier Babuschkas.*

Programm-Shift funktioniert nicht

Sie können keinen Programm-Shift verwenden, wenn Sie im Videomodus arbeiten oder Blitzgeräte mit TTL-Automatik verwenden. Ebenso ist kein Programm-Shift möglich, wenn Sie im Kameramenü die Einstellung **Bildqualitäts-Einstellung > Dynamikbereich** auf **Auto** gestellt haben.

Da es keine visuelle Anzeige gibt, die signalisiert, dass das Programm »geshiftet« wurde, müssen Sie zum Zurückstellen entweder durch Drehen des hinteren Rades die ursprüngliche Zeit-Blenden-Kombination einstellen, oder Sie wechseln kurz das Programm, indem Sie das Einstellrad der Belichtungszeit auf einen anderen Wert und dann wieder auf **A** zurückstellen. Auch durch Aus- und Einschalten der Kamera wird der Programm-Shift beendet, aber das ist mir dann doch zu ruppig.

»Fast wie Vollautomatik«

Wollen Sie die Kamera jemandem in die Hand geben, um ein Bild (von Ihnen) zu machen, obwohl die Person gar nichts mit dem Fotografieren am Hut hat, dann empfehle ich Ihnen, den wohl automatischsten Programmmodus der X-T3 einzustellen: die Programmautomatik **P**. Stellen Sie dann auch noch das Einstellrad für den ISO-Wert auf **A**, das Einstellrad für die Belichtungskorrektur auf **0**, den Fokusschalter auf **AF-S** und das Einstellrad für die Messmethode auf **Mehrfeld**. Mehr Automatik geht nicht mit der X-T3, aber ich denke, mit diesen Einstellungen wird auch einem Laien ein scharfes und gut belichtetes Bild gelingen.

SCHRITT FÜR SCHRITT
Im P-Modus zum gewünschten Bild

1 Kamera in den P-Modus bringen

Um die Programmautomatik zu aktivieren, stellen Sie die Einstellräder für Belichtung und Blende auf **A**. Im Sucher oder auf dem Display sollte jetzt links unten ein **P** für die Programmautomatik stehen.

Abbildung 2.8 *Die Kamera in die Programmautomatik schalten*

Fokussieren Sie Ihr Motiv, indem Sie den Auslöser halb herunterdrücken. Hierbei sehen Sie auch gleich die gewählte Zeit-Blenden-Kombination. Der Einfachheit halber stellen Sie hier auch das Einstellrad für den ISO-Wert auf **A**.

Abbildung 2.9 *Das Motiv wurde fokussiert, und die automatisch gewählte Zeit-Blenden-Kombination wird angezeigt.*

2 Bild aufnehmen

Gefällt Ihnen, was Sie sehen, können Sie bereits jetzt den Auslöser komplett durchdrücken und ein Bild erstellen.

Abbildung 2.10 *Das geschossene Bild mit der automatischen Zeit-Blenden-Kombination*

3 Programm-Shift verwenden

Wollen Sie etwas kreativer werden, können Sie den Programm-Shift verwenden. Hier müssen Sie entscheiden, was Sie wollen. Für eine größere Schärfentiefe benötigen Sie einen höheren Blendenwert.

Wollen Sie das Motiv freistellen, ist ein kleinerer Blendenwert nötig. Wenn Sie hingegen ein sich schnell bewegendes Motiv einfrieren wollen, dann benötigen Sie eine kürzere Belichtungszeit – und für einen Verwischeffekt benötigen Sie eben eine längere Belichtungszeit.

Abbildung 2.11 *Hier habe ich die Belichtungszeit drastisch verkürzt, um die Bewegung einzufrieren. Im Gegenzug dazu wurde die Blende weiter geöffnet (niedriger Blendenwert), was wiederum die Schärfentiefe reduziert.*

Abbildung 2.12 *Hier habe ich die Belichtungszeit über den Programm-Shift reduziert und einen Verwischeffekt erzielt. Proportional dazu wurde die Blende weiter geschlossen (höherer Blendenwert).*

2.2 Die Zeitvorwahl im Programmmodus S

Mit dem halbautomatischen Programmmodus **S** geben Sie der X-T3 die Belichtungszeit vor. Den Wert der Blende stellt die Kamera dann automatisch ein. Daher wird dieser Modus häufig auch als Blendenautomatik oder eben Zeitvorwahl bezeichnet. Um die X-T3 in den Modus **S** zu setzen, müssen Sie lediglich die Blende auf **A** stellen. Wie bereits erwähnt, können Sie dies abhängig vom Objektiv über einen Schalter oder den Blendenring tun. Günstige XC-Objektive ohne Blendenring sind nach dem Einschalten zunächst automatisch auf **A** gestellt.

Wenn Sie das Einstellrad für die Belichtungszeit auf einen anderen Wert als **A** stellen, dann verwenden Sie die Zeitvorwahl. Um das Einstellrad drehen zu können, müssen Sie es gegebenenfalls vorher entriegeln. Im Sucher oder dem Display erkennen Sie den Modus am **S** auf der linken unteren Seite.

 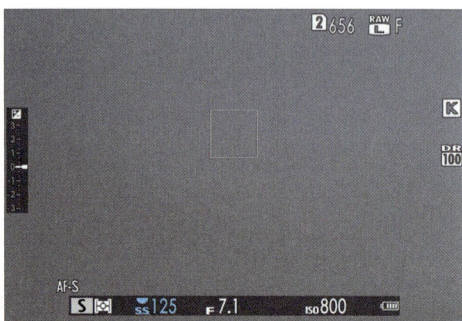

Abbildung 2.13 *Die Blende auf A und das Einstellrad für die Belichtungszeit auf einen anderen Wert als A gestellt wird von der X-T3 als Zeitvorwahl interpretiert, wie Sie am S links unten im Sucher oder auf dem Display erkennen.*

Das Einstellrad für die Belichtungszeit zeigt die einstellbaren Belichtungszeiten als Bruchteil einer Sekunde an. Drehen Sie das Rad auf **250**, so verwenden Sie eine Belichtungszeit von 1/250 Sekunden. Im Sucher oder Display wird dieser Wert in blau mit **SS 250** angezeigt. Die Abkürzung **SS** steht für »Shutter Speed« (= Verschlusszeit/Belichtungszeit). Ein blauer Text bedeutet hier, dass Sie diesen Wert ändern können. Drehen Sie das Rad auf **1**, so wird jetzt im Display **1"** angezeigt. Die Anführungsstriche stehen für Sekunden.

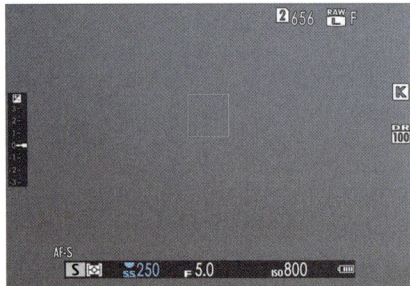 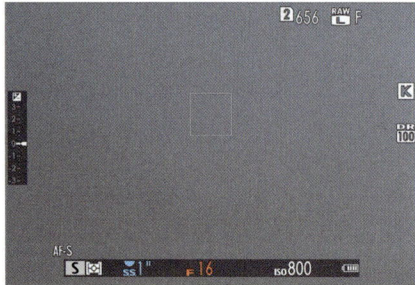

Abbildung 2.14 *Hier wurde das Einstellrad für die Belichtung auf 250 gestellt, womit Sie eine Belichtungszeit von 1/250 Sekunden verwenden. Im Sucher oder Display wird hier der Wert blau mit **SS 250** angezeigt.*

Abbildung 2.15 *Ab einer Belichtungszeit von 1 Sekunde zeigt das Display den Wert mit Anführungsstrichen an, wie hier mit **SS 1"**. Der rote Wert der Blende (hier: **F16**) weist darauf hin, dass zur eingestellten Belichtungszeit kein ordentlicher Blendenwert mehr ermittelt werden konnte.*

> **Keine Zeitvorwahl im Modus S vorhanden?**
>
> Die Zeitvorwahl funktioniert nur für native X-Mount-Objektive. Wenn Sie Objektive adaptieren, können Sie die Kamera nur im manuellen Modus oder in der Blendenvorwahl im Modus **A** verwenden. Dies gilt auch für viele Fremdhersteller-Objektive mit manueller Fokussierung, die im Grunde auch nur adaptierte Objektive sind (nur eben ohne gesonderten Adapter).

2.2 Die Zeitvorwahl im Programmmodus S

Einstellrad entriegeln
Ob Sie das Einstellrad für die Belichtungszeit nach jeder Änderung wieder verriegeln wollen oder nicht, bleibt Ihnen selbst überlassen. Bei Situationen, wo Sie die Belichtungszeit häufiger ändern müssen, ist die Verriegelung eher hinderlich, weshalb ich das Einstellrad bei der Zeitvorwahl zumindest im Programmmodus **S** niemals verriegele.

Wenn Sie von einem anderen Kamerahersteller umsteigen, werden Sie zunächst verwundert feststellen, dass die Belichtungszeiten auf dem Einstellrad in ganzen Schritten gehalten sind. Die (gewohnten) Zwischenwerte stellen Sie mit dem hinteren Einstellrad ein. Haben Sie also das Einstellrad auf 125 für 1/125 s gestellt, erreichen Sie die Drittelstufen 1/160 s und 1/200 s bis zum nächstmöglichen Einstellwert 250, indem Sie das hintere Einstellrad nach rechts drehen. Dasselbe gilt in die andere Richtung, wo Sie bei einem eingestellten Wert von 125 die Drittelstufen 1/100 s und 1/80 s bis zum nächsten niedrigeren Einstellwert von 60 erreichen, indem Sie das hintere Einstellrad nach links drehen.

Abbildung 2.16 *Mit dem hinteren Einstellrad ...*

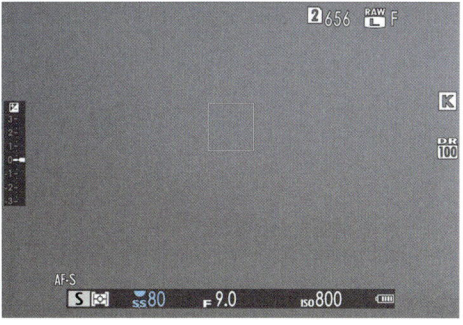

Abbildung 2.17 *... stellen Sie die Drittelstufen zwischen den ganzen Schritten ein, die mit dem Einstellrad für die Belichtungszeit eingestellt werden können.*

Belichtungszeit ohne Einstellrad für Belichtungszeit anpassen
Nicht jedem gefällt es, die Belichtungszeit über das Einstellrad auf der Kamera einzustellen und dann noch bei Bedarf die Drittelwerte dazwischen am hinteren Einstellrad anzupassen. Es kommt wohl auch auf die Situation

an. Mit der X-T3 ist es aber auch problemlos möglich, sämtliche verfügbare Belichtungszeiten durch Drehen des hinteren Einstellrades einzustellen. Hierzu müssen Sie lediglich das Einstellrad für die Belichtungszeit auf **T** (für »Time«) stellen. In diesem Modus können Sie in Drittelschritten Werte von 1/8 000 s bis 60 Sekunden einstellen. Hierzu kommen Werte von einer Belichtungszeit mit 2, 4, 8 und 15 Minuten für eine Langzeitbelichtung. Kürzere Belichtungszeiten von bis zu 1/32 000 s sind möglich, wenn Sie den elektronischen Verschluss (**ES**) als **Auslösertyp** bei **Aufnahme-Einstellung** im Kameramenü wählen.

Abbildung 2.18 *Stellen Sie das Einstellrad auf **T**, können Sie alle Belichtungszeiten inklusive der Drittelwerte über das hintere Einstellrad einstellen.*

2.2.1 Anpassungen bei der Zeitvorwahl

Wenn Sie die Belichtungszeit eingestellt haben, kümmert sich die Kamera um den Blendenwert. Damit ist sichergestellt, dass Sie immer ein gut belichtetes Bild erhalten. Wenn Sie die Belichtungszeit zum Beispiel um eine Stufe verlängern, erhöht sich analog dazu der Blendenwert ebenfalls um eine Stufe. Dasselbe gilt umgekehrt. Wenn die Kamera bei vollständig geöffneter oder geschlossener Blende zur eingestellten Belichtungszeit keine ordentliche Belichtung mehr erreicht, wird der Blendenwert in Rot angezeigt, wie Sie es in Abbildung 2.15 sehen. Bei korrekter Belichtung ist dieser Wert immer weiß.

Um das Problem zu beheben, haben Sie drei Möglichkeiten. Die erste Möglichkeit ist, eine andere Belichtungszeit einzustellen. Ist die Belichtungszeit zum Beispiel zu kurz, können Sie sie am Einstellrad für die Belichtungszeit oder zunächst am hinteren Einstellrad in Drittelschritten verlängern. Dies hängt allerdings auch davon ab, wie lang die Belichtungszeit bereits ist. Haben Sie bei einem 200-mm-Objektiv ohnehin schon eine Belichtungszeit von 1/100 s und machen das Foto aus der Hand, dann besteht bei einer Verlängerung der Belichtungszeit die Gefahr des Verwackelns, und als Ergebnis erhalten Sie ein unscharfes Bild.

Die zweite Möglichkeit ist, den ISO-Wert am passenden Einstellrad entsprechend der Situation anpassen. Aber auch das Einstellrad für die Belichtungskorrektur kann, als dritte Möglichkeit, dafür sorgen, die Belichtung wieder ins rechte Licht zu rücken. Was Sie wann und wo verwenden, hängt davon ab, was Sie mit der Zeitvorwahl fotografieren.

Anforderungen an das Bild bei der Zeitvorwahl

Die Zeitvorwahl kommt überall dort zum Einsatz, wo die Belichtungszeit der wichtigste Faktor für das Bild ist. Die wohl zwei wichtigsten Anwendungsbeispiele sind:

- Sie wollen (schnelle) **Bewegungen einfrieren**, um Bewegungsunschärfe zu vermeiden. Hierfür benötigen Sie eine sehr kurze Belichtungszeit. Anwendungsbeispiele sind u. a. die Sportfotografie, Actionaufnahmen oder Aufnahmen von fliegenden oder laufenden Tieren. Für kurze Belichtungszeiten muss allerdings in der Regel auch ausreichend Licht vorhanden sein. Ist dies nicht gegeben, muss der ISO-Wert erhöht werden.
- Sie wollen gezielt eine **Bewegungsunschärfe** (auch: Wischeffekt) erzielen, um zum Beispiel fließendes Wasser verwischt abzubilden oder sogenannte *Mitzieher* bei sich schnell bewegenden Objekten zu machen. Damit können Sie die Bewegung durch die Unschärfe hervorheben.

Abbildung 2.19 *Ein Flusslauf einmal mit einer kurzen Belichtungszeit von 1/40 s und einmal mit einer langen Belichtungszeit (1 Sekunde). Die kurze Belichtungszeit erzeugt eine dynamische Wirkung, die lange Belichtungszeit mit dem verwischten Wasser lässt das Bild fast schon mystisch aussehen. Für beide Aufnahmen stand die Kamera auf einem Stativ.*

2.2.2 Belichten aus der Hand, ohne zu verwackeln

Neben einer korrekten Fokussierung des Motivs hat die Wahl der richtigen Belichtungszeit maßgeblichen Einfluss darauf, ob ein Bild scharf ist oder nicht. Hierbei kommt es häufig auch auf eine ruhige Hand beim Fotografieren und die Brennweite des Objektivs an. Das Prinzip lässt sich ohne Kamera demonstrieren, wenn Sie versuchen, durch ein langes Rohr zu schauen und ein bestimmtes Motiv damit zu fixieren. Je länger das Rohr ist, umso schwieriger ist es, es ruhig zu halten. Genauso ist es beim Fotografieren, wenn Sie eine Brennweite von 200 mm und mehr haben. Kleinste Bewegungen können hier bei einer zu langen Belichtungszeit zu unscharfen Bildern führen.

Ein Richtwert, welche Belichtungszeit verwendet werden kann, damit es noch zu scharfen Bilder bei Aufnahmen aus der Hand kommt, stammt noch aus der analogen Zeit und ist als *Kehrwertregel* bekannt: Er ergibt sich aus *Brennweite × Cropfaktor*. Der Cropfaktor bei einer APS-C-Kamera wie der X-T3 ist 1,5, weshalb für 200 mm eine Belichtungszeit von 1/300 s ideal wäre (200 × 1,5 = 300). 1/300 s gibt es natürlich nicht bei einer Kamera, weshalb dieser Wert auf 1/320 s aufgerundet wird. Ein anderes Beispiel mit einer 23-mm-Brennweite wäre: 23 × 1,5 = 34,5. Aufgerundet ergibt das eine Belichtungszeit von 1/40 s.

Um es hier aber noch einmal deutlich zu machen: Bei dieser Gleichung handelt es sich eben nur um einen ersten Richtwert. Wer auf Nummer sicher gehen will, der kann auf diesen Wert durchaus noch einen Puffer aufschlagen. In diesem Abschnitt soll nur verdeutlicht werden, dass bei unscharfen Bildern häufig eine zu lange Belichtungszeit die Ursache ist. Es gibt natürlich noch eine Ausnahme zu diesen Richtwerten, nämlich wenn Sie ein Objektiv mit einem eingebauten Bildstabilisator haben.

Schnellere Belichtungszeit dank elektronischem Verschluss

Mit dem mechanischen Verschluss der Fujifilm X-T3 sind bis zu 1/8 000 s möglich. Reicht Ihnen diese Belichtungszeit nicht aus, können Sie den schnellen elektronischen Verschluss verwenden. Damit stehen Ihnen noch kürzere Belichtungszeiten von bis zu 1/32 000 s zur Verfügung. Diesen Verschluss stellen Sie im Kameramenü über **Aufnahme-Einstellung** ein, wenn Sie den **Auslösertyp** auf **ES** (elektronischer Auslöser) oder **M+E** (mechanisch und elektronisch) setzen.

2.2.3 Der Bildstabilisator

Eine weitere Möglichkeit, einem Verwackeln bei der Aufnahme gegenzusteuern, ist ein Bildstabilisator, der in einige Fujinon-Objektive verbaut wurde. Solche Objektive haben im Namen das Kürzel »OIS« (für »Optical Image Stabilizer«). Die OIS-Funktion kann bei den Objektiven über den entsprechenden Schalter am Objekt (de-)aktiviert werden. Bei XC-Objektiven (z. B. XC 50–230 mm) mit OIS-Funktion ohne einen Schalter am Objektiv ist die Bildstabilisierung automatisch aktiv, kann aber über das Kameramenü (de-)aktiviert werden. Sie finden diese Option für XC-Objektive im Kameramenü **Aufnahme-Einstellung > IS Modus**, wo Sie mit dem Wert **Aus** die Bildstabilisierung ausschalten und mit **Ein** aktivieren.

Abbildung 2.20 *Sie können den Bildstabilisator mit dem Schalter OIS am Objektiv ein-/ausschalten.*

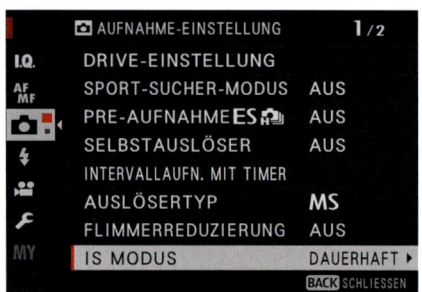

Abbildung 2.21 *Bei XC-Objektiven mit OIS-Funktion, aber ohne Schalter (de-)aktivieren Sie die Bildstabilisierung im Kameramenü.*

Der Stabilisator ermöglicht etwas längere Belichtungszeiten. Um auf ein Objektiv mit 200 mm Brennweite als Beispiel zurückzukommen – wo nach der Kehrwertregel eine Belichtung von 1/320 s empfohlen wird, um ein scharfes Bild aus der Hand fotografieren zu können: Mit Hilfe eines Bildstabilisators gewinnen Sie Belichtungszeit. Theoretisch können Sie also mit Bildstabilisator eine Belichtungszeit von 1/80 s oder kürzer verwenden, um verwacklungsfreie Bilder zu schießen. In der Praxis sollten Sie aber zur Sicherheit noch einen Puffer aufschlagen.

Blendenstufen

Wie gut ein Bildstabilisator arbeitet, wird häufig in Blendenstufen angegeben. Benötigen Sie zum Beispiel für eine scharfe Aufnahme aus der Hand eine Belichtungszeit von 1/250 s und schaffen Sie es, für dasselbe Bild mit Bildstabilisator auch noch mit 1/60 s ein scharfes Bild zu erstellen, dann hat der Bildstabilisator zwei Belichtungsstufen ausgeglichen: die erste Stufe mit 1/125 s und die zweite Stufe mit 1/60 s. Anstatt die Belichtungszeit zu verlängern, hätten Sie auch die Blende um zwei Stufen schließen können. Wenn Sie daher von einer Angabe lesen, dass ein Bildstabilisator bis zu zwei Blendenstufen ausgleichen kann, dann bedeutet dies, dass Sie die Belichtungszeit um zwei Belichtungsstufen verlängern können.

Aber auch wenn ein Objektiv einen Bildstabilisator hat, hilft dieser nicht dabei, ein sich schnell bewegendes Motiv »einzufrieren«. Für solche Zwecke kommen Sie nicht um kürzere Belichtungszeiten herum.

Im Kameramenü **Aufnahme-Einstellung > IS-Modus** finden Sie mit **Dauerhaft** (Standardeinstellung) und **Nur Aufnahme** zwei Optionen, mit denen Sie den Modus des Bildstabilisators festlegen, wenn dieser aktiviert wurde.

Der Modus **Dauerhaft** stellt den OIS in den Dauerbetrieb und gleicht permanent Verwacklungen aus. Sie bemerken dies, wenn Sie das Livebild im Sucher oder im Display betrachten, wo es sehr angenehm stabilisiert wird. Sie können praktisch der Bildstabilisierung bei der Arbeit zusehen. Allerdings geht das auf Kosten des Akkus, weshalb ich diese Option auf **Nur Aufnahme** einstelle. So wird zwar das Livebild nicht mehr so angenehm stabilisiert, die Aufnahme aber nach wie vor.

Abbildung 2.22   *Als Modus für die Bildstabilisierung bei* **Aufnahme-Einstellung > IS-Modus** *können Sie als (Standard-)Wert* **Dauerhaft** *oder* **Nur Aufnahme** *vorgeben.*

Langzeitbelichtung
Eine Langzeitbelichtung länger als 1 Sekunde können Sie durchführen, indem Sie das Einstellrad für die Belichtungszeit auf **T** oder **B** stellen. Wie Sie bereits erfahren haben, können Sie mit dem hinteren Einstellrad die Belichtungszeit beliebig von 1/8 000 s bzw. 1/32 000 s bis hoch zu 15 Minuten einstellen. In der Stellung **B** (für »Bulb«) können Sie selbst festlegen, wie lange das Foto belichtet werden soll. Wenn Sie hierbei allerdings die Zeitvorwahl eingestellt haben, also die Blende auf **A** gestellt ist, wird die Belichtungszeit fest auf 30 Sekunden gestellt. Stellen Sie die Blende manuell auf einen Wert, dann wird so lange im Bulb-Modus belichtet, wie Sie den Auslöser gedrückt halten (maximal 60 Minuten). Natürlich können Sie hierfür auch einen Fernauslöser verwenden und müssen so nicht den Auslöser die gesamte Zeit gedrückt halten. Auf die Langzeitbelichtung werde ich gesondert in Abschnitt 8.6, »Langzeitbelichtung«, eingehen.

2.3 Die Blendenvorwahl im Programmmodus A

Der letzte halbautomatische Modus ist die Blendenvorwahl (auch Zeitautomatik), wo Sie die passende Blende einstellen und die Kamera dazu die passende Belichtungszeit wählt. Dieser Modus wird bevorzugt verwendet, wenn mit der Blende gezielt die Schärfentiefe gesteuert werden soll. Entsprechend eingesetzt lässt sich mit diesem Modus bei geöffneter Blende ein Motiv optimal freistellen, so dass ein unruhiger Hintergrund in Unschärfe verschwimmt und die Aufmerksamkeit auf das Motiv gerichtet wird. Auch können Sie damit die maximale Schärfeleistung ausreizen, indem Sie die Blende schließen, um so die maximale Schärfentiefe zu verwenden.

Um die X-T3 in den Modus **A** (für »Aperture Priority«) für die Blendenvorwahl zu stellen, drehen Sie das Einstellrad für die Belichtungszeit auf **A**.

Abbildung 2.23 *Für die Blendenvorwahl stellen Sie die Belichtung auf* **A**.

Die Blende müssen Sie logischerweise jenseits der Automatik von **A** einstellen. Abhängig vom Objektiv gibt es unterschiedliche Möglichkeiten, die Blende einzustellen:

- **Direkt am Blendenring**: Bei Objektiven mit einer Festbrennweite und bei Zoomobjektiven mit durchgehend gleicher Lichtstärke finden Sie auf dem Blendenring die entsprechende Blende als Zahlenwert neben dem roten **A** für die Automatik wieder, wo Sie durch Drehen am Ring den Blendenwert einstellen können.

Abbildung 2.24 *Blendenwerte bei Objektiven mit durchgehender Lichtstärke und Festbrennweiten können direkt eingestellt werden.*

- **Blendenmodus-Schalter und Blendenring**: Zoomobjektive ohne durchgehende Lichtstärke haben keine Zahlenwerte am Blendenring, weil hier mit der Brennweite auch die Blende variiert. Trotzdem ist auch hier der Blendenring zum Drehen und Einstellen der Blende vorhanden. Hier müssen Sie den eingestellten Blendenwert im Sucher oder auf dem Display kontrollieren. Am Objektiv müssen Sie den Blendenmodus-Schalter auf die Blendenoption stellen.

Abbildung 2.25 *Zoomobjektive ohne durchgehende Lichtstärke haben einen Blendenmodus-Schalter. Der Blendenwert wird auch hier am Blendenring eingestellt.*

- **Ohne Blendenring**: Bei Objektiven ohne Blendenring oder bei XC-Objektiven lässt sich der Blendenwert nur über das vordere Einstellrad ändern. Standardmäßig wird hierbei die Automatik verwendet, was Sie am weißen Blendenwert im Display oder im Sucher erkennen. Drehen Sie das vordere Einstellrad nach links, wird dieser Wert blau, und Sie können die Blende durch Drehen einstellen.

Abbildung 2.26 *Bei XC-Objektiven ohne Blendenring wird der Blendenwert am vorderen Einstellrad eingestellt.*

Wenn Sie die Blendenvorwahl eingestellt haben, werden links unten im Display oder Sucher der Modus **A** und der aktuell eingestellte Blendenwert blau angezeigt. Kann zum eingestellten

Blendenwert kein korrektes Belichtungsergebnis erzielt werden, wird die Belichtungszeit zur Warnung in roter Farbe angegeben.

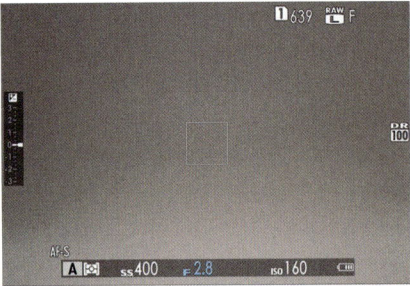 

Abbildung 2.27 *Das **A** links unten und der blaue Blendenwert zeigen an, dass Sie die Blendenvorwahl eingestellt haben.*

Abbildung 2.28 *Kann zum eingestellten Blendenwert keine korrekte Belichtungszeit mehr eingestellt werden, wird dieser Wert in roter Schrift angezeigt.*

Im Programmmodus **A** liefert die Kamera zur eingestellten Blende immer die passende Belichtungszeit. Hierbei kann es je nach vorhandenem Licht durchaus zu Situationen kommen, wo die Belichtungszeit recht lang ist und es schwierig wird, ein Bild noch verwacklungsfrei aus der Hand aufzunehmen. Hier können Sie eventuell den ISO-Wert erhöhen oder, wenn nicht bereits geschehen, diesen auf **A**(uto) stellen. Ist die Belichtungszeit immer noch zu lang, müssen Sie ein Stativ oder eine feste Unterlage verwenden. Eine weitere Möglichkeit besteht darin, die Blende weiter zu öffnen, also einen kleineren Wert einzustellen, womit mehr Licht auf den Sensor fällt und die Belichtungszeit automatisch kürzer wird. Reduzieren Sie den Blendenwert um eine Stufe, beispielsweise von *f*4 auf *f*2,8, verringert sich die Belichtungszeit ebenfalls um eine ganze Stufe, damit dieselbe Helligkeit im Bild erhalten bleibt.

> **Anforderungen an das Bild bei der Blendenvorwahl**
>
> Die Blendenvorwahl ist das ideale Programm, wenn die Belichtungszeit weniger wichtig ist und stattdessen die Schärfentiefe in den Vordergrund rückt. Bevorzugt unterscheidet man hier zwischen großer Schärfentiefe und geringer Schärfentiefe:
>
> - **Große Schärfentiefe**: Eine größere Schärfentiefe erzielen Sie gewöhnlich mit einer großen Blendenzahl (= kleinere Blendenöffnung). Je größer die Blendenzahl wird, umso mehr dehnt sich die Schärfentiefe im Bild aus. Hierbei wird nicht nur das fokussierte Motiv scharfgestellt, sondern auch alles andere davor und dahinter. Eine hohe Schärfentiefe will man z. B. in der **Landschaftsfotografie** erzielen, um alle Bereiche durchgehend scharf abzubilden.
> - **Geringe Schärfentiefe**: Eine geringe Schärfentiefe erzielen Sie mit einer kleinen Blendenzahl (= größere Blendenöffnung). Je kleiner die Blendenzahl ist, umso weniger tief fällt der scharfe Bereich im Bild aus. Bezogen auf ein fokussiertes Motiv wird nur dieses scharfgestellt, alles dahinter oder davor verschwimmt in Unschärfe. Gerade in der Porträtfotografie wirken Bilder mit einer geringen Schärfentiefe sehr gut, weil der Fokus sprichwörtlich auf das Gesicht gelenkt wird.

Abbildung 2.29 *Hier habe ich den Fokus auf das der Kamera nächstliegende Auge der linken Person gelegt. Der Blendenwert von f9 sorgt für eine hohe Schärfentiefe, so dass auch die weiter hinten stehende Person auf der rechten Seite noch recht scharf abgebildet wurde. Große Schärfentiefe = große Blendenzahl bzw. kleine Blendenöffnung.*

Abbildung 2.30 *Dasselbe Bild; erneut liegt der Fokus auf dem bildlinken Auge der linken Person. Durch den Blendenwert f2,8 wurde allerdings auch die Schärfentiefe verringert, so dass die weiter hinten stehende Person unscharf geworden ist. Geringe Schärfentiefe = kleine Blendezahl bzw. große Blendenöffnung.*

Es hängt allerdings auch vom Objektiv ab, wie weit eine Blende geöffnet werden kann. So bietet das Fujinon XF 55–200 mm F3,5–4,8 OIS als kleinstmögliche Blendenzahl ƒ3,5 bei 55 mm, die bei 200 mm auf ƒ4,8 steigt. Andere Objektive bieten noch größere Blendenöffnungen, also eine kleinere Blendenzahl an. Das Fujinon XF 56 mm bietet als kleinstmögliche Blendenzahl ƒ1,2. Verglichen mit dem 55–200 mm, wo Sie bei 55 mm auf ƒ3,5 als kleinste Blendezahl beschränkt sind, haben Sie bei einer ähnlichen Brennweite mit dem XF 56 mm mit einer Blendenzahl von ƒ1,2 natürlich noch viel Spielraum, eine geringere Schärfentiefe zu erzeugen. Mehr über Objektive erfahren Sie in Abschnitt 10.1, »Objektive für die X-T3«.

Lieber etwas abblenden

Wenn Sie ein lichtstarkes Objektiv wie zum Beispiel das XF 56 mm ƒ1,2 mit voll geöffneter Blende (niedrigster Blendenwert: ƒ1,2) verwenden, so ist es bei Porträtaufnahmen häufig nur noch möglich, ein Auge scharfzustellen, wenn die Person nicht mit beiden Augen parallel zur Kamera steht. Daher ist es in solchen Situationen oft empfehlenswert, ein wenig abzublenden, die Blende also um ein, zwei Stufen zu schließen (den Blendenwert zu erhöhen).

SCHRITT FÜR SCHRITT
Im A-Modus zum gewünschten Bild

1 Blende einstellen

Stellen Sie die Kamera in den Programmmodus **A**, indem Sie das Einstellrad für die Belichtungszeit auf **A** drehen. Dann wählen Sie die gewünschte Blende am Blendenring. Wollen Sie einen unscharfen Hintergrund (z. B. bei einer Porträtaufnahme), verwenden Sie einen niedrigen Blendenwert wie etwa ƒ2,8 oder ƒ4. Wollen Sie, dass alles durchgehend scharf ist (z. B. bei einer Landschaftsaufnahme), stellen Sie einen hohen Blendenwert wie ƒ8 oder ƒ11 ein. Drücken Sie den Auslöser halb herunter, und werfen Sie einen Blick auf die Belichtungszeit und die Schärfentiefe.

Abbildung 2.31 Blende einstellen (hier: F2.8). Wenn Sie den Auslöser halb herunterdrücken, sollten Sie die Belichtungszeit überprüfen.

Abbildung 2.32 Im Display/Sucher sehen Sie auch, wie sich der gewählte Wert auf die Schärfentiefe auswirkt.

2 Einstellungen anpassen

Stellen Sie sicher, dass die Belichtungszeit für ein scharfes Foto aus der Hand geeignet ist. Wenn die Belichtungszeit zu lang ist, können Sie die Blende weiter öffnen (kleinere Blendenzahl einstellen). Dies reduziert allerdings auch die Schärfentiefe. Je nach Aufnahmesituation ist dies möglicherweise nicht erwünscht. In diesem Fall besteht noch die Option, den ISO-Wert zu erhöhen. Wenn die Belichtungszeit allerdings immer noch recht kurz ist, können Sie unter Umständen die Blende noch etwas weiter schließen und eine höhere Blendenzahl einstellen, womit auch die Schärfentiefe erweitert wird.

3 Aufnahme erstellen

Machen Sie eine erste Aufnahme, und überprüfen Sie am Display das Ergebnis. Sind Sie nicht zufrieden, können Sie erneut Anpassungen vornehmen. Die Auswirkungen bei der Änderung des Blendenwertes sind:

- kleiner Blendenwert = geringere Schärfentiefe = kürzere Belichtungszeit
- großer Blendenwert = höhere Schärfentiefe = längere Belichtungszeit

Beugungsunschärfe bei zu kleiner Blendenöffnung | Um eine hohe Schärfentiefe zu erzielen, blendet man in der Regel ab. Allerdings gibt es auch hier eine Grenze: Je weiter Sie die Blende schließen (hoher Blendenwert), umso stärker tritt das Phänomen der sogenannten *Beugungsunschärfe* auf. Zwar erzielen Sie mit einem Weitwinkelobjektiv bei Blende *f*16 grundsätzlich eine sehr hohe durchgehende Schärfentiefe im gesamten Bild, aber die Schärfeleistung sinkt dennoch aufgrund eines quantenmechanischen Phänomens deutlich. Ab welcher Blende genau, hängt allerdings auch vom Objektiv ab. Die X-T3 bietet im Kameramenü **Bildqualitäts-Einstellung > Objektivmod.-Opt.** eine Funktion an, mit der dieser Beugungseffekt bis zu einem gewissen Grad reduziert wird. Die Funktion ist zwar standardmäßig aktiviert, aber dies gilt nur für JPEG- und nicht für Raw-Aufnahmen. Außerdem wird die Korrektur nicht bei XC- und Fremdhersteller-Objektiven unterstützt.

2.4 Volle manuelle Kontrolle im Programmmodus M

Wollen Sie alle Werte unabhängig voneinander wählen und die Belichtungseinstellung selbst bestimmen, dann können Sie die X-T3 auch im Programmmodus **M** betreiben. Bevorzugt wird der manuelle Modus bei Nacht-, Blitzlicht-, HDR- oder Panorama-Aufnahmen verwendet. Wer aber die manuelle Anpassung der Kamera beherrscht, kann damit aber durchaus immer und alles fotografieren.

Um den Programmmodus **M** der X-T3 einzustellen, müssen Sie alle Aufnahmeparameter wie Blende, Belichtungszeit und auch den ISO-Wert auf einen Wert jenseits der Automatik stellen. Hierbei sollten Sie auch einen manuellen ISO-Wert einstellen, weil die Kamera sonst trotzdem noch in die Belichtungseinstellung eingreift.

Auto-ISO und Programmmodus

Auch mit Auto-ISO wird im Display und Sucher der Programmmodus **M** angezeigt. Es versteht sich bei diesem Modus von selbst, dass Sie wissen, was Sie tun oder tun wollen.

Sie erkennen den manuellen Modus am **M** (für »manuell«) links unten in der Statusleiste. Des Weiteren werden die Werte für die Belichtungszeit und Blende jetzt beide in blauer Schrift angezeigt. Ob das Bild gemäß den Einstellungen richtig belichtet wird, sehen Sie im Sucher oder auf dem Display auf der linken Seite bei der Belichtungsskala. Bei einem korrekt belichteten Bild steht der weiße Pfeil auf 0. Diese Skala zeigt Ihnen +/− 3 Belichtungsstufen an und ist in Drittelstufen eingeteilt. Steht diese Skala trotz des manuellen Modus und sich ändernder Lichtverhältnisse auf 0, dann haben Sie vermutlich Auto-ISO aktiviert.

Abbildung 2.33 *Ist keine Einstellung der Kamera mehr im Automatikmodus, liegt es an Ihnen, die Belichtung einzustellen.*

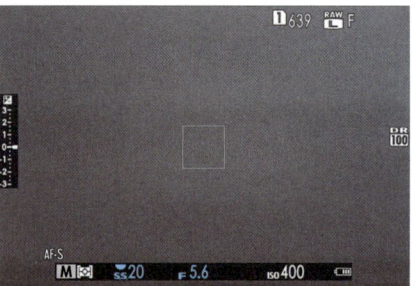

Abbildung 2.34 *Den manuellen Programmmodus der Kamera erkennen Sie am **M** links unten und an der blauen Schrift von Belichtungszeit- und Blendenangabe. Für die Kontrolle der Belichtung dient die Belichtungsskala auf der linken Seite.*

Anforderungen an das Bild im manuellen Modus

Für das Fotografieren im manuellen Modus gibt es zwar keine speziellen Anforderungen an das Bild, weil sich damit eben alles machen lässt, was Sie in den anderen halbautomatischen Programmmodi auch tun können. Trotzdem gibt es auch hier typische Anwendungsfälle, für die viele Fotografen generell den manuellen Modus verwenden:

- **Wechselnde Lichtverhältnisse**: Wenn Sie zum Beispiel bei einem Konzert mit ständig wechselnder Bühnenbeleuchtung einen Künstler fotografieren müssen, wird die X-T3 im Programmmodus **A** mal eine kurze und mal eine lange Belichtungszeit vorschlagen. Zwar erhalten Sie hier ein korrekt belichtetes Bild, aber eben auch ganz unterschiedlich belichtete Bilder. Gewöhnlich will man hier aber immer dieselbe Stimmung und Bildhelligkeit fotografieren.
- **Langzeitbelichtung, Nachtaufnahmen**: Gerade bei Nachtaufnahmen mit hoher Schärfentiefe (große Blendenzahl) und niedrigem ISO-Wert kommt fast immer der **M**-Modus ins Spiel. Langzeitbelichtungen werde ich ausführlicher in Abschnitt 8.6, »Langzeitbelichtung«, behandeln.

- **Blitzen im Studio**: Beim Fotografieren im Studio mit Blitzlicht ist manuelles Belichten Pflicht, weil eine Automatik ja noch nicht wissen kann, wie hell der Blitz auslöst. Hierbei tasten sich Fotografen mit einer Zeit-Blenden-Kombination und mehreren Anpassungen heran. Ein externer Belichtungsmesser kann für Klarheit sorgen, ohne testen zu müssen. Erfahrene Fotografen wissen aber ohnehin, welche Werte sie hier einstellen müssen. Auf das Blitzen im Studio gehe ich kurz in Abschnitt 7.6, »Blitzen im Studio«, ein.

Abbildung 2.35 *Bei solchen Nachtaufnahmen ist der Programmmodus* **M** *fast schon Pflicht.*
28 mm | f10 | 1 s | ISO 100

SCHRITT FÜR SCHRITT
Im M-Modus zum gewünschten Bild

1 Belichtung messen
Setzen Sie die Kamera in den Programmmodus **M**, indem Sie die gewünschten Werte für Belichtungszeit, Blende und ISO-Wert einstellen. Drücken Sie nun den Auslöser halb herunter, und betrachten Sie die Belichtungsskala auf der linken Seite.

2 Anpassungen vornehmen
Geht die Belichtung in der Belichtungsskala unter 0 und ist das Bild unterbelichtet, können Sie entweder die Belichtungszeit erhöhen oder die Blendenzahl verringern. Ist hingegen der Balken der Belichtungsskala über 0 und das Bild überbelichtet, können Sie die Belichtungszeit verkürzen oder die Blendenzahl erhöhen. Was Sie hierbei verändern, hängt natürlich vom Anwendungszweck ab. Geht es bei der Belichtung nicht genau auf 0 und fehlt noch eine oder zwei Drittelblendenstufe(n), können Sie die Belichtungszeit auch mit dem hinteren Einstellrad um Drittelstufen anpassen. Alternativ ändern Sie den ISO-Wert.

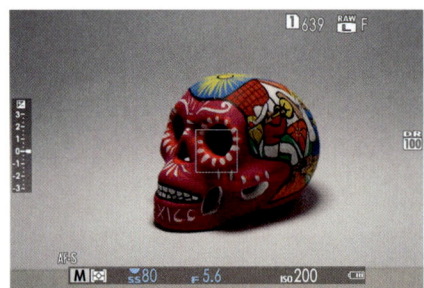

Abbildung 2.36 *Bei der ersten Einstellung ist das Bild noch unterbelichtet.*

Abbildung 2.37 *Hier habe ich die Belichtungszeit am hinteren Einstellrad um +2/3 Blende korrigiert. Schon haben Sie ein perfekt belichtetes Bild.*

3 Experimentieren Sie

Sie haben für den manuellen Modus einen Ausgangswert eingestellt, an dem Sie jetzt verschiedene Einstellungen testen können. Verändern Sie die Blende und die Belichtungszeit, und vergleichen Sie die Ergebnisse.

Im Programmmodus A oder S starten

Mit der Zeit und Erfahrung wissen Sie, mit welchen Werten Sie im manuellen Modus anfangen können. Sie können aber auch die Kamera in den Modus **A** oder **S** stellen und sehen, was die Kamera für Werte verwendet. Merken Sie sich dann die Werte für Blende und Belichtungszeit, und verwenden Sie sie als Basis für den Programmmodus **M**.

2.5 Die verschiedenen Programmmodi mit der ISO-Einstellung

In den Abschnitten zuvor haben Sie die halbautomatischen Programmmodi der X-T3 kennengelernt, in denen die Kamera zur Belichtungszeit beziehungsweise zur Blende die passenden Werte wählt. Nicht in jeder Aufnahmesituation sind diese Werte optimal. Mit Hilfe der ISO-Einstellung können Sie in diese Halbautomatiken eingreifen.

Das müssen Sie über den ISO-Wert wissen

Da es sich hier um ein Kamerahandbuch zur X-T3 handelt, behandele ich die ISO-Thematik nicht ausführlich. Vermutlich wissen Sie selbst bereits ausreichend über den ISO-Wert Bescheid. Das Wichtigste ist: Je höher der ISO-Wert, desto mehr wird das Sensorsignal verstärkt, und umso mehr Bildrauschen wird auf dem Bild zu sehen sein. Für eine bestmögliche Bildqualität ist es daher das Ziel, diesen Wert so niedrig wie möglich zu halten. Ein Bild mit ISO 160 liefert eine bessere Bildqualität als mit ISO 6 400. Natürlich kann dies in der Praxis nicht immer eingehalten werden, wenn Sie zum Beispiel bei wenig Licht aus der Hand fotografieren wollen, ohne zu verwackeln. Und im Zweifelsfall ist ein verrauschtes Bild besser als gar kein Bild.

2.5 Die verschiedenen Programmmodi mit der ISO-Einstellung

Mit einem höheren ISO-Wert erhöhen Sie die Signalverstärkung (was in der X-T3 einer Belichtungsaufhellung entspricht), aber mit zunehmender Verstärkung wird die Bildqualität schlechter, weil Bildrauschen und Artefakte ebenfalls verstärkt werden. Die Grundempfindlichkeit des Sensors der Fujifilm X-T3 beträgt ISO 160, womit er nach dem ISO-SOS-Standard kalibriert ist. Wenn Sie einen höheren ISO-Wert verwenden, wird die Aufnahme der Automatik dunkler belichtet, womit weniger Licht auf den Sensor fällt. Dabei muss das Bildsignal entsprechend verstärkt werden, damit das Bild wieder die korrekte Helligkeit aufweist.

Die Einstellung des ISO-Wertes erfolgt bei der X-T3 über das linke Einstellrad. Auch hier gibt es die Möglichkeit, dieses Rad zu verriegeln, um es vor versehentlichen Änderungen zu schützen. Im Sucher oder auf dem Display finden Sie den aktuell verwendeten ISO-Wert rechts unten.

Abbildung 2.38 *Hier stellen Sie den ISO-Wert an der X-T3 ein. Das Rad müssen Sie dazu vorher entriegeln.*

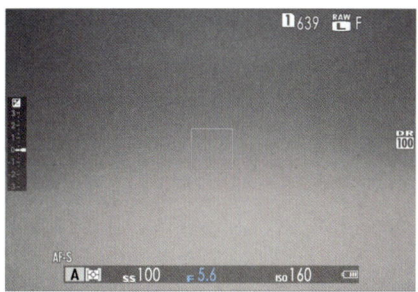

Abbildung 2.39 *Auf dem Bildschirm wird der ISO-Wert rechts unten (hier **ISO 160**) angezeigt.*

Den ISO-Wert können Sie in jedem Programmmodus selbst in Drittelstufen von ISO 160 bis ISO 12800 einstellen. Bei Aufnahmen bis zu ISO 800 ist das Bildrauschen fast unsichtbar. Auch bei ISO 1600 ist es noch nicht störend, wenn auch schon wahrnehmbar. Bei ISO 3200 ist das Bildrauschen noch akzeptabel. Erst bei ISO 6400 fällt es stärker auf, und ab ISO 12800 müssen Sie größere Abstriche bei der Bildqualität machen. Ich empfehle Ihnen, einfach selbst mit verschiedenen ISO-Werten bei schlechteren Lichtbedingungen zu experimentieren, um herauszufinden, was für Sie noch akzeptabel ist.

2.5.1 Die ISO-Automatik für die Programmmodi P und A

Generell ist es eine gute Wahl, die X-T3 auf Auto-ISO einzustellen und hierbei den höchstmöglichen ISO-Wert zu begrenzen.

Abbildung 2.40 *Hier wurde Auto-ISO eingestellt.*

Hierfür stellen Sie das Einstellrad für die ISO-Einstellungen auf **A**(uto) und legen den maximalen Bereich des ISO-Wertes in den Kameraeinstellungen fest. Zusätzlich bietet die X-T3 passend dazu die Option, die minimal mögliche Belichtungszeit zu definieren (dazu gleich mehr). Sie können hierbei drei solcher ISO-Programme einrichten. Standardmäßig sind in der X-T3 bereits alle drei ISO-Programme mit sinnvollen Werten voreingestellt. Sie finden diese Einstellungen im Kameramenü **Aufnahme-Einstellung > Autom. ISO-Einst.**, wo Sie aus **Auto1**, **Auto2** und **Auto3** wählen können.

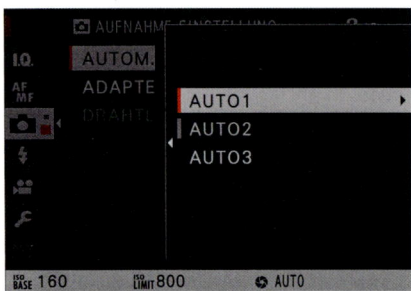 

Abbildung 2.41 *Drei Auto-ISO-Programme stehen zur Wahl.*

Abbildung 2.42 *Alle drei Auto-ISO-Programme können Sie Ihren persönlichen Bedürfnissen anpassen.*

Wenn Sie sich in einem der Untermenüs von **Auto1**, **Auto2** oder **Auto3** befinden und einen der Auto-Modi wählen, gelangen Sie auch gleich zu den Einstellungen, wo Sie mit **Standardempfindlichkeit** den minimalen ISO-Wert und mit **Max. Empfindlichkeit** den höchsten ISO-Wert einstellen können. Sie ändern die Werte, indem Sie die **MENU/OK**-Taste oder den Fokushebel drücken. Wenn Sie hier z. B. den Wert für **Max. Empfindlichkeit** auf 800 stellen, dann wird der ISO-Wert der Kamera, wenn Sie das ISO-Einstellrad auf **A** gestellt haben, nicht über diesen Wert gehen – egal, wie die Lichtumgebung ist. Der maximale Wert der ISO-Automatik wird im Sucher bzw. auf dem Display angezeigt, wenn Sie den Auslöser nicht betätigen. Ich gestatte meiner X-T3, in manchen Situationen einen Wert von bis zu ISO 3 200 zu wählen. Alles darüber hinaus steuere ich bei Bedarf manuell am Einstellrad für den ISO-Wert.

Warum einen minimalen ISO-Wert angeben?

Zunächst verwirrt die Einstellung der **Standardempfindlichkeit** ein wenig, weil es dort auch möglich ist, einen höheren Wert als für **Max. Empfindlichkeit** zu verwenden. In diesem Fall wird jedoch der eingestellte Wert ignoriert. Trotzdem gibt es Situationen, in denen ich den Wert für den minimalen ISO-Wert über den Standardwert von 160 setze. So verwende ich gelegentlich als minimalen ISO-Wert 400 und gewinne so gegenüber ISO 160 etwas mehr als eine Blendenstufe. Dafür erhalte ich eine kürzere Belichtungszeit, was sich positiv auf Verwacklungen von Bildern aus der Hand auswirkt.

2.5 Die verschiedenen Programmmodi mit der ISO-Einstellung

Der dritte Wert, **Min. Verschl.Zeit**, dient dazu, eine Mindestbelichtungszeit anzugeben, um möglichst immer verwacklungsfreie Bilder aus der Hand oder von bewegten Motiven zu erhalten. Die Kamera versucht, diesen Wert so lange wie möglich unter Berücksichtigung der **Max. Empfindlichkeit** zu halten. Ich stelle diesen Wert generell bei allen drei Auto-ISO-Einstellungen auf 1/60 s, weil ich zum einen eine ruhige Hand habe und zum anderen selten mit langen Brennweiten fotografiere. Das war auch gleich das Stichwort: Brennweite. Dieser eingestellte minimale Wert hängt bei natürlich auch von der verwendeten Brennweite ab und davon, ob das Objektiv einen Bildstabilisator hat. Hier können Sie gerne wieder einen Wert mit Hilfe der Kehrwertregel finden, die ich in Abschnitt 2.2.2, »Belichten aus der Hand, ohne zu verwackeln«, beschrieben habe.

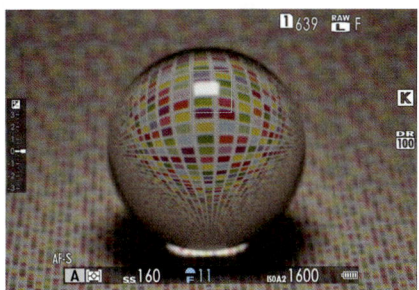 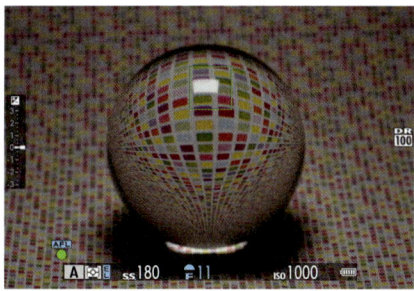

Abbildung 2.43 *Ob und welche ISO-Automatik verwendet wird, erkennen Sie an den Angaben* **ISOA1**, **ISOA2** *oder* **ISO A3** *neben dem maximal möglichen ISO-Wert rechts unten.*

Abbildung 2.44 *Sobald Sie den Auslöser halb herunterdrücken, können Sie erkennen, welchen ISO-Wert die Kamera für das Bild verwenden wird. Hier ist es* **ISO 1000**.

Wenn Sie die **Min. Verschl.Zeit** verwenden und auf beispielsweise 1/60 s stellen, kompensiert die Kameraautomatik eine eventuelle Verlängerung der Belichtungszeit bei schlechten Lichtverhältnissen, indem Sie den ISO-Wert erhöht, anstatt eine kürzere Belichtungszeit zu wählen. Dies funktioniert natürlich nur so lange, bis der maximale ISO-Wert (**Max. Empfindlichkeit**) erreicht wird.

Manueller Modus und Auto-ISO

Sie können die ISO-Automatik auch im Programmmodus **M** verwenden. Allerdings beschränkt sich hierbei die gewählte Automatik lediglich auf den niedrigsten und höchsten vorgegebenen ISO-Wert. Wie auch bei der Blendenvorwahl im Programmmodus **S** stellen Sie im Modus **M** die Belichtungszeit manuell ein. Gerade bei Aufnahmesituationen mit häufig wechselndem Licht wie bei Konzerten ist dies sehr hilfreich.

Tipp: Wollen Sie der ISO-Automatik im Programmmodus **M** die Verantwortung für die korrekte Belichtung geben, dann müssen Sie dem ISO-Wert erlauben, den vollen ISO-Bereich auszuschöpfen. Hierzu stellen Sie die Untergrenze auf ISO 160 und die Obergrenze auf ISO 12 800. Jetzt wird im Programmmodus **M** die Einstellung Auto-ISO zur Belichtungsautomatik.

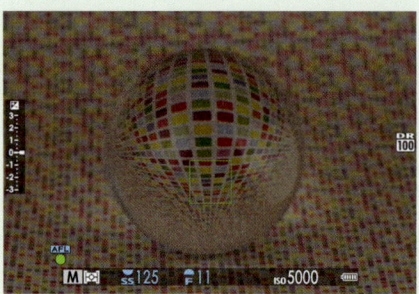

Abbildung 2.45 *Stellen Sie die Untergrenze auf ISO 160 und die Obergrenze auf ISO 12 800 ...*

Abbildung 2.46 *... wird der Auto-ISO im Modus M zur Belichtungsautomatik und sorgt immer für eine korrekte Belichtung.*

2.5.2 Erweiterte ISO-Einstellungen – L und H

Sicherlich sind Ihnen beim Einstellrad für den ISO-Wert die beiden Buchstaben **L** (für »low«) und **H** (für »high«) aufgefallen. Wenn Sie das Einstellrad auf **L** stellen, erhalten Sie den ISO-Wert 80 und ein Bild mit einem um eine Blendenstufe reduzierten Dynamikumfang. Bei hellen Bildbereichen, wie Wolken, kann dies zu Problemen führen, da diese Bereiche komplett weiß werden, also »ausbrennen«. Bei kontrastarmen Motiven können Sie damit allerdings auch kontrastreichere Bilder erhalten. Auch wenn Sie eine längere Belichtungszeit benötigen, können Sie dies mit einem niedrigeren ISO-Wert erreichen.

Mit **H** steht Ihnen der ISO-Wert 25600 zur Verfügung. Sie können den ISO-Wert über das Kameramenü mit **Einrichtung > Tasten/Rad-Einstellung > ISO-Rad-Einst. (H)** sogar noch weiter in die Höhe schrauben, bis auf ISO 51200. Bei solchen Signalverstärkungen wie ISO 25600 oder ISO 51200 sollte klar sein, dass die Bildqualität nicht mehr die höchste Priorität hat. Diese hohen ISO-Einstellungen dürften nur im Notfall – für Bilder in sehr dunklen Umgebungen, wo ohne Blitz sonst keine »scharfen« Bilder mehr möglich sind – eine Option sein.

Erweiterte ISO-Einstellungen nur für mechanischen Verschluss

Die erweiterten ISO-Einstellungen **L** und **H** können Sie nur mit dem mechanischen Verschluss der Fujifilm X-T3 verwenden. Im Kameramenü **Aufnahme-Einstellung > Auslösertyp** müssen Sie daher **MS** oder **M+E** einstellen. Sollten Sie dennoch einen elektronischen Verschluss verwenden, wird ISO **160** bei **L** und ISO **12 800** bei **H** in gelber Schrift angezeigt und mit diesem ISO-Wert ausgelöst.

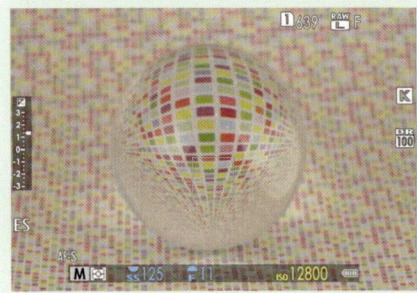

Abbildung 2.47 *Für die Werte L und H beim ISO-Einstellrad benötigen Sie den mechanischen Verschluss. Der ISO-Wert in gelber Schrift zeigt an, wenn Sie diese Einstellung noch vornehmen müssen.*

EXKURS
Zum Auffrischen: Zusammenspiel von Blende, Belichtungszeit und ISO

Das Zusammenspiel von Blende, Belichtungszeit und ISO-Wert ist in der Fotografie so ziemlich das Wichtigste, wenn es um die technischen Aspekte geht. Bildgestaltung und Komposition wiederum bilden die andere Seite. Da vielleicht auch der eine oder andere Einsteiger oder Wiedereinsteiger dieses Buch gekauft hat, will ich hier in einem kleinen Exkurs das Zusammenspiel dieser drei Parameter kurz erläutern. Wenn Sie diese drei Faktoren beherrschen, fällt Ihnen auch die Arbeit mit verschiedenen Programmmodi wie **A**, **S** oder **M** wesentlich leichter.

Die Belichtungszeit | Mit der Belichtungszeit (auch *Verschlusszeit* genannt) stellen Sie ein, wie lange der Verschluss geöffnet ist und Licht auf den Bildsensor trifft. Ist die Belichtungszeit zu kurz, wird das Bild zu dunkel und ist unterbelichtet. Ist die Belichtungszeit zu lang, wird das Bild zu hell und ist überbelichtet.

Abbildung 2.48 *Hier war die Belichtungszeit zu lang, weshalb das Bild überbelichtet ist.*

55 mm | f5,6 | 1/60 s | ISO 100

Abbildung 2.49 *Dasselbe Motiv mit dem Problem, dass zu kurz belichtet wurde, weshalb das Bild zu dunkel und somit unterbelichtet ist.*

55 mm | f5,6 | 1/650 s | ISO 100

Bei einer längeren Belichtungszeit besteht die Gefahr, verwackelte Bilder aufzunehmen, weil während der Zeit, in der Licht auf den Sensor kommt, auch jede Bewegung der Kamera und des Motivs mit aufgenommen wird. Wenn Sie kein Stativ verwenden, können Sie als Gegenmittel die Belichtungszeit verkürzen. Allerdings gibt es auch Aufnahmesituationen, in denen dies nicht möglich ist, weil zu wenig Umgebungslicht vorhanden ist. Hier haben Sie dann mit der Blende eine weitere Möglichkeit, mehr Licht auf den Bildsensor zu bringen.

Die Blende | Mit der Blende geben Sie zunächst an, wie viel Licht auf den Sensor gelangt. Je weiter Sie die Blende öffnen (kleiner Blendenwert), umso mehr Licht fällt auf den Sensor. Schließen Sie hingegen die Blende (ein höherer Blendenwert), dann fällt weniger Licht auf den Sensor. Bezogen auf die Bildgestaltung von Fotos können Sie mit der Blende die Schärfentiefe steuern. Wenn Sie beispielsweise eine Person fotografieren, erzielen Sie mit einer großen Blendenöffnung (z. B. $f1,4$) einen sehr unscharfen Hintergrund (kleine Schärfentiefe). Bei einer kleinen Blendenöffnung (z. B. mit $f16$) wird der Hintergrund scharf (große Schärfentiefe).

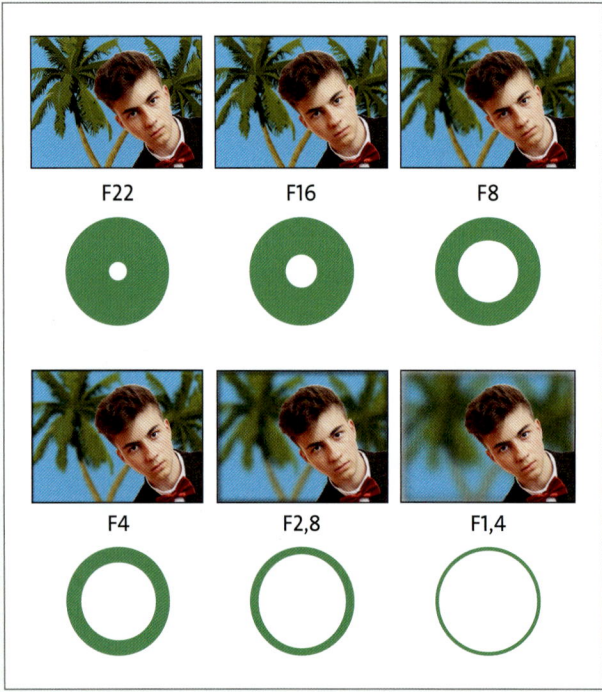

Abbildung 2.50 *Große Blendenöffnung = unscharfer Hintergrund (kleine Schärfentiefe); kleine Blendenöffnung = scharfer Hintergrund (große Schärfentiefe)*

Gerade Einsteiger sind häufig verwirrt, wenn bei $f1,4$ von einer großen Blendenöffnung und bei $f16$ von einer kleinen Blendenöffnung die Rede ist, da ja die Werte eigentlich das Gegenteil suggerieren. Korrekterweise müsste es $f/1,4$ oder $f/16$ heißen. Der Wert f steht für die Brennweite (*focal length*), und bei einer Bruchrechnung ist $f/1,4$ größer als $f/16$.

Auch Blendenzahlen wie $f1,2$, $f1,4$, $f2$, $f2,8$, $f4$, $f5,6$, $f8$, $f11$ usw. sind kein Hexenwerk und schnell erklärt: Von einer Blende zur nächsten wird die Menge an Licht, die auf den Sensor fällt, verdoppelt oder halbiert. Da es sich bei der Blende allerdings um eine Kreisöffnung handelt, muss die Fläche eines Kreises verdoppelt bzw. halbiert werden. Dazu muss der Durchmesser mit der Wurzel aus 2 (= gerundet ca. 1,4) multipliziert oder dividiert werden. Vereinfacht also:

$1,2 \times 1,4 = (f)2 \times 1,4 = (f)2,8 \times 1,4 = (f)4 \times 1,4 = (f)5,6 \times 1,4 = (f)8 \times 1,4 = (f)11 \ldots$

Der ISO-Wert | Über den ISO-Wert habe ich ja schon einiges geschrieben. Im Gegensatz zur geläufigen Meinung erhöht ein höherer ISO-Wert bei der X-T3 nicht die Empfindlichkeit des Sensors. Vielmehr regelt der ISO-Wert die Signalverstärkung. Das bedeutet, wenn Sie mit der X-T3 ein Bild mit ISO 160 fotografieren, wird die Standardverstärkung der Kamera verwendet. Erhöhen Sie den ISO-Wert auf 800, werden die aufgenommenen Bilddaten um mehr als zwei Blendenstufen verstärkt bzw. gepusht. Vereinfacht ausgedrückt ist diese Signalverstärkung durch eine höhere ISO-Einstellung nur eine Erhöhung der Bildhelligkeit des Bildes, wie Sie dies vielleicht von einem Raw-Konverter her kennen. Der Sensor der X-T3 ist ein sogenannter *ISO-loser Sensor*, bei dem die ISO-Verstärkung des Bildsignals entweder vor oder nach dem Schreiben der Raw-Datei gemacht erfolgen kann, ohne dass sich die Qualität gravierend unterscheidet. Vor dem Schreiben der Raw-Datei bedeutet, dass Sie die Signalverstärkung vor der Aufnahme über den ISO-Wert auf beispielsweise 800 erhöhen und durch Drücken des Auslösers die Raw-Datei speichern. Und nach dem Schreiben der Raw-Datei bedeutet hier schlicht und einfach, dass Sie die Raw-Datei selbst pushen, indem Sie eine Aufnahme mit beispielsweise ISO 160 machen und anschließend über die Belichtungsregler im Raw-Konverter erhöhen.

Mit dem in der X-T3 eingebauten Raw-Konverter können Sie ebenfalls diesen Push nach einer Aufnahme durchführen. Hierzu müssen Sie das Bild im Wiedergabemodus betrachten und dann das Kameramenü aufrufen: **Wiedergabe-Menü > RAW-Konvertierung > Push/Pull-Verarb**.

Mit einer Verstärkung des Signals über den ISO-Wert ist es häufig auch möglich, bei wenig Umgebungslicht noch Bilder zu machen. Allerdings geht dies auf Kosten der Bildqualität. ISO 160 liefert immer eine bessere Bildqualität als ISO 6400. In der Praxis tritt bei höheren Werten ein Bildrauschen mit unterschiedlich hellen und bunten Störpixeln auf. Um das Rauschen durch einen zu hohen ISO-Wert zu umgehen, haben Sie meistens nur noch die Wahl, eine längere Belichtungszeit zu verwenden. Allerdings besteht hierbei die Gefahr der Verwackelung, wenn Sie aus der Hand fotografieren. In solchen Fällen entscheide ich mich lieber für das Bildrauschen, weil man dann noch ein wenig in der Bildbearbeitung rausholen kann. Verwackelte Bilder hingegen sind häufig nur noch ein Fall für den Papierkorb.

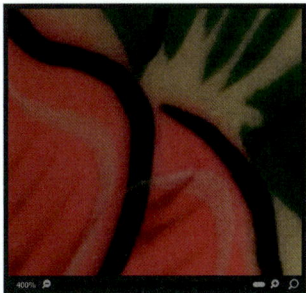 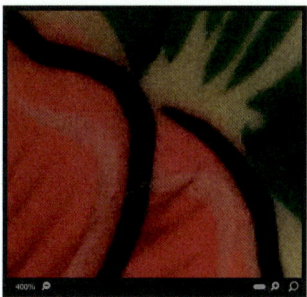 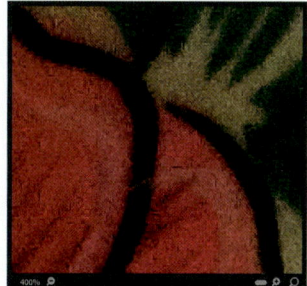

Abbildung 2.51 *Von links nach rechts: Ein Bild bei ISO 160, eines mit ISO 3 200 und eines mit ISO 12 800. Das Bild habe ich mit der Kamera auf einem Stativ aufgenommen, es zeigt aber deutlich, wie das Bildrauschen durch eine Erhöhung des ISO-Wertes die Bildqualität beeinflussen kann. Damit es im Buch deutlicher zu erkennen ist, wurde der Bildausschnitt auf 400 % vergrößert.*

Das Bildrauschen kann zwar nachträglich reduziert werden, dies geht aber fast immer mit einem Schärfeverlust einher, weil dabei Pixel weichgezeichnet werden müssen. Zwar gibt es sehr gute Algorithmen, die auch Kanten im Bild berücksichtigen, trotzdem werden immer Bereiche geglättet, wo man es eben nicht haben will. Auch die Kamera bietet im Menü **Bildqualitäts-Einstellung > Rauschreduktion** für JPEG-Bilder eine Möglichkeit an, das Bildrauschen während der Aufnahme zu reduzieren, indem sie den Wert in den positiven Bereich erhöht. Mit einem negativen Wert können Sie die Rauschreduktion noch verringern. Beides können Sie aber auch nachträglich im integrierten Raw-Konverter der Kamera durchführen.

Blende, Belichtungszeit und ISO im Zusammenspiel | Die Blende, die Belichtungszeit und der ISO-Wert sind die wichtigsten Einstellungen einer jeden Kamera.

- Mit der Belichtungszeit legen Sie fest, wie lange das Licht auf den Sensor fallen soll, und entscheiden damit, wie die Bewegung auf einem Bild dargestellt werden soll.
- Mit der Blende hingegen geben Sie vor, wie viel Licht durch das Objektiv auf den Sensor fällt, und Sie passen mit der Blende auch die Schärfentiefe an.
- Der ISO-Wert dient sozusagen zum Feinregeln der beiden Werte und hilft Ihnen besonders bei schwierigen Lichtsituationen, die Belichtungszeit zu verkürzen. Je höher allerdings der ISO-Wert ist, umso stärker tritt auch das Bildrauschen auf.

Generell haben alle drei Parameter eine Gemeinsamkeit: Sie können mit ihnen mehr oder weniger Licht auf den Sensor fallen lassen. Mit der richtigen Einstellung der drei Einstellgrößen sorgen Sie dafür, dass das Bild richtig belichtet wird. Hierbei können Sie jeden einzelnen der drei Parameter manuell einstellen oder dies teilweise oder komplett der Kamera überlassen. Nur mit der richtigen Kombination der drei Werte erhalten Sie abhängig vom Umgebungslicht ein korrekt belichtetes Bild. Mehr Licht fällt auf den Sensor wenn Sie die Belichtungszeit verlängern, den ISO-Wert erhöhen oder die Blende öffnen (kleine Blendenzahl). Das Gegenteil erzielen Sie, wenn Sie die Belichtungszeit verkürzen, den ISO-Wert reduzieren oder die Blende schließen (hoher Blendenwert). Welche der Einstellgrößen Sie dabei manuell einstellen und welche Sie der Kamera überlassen wollen, hängt natürlich wiederum davon ab, welche Bildwirkung Sie erzielen wollen.

Kapitel 3
Die Belichtung steuern

Das Thema Belichtung ist in der Fotografie allgegenwärtig. Bereits im vorhergehenden Kapitel haben Sie mit der Blende, der Belichtungszeit und dem ISO-Wert die entsprechenden Parameter für eine optimale Belichtung des Bildes kennengelernt. Mit diesen drei Parametern stellen Sie unter anderem ein, wie hell das Bild wird. In diesem Kapitel erfahren Sie mehr über die Belichtungsmessmethoden der X-T3 und wie Sie sie in der Praxis verwenden können.

3.1 Die Belichtungsmessmethoden der X-T3

Die X-T3 besitzt vier verschiedene Belichtungsmessmethoden, mit denen Sie einstellen, welche Bereiche des Bildes für die Berechnung der Bildhelligkeit verwendet werden sollen. Sie finden diese Einstellungen unterhalb des Einstellrades für die Belichtungszeit, wo Sie die Messmethoden mit dem Schalter entsprechend ändern können. Zur Verfügung stehen Ihnen die Mehrfeldmessung [⊙], die Integralmessung [ ], die mittenbetonte Integralmessung [⊙] und die Spotmessung [•].

Abbildung 3.1 *Die Belichtungsmessmethoden der X-T3 stellen Sie unterhalb des Einstellrades für die Belichtungszeit ein.*

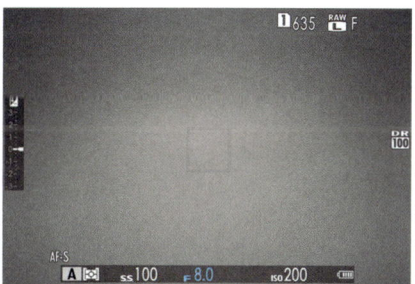

Abbildung 3.2 *Im Sucher oder auf dem Display wird die eingestellte Messmethode direkt neben dem Programmmodus angezeigt. Hier ist neben dem Programmmodus **A** die Mehrfeldmessung [⊙] aktiv.*

Im Zweifelsfall werden Sie in der Praxis mit der Mehrfeldmessung [⊙] fast immer gut fahren. Und wenn die Automatik damit einmal nicht so funktioniert wie gewollt, dann gibt es häufig andere Wege, eine Unter- oder Überbelichtung zu korrigieren, anstatt die Messmethode zu ändern. Trotzdem werden ich Ihnen im Folgenden natürlich alle Optionen vorstellen.

> **Einstellrad für Belichtungszeit verriegeln**
>
> Falls Sie häufiger die Belichtungsmethode ändern, dann ist die Verriegelung des Einstellrades für die Belichtungszeit eine feine Sache. Ich verriegle in der Praxis dieses Einstellrad zwar relativ selten, aber da ich größere Finger habe, habe ich gelegentlich bei jeder Änderung der Belichtungsmethode auch das Rad für die Belichtungszeit mitgedreht, ganz besonders dann, wenn ich es von der Integralmessung auf eine andere Messung stellen wollte.

3.1.1 Die Mehrfeldmessung für (fast) alle Fälle

Bereits im ersten Kapitel habe ich Ihnen ja empfohlen, die Mehrfeldmessung (häufig auch Matrixmessung genannt) zu verwenden. Und in der Tat ist diese Einstellung die ideale Option in vielen Situationen, weil diese Messung fast immer für eine ausbalancierte Belichtung sorgt. Hierbei misst die X-T3 die Belichtung der kompletten Bildfläche, die sich in 256 Messbereiche (Matrix) aufteilt. Diese Messmethode liefert in der Regel auch bei schwierigen Gegenlichtsituationen gute Ergebnisse.

Diese Messmethode ist auch sehr nützlich bei sich bewegenden Objekten, wo sich die Umgebungshelligkeit häufiger ändert. Die Mehrfeldmessung ist bestens geeignet, auf diese Änderungen passend zu reagieren, um ein ordentliches Gesamtbild zurückzuliefern. Ich verwende diese Methode sehr gerne, wenn es eben schnell gehen muss. Der einzige Nachteil dieser Messmethode ist, dass Sie nicht komplett die Belichtungsmessung auf das anvisierte Objekt selbst bestimmen können.

Allerdings wertet die Mehrfeldmessung nicht einfach stur die Helligkeitsverteilung und Farbe der 256 Messbereiche aus und liefert einen Durchschnittswert, sondern berücksichtigt auch das Autofokusmessfeld, mit dem Sie das Motiv scharfgestellt haben. Dieser gemessene Wert fließt mit einem höheren Anteil in die Gesamtberechnung ein.

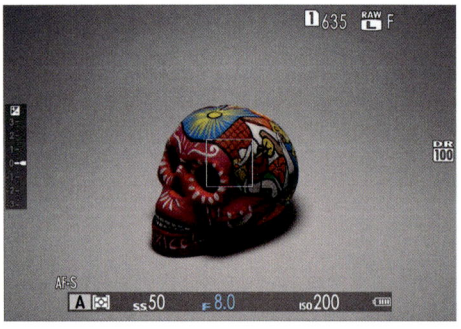 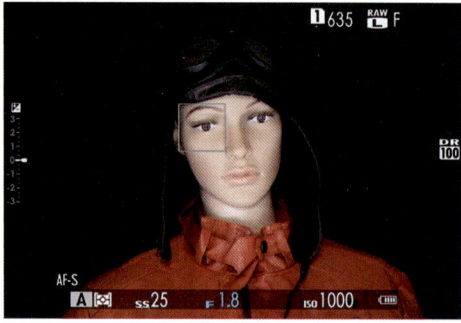

Abbildung 3.3 *Die Mehrfeldmessung liefert in (fast) allen Situationen ein gutes Ergebnis, weil sie auch das fokussierte Motiv berücksichtigt.*

Belichtungsmessmethode bei Gesichtserkennung nicht verfügbar?

Wenn Sie die Gesichts- oder Augenerkennung aktiviert haben, hat eine Änderung am Belichtungseinstellrad keine Auswirkung. Sie erkennen dies, wenn Sie im Sucher oder auf dem Display beim Bereich der Belichtungsmessmethode neben dem Programmmodi ein Augen- oder Personensymbol sehen. Bei aktiver Gesichts- oder Augenerkennung wird eine spezielle Form der Mehrfeldmessung verwendet, die darauf abzielt, das ausgewählte Gesicht und die Hauttöne optimal zu belichten.

Abbildung 3.4 *Hier ist die Augen- und Gesichtserkennung aktiv.*

3.1.2 Die Integralmessung

Die Messmethode Integralmessung [ ] entspricht im Grunde der Mehrfeldmessung, ohne dass hier das fokussierte Motiv des Autofokusmessfeldes berücksichtigt wird. Bei dieser Messung wird also jeder der 256 Messbereiche gleich gewichtet. Als Ergebnis erhalten Sie eine mittlere Helligkeit des gesamten Bildbereichs. Da das scharfgestellte Motiv nicht berücksichtigt wird, ist diese Messmethode nicht so anfällig für kleinere Veränderungen im Bildausschnitt. Bei hohen Kontrasten kann dies allerdings zu falschen Belichtungen führen, wenn z. B. ein sehr heller Himmel bei einer Landschaftsaufnahme zu stark gewichtet wird.

Die Bedienungsanleitung empfiehlt diese Belichtungsmessmethode zwar für Landschaftsfotos und Porträts von Personen mit schwarzer oder weißer Kleidung, aber die Mehrfeldmessung macht hierbei häufig einen mindestens genauso guten Job. Und bei Bedarf reicht bei Verwendung der Mehrfeldmessung in schwierigen Situationen häufig ein Griff zum Einstellrad für die Belichtungskorrektur aus.

3.1.3 Die mittenbetonte Integralmessung

Bei der mittenbetonten Integralmessung [◉] wird zwar wie bei der Integralmessung [ ] das gesamte Bild betrachtet, aber es wird stärker der Bildbereich in der Mitte gewichtet, allerdings ohne Motivbezug. Die Methode geht quasi davon aus, dass sich der bildwichtige Bereich in der Mitte befindet. Fujifilm beschreibt zwar nicht, wie groß diese Mitte ist, aber die meisten Kamerahersteller verwenden hier einen Bereich zwischen 60 % und 80 %. Diese Messmethode ist ein Klassiker aus der analogen Fotografie und kann z. B. nützlich sein, wenn es besonders helle oder dunkle Bereiche an den Bildrändern gibt, die bei der Integralmessung die Belichtung nur verwirren würden. Es gibt Fotografen, die diese Messmethode z. B. bei Porträts im Gegenlicht einsetzen.

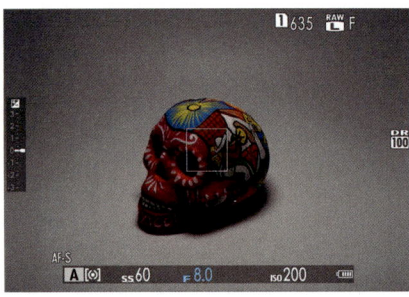 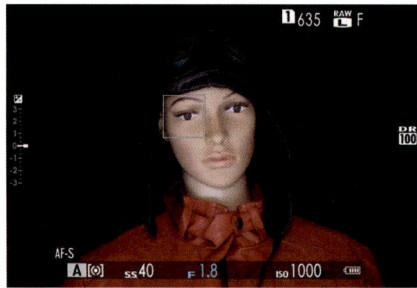

Abbildung 3.5 *Bei der mittenbetonten Integralmessung werden die hellen und dunklen Bildränder ignoriert.*

3.1.4 Die Spotmessung

Eine sehr nützliche Art der Belichtungsmessung ist die Spotmessung [•]. In der Grundeinstellung wird hiermit nur ein kleiner Bereich von 2 % der Bildfläche gemessen. Mit Hilfe dieser Spotmessung können Sie gezielt einzelne Bereiche eines Motivs auswählen und anhand der Auswahl punktgenau die Belichtung messen. Die Umgebung um diesen Bereich wird dabei nicht berücksichtigt.

Spotmessung mit dem Fokusmessfeld

Die Spotmessung ist mittlerweile per Standardeinstellung mit dem Fokusmessfeld verknüpft. Wollen Sie hingegen die Spotmessung nicht mit dem Fokusmessfeld verknüpfen und nur die Bildmitte für die Messung verwenden, also unabhängig von der Position des Fokusmessfeldes, dann stellen Sie im Kameramenü über **AF/MF-Einstellung > Sperre Spot-AE & Fokuss.** auf **Aus**.

Die Spotmessung ist perfekt für die Momente geeignet, in denen die anderen Messmethoden kein zufriedenstellendes Ergebnis mehr ermöglichen. Dies ist zum Beispiel bei hellen Motiven mit dunklem Hintergrund oder umgekehrt der Fall. Da sich die Spotmessung allerdings auf einen Bildbereich von 2 % beschränkt, führen je nach Motiv häufig kleinere Änderungen des Bildausschnittes zu Veränderungen des Messergebnisses, was beim Fotografieren im schlimmsten Fall zu einer fehlerhaften Belichtung führt. Visieren Sie zum Beispiel einen sehr dunklen Bildbereich an, wird dieser als Ausgangswert für das gesamte Bild genommen, und helle Bildbereiche werden dabei überbelichtet.

Die Beispielbilder mit der Spotmessung in Abbildung 3.6 haben den Anschein, dass die Spotmessung am besten funktioniert. Dies gilt aber eben nur für dieses konkrete Beispiel mit weißem oder schwarzem Hintergrund und wenn Sie ebendieses Ergebnis auch so erreichen wollen.

3.1 Die Belichtungsmessmethoden der X-T3

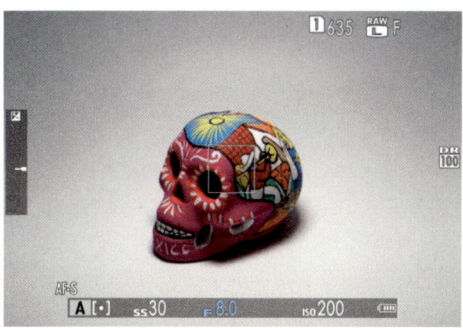 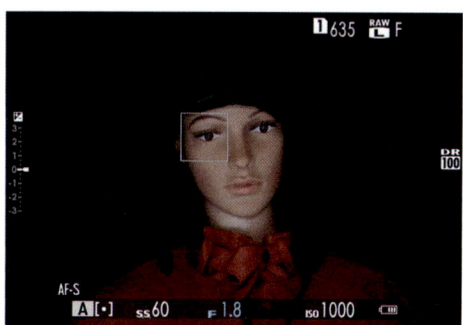

Abbildung 3.6 *Die Beispiele zeigt deutlich, dass sich die Spotmessung nur auf den mittleren Punkt oder, wenn aktiviert, auf den Fokussierrahmen konzentriert. Der Bereich um den Totenkopf herum ist viel heller, beim Mannequin wird das Gesicht deutlich hervorgehoben und der Bereich darum abgedunkelt.*

Beim Beispiel in Abbildung 3.7 mit dem harschem Licht der Nachmittagssonne in der Blendenvorwahl versucht die Kamera, nur das fokussierte Model korrekt zu belichten. Alles darum wird in der Konsequenz praktisch überbelichtet. Sicherlich kann man hier die manuelle Programmautomatik verwenden oder mit der Belichtungskorrektur etwas gegensteuern, aber die einfachere und schnellere Lösung scheint mir, einfach den Schalter auf Mehrfeldmessung zu stellen.

Abbildung 3.7 *Bei solchen Lichtverhältnissen kann einen die Spotmessung zur Verzweiflung treiben.*
100 mm | f7,1 | 1/125 s | ISO 100

Abbildung 3.8 *Um auf Nummer sicher zu gehen, habe ich die Kamera auf Mehrfeldmessung gestellt. Die mittenbetonte Integralmessung wäre auch eine Option gewesen.*
100 mm | f7,1 | 1/500 s | ISO 100

Speichern der Belichtung

Wenn Sie die Spotmessung verwenden und den gemessenen Bildausschnitt ändern oder sich das Motiv bewegt, gibt es zwei Möglichkeiten, die Belichtung zu speichern:

- **Möglichkeit 1**: Visieren Sie den Bereich an, für den Sie den Belichtungswert speichern wollen, und drücken Sie den Auslöser halb herunter. Solange Sie den Auslöser halb herunterdrücken, bleibt die Blende-Belichtungszeit-ISO-Kombination gespeichert, und Sie können zum gewünschten Bildausschnitt schwenken und dann auslösen. Besteht die Gefahr, dass beim Schwenken das Motiv unscharf wird, können Sie vorher den Fokusmodus auf (AF-)**C** stellen, dann wird trotz halb gedrückten Auslösers scharfgestellt, und die ursprüngliche gemessene Belichtung bleibt auch hier beibehalten.

- **Möglichkeit 2**: Für diese Möglichkeit können Sie die **AE-L**-Taste rechts neben dem Sucher verwenden. Visieren Sie dann den gewünschten Bereich an, und drücken Sie die **AE-L**-Taste, um die Belichtung zu speichern. Halten Sie die **AE-L**-Taste gedrückt, und schwenken Sie jetzt zum Bildausschnitt, fokussieren Sie, und lösen Sie aus. Wenn Ihnen das Gedrückthalten der **AE-L**-Taste zu umständlich ist, können Sie dies im Kameramenü über **Einrichtung > Tasten/Rad-Einstellung > AE/AF Lock Modus** ändern, indem Sie hier den Befehl **AE/AF-L Ein/Aus** auswählen. Jetzt wird beim Drücken der **AE-L**-Taste die Belichtungszeit gespeichert und gehalten, ohne dass Sie diese Taste dauerhaft drücken müssen. Die so gespeicherte Blende-Belichtungszeit-ISO-Kombination wird jetzt so lange verwendet, bis Sie erneut die **AE-L**-Taste drücken.

Die Speicherung der Belichtung ist natürlich unabhängig von der Belichtungsmessmethode und nicht nur auf die Spotmessung beschränkt. Ob Sie gerade eine gespeicherte Belichtungszeit verwenden, erkennen Sie im Sucher oder auf dem Display am blauen **EL**-Symbol unten rechts neben der Belichtungsmessmethode.

*Abbildung 3.9 Wenn Sie den Auslöser halb herunterdrücken oder die **AE-L**-Taste verwenden, wird eine gespeicherte Belichtung verwendet, wie es am blauen **EL**-Symbol neben dem Symbol für Belichtungsmessmethode zu erkennen ist.*

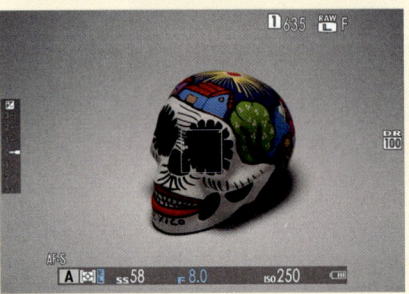

Abbildung 3.10 Hier wird mit derselben Belichtungseinstellung fortgefahren, die in Abbildung 3.9 gespeichert wurde.

Ich verwende in der Praxis die Spotmessung gerne im manuellen Programmmodus **M**. Da dieser Modus keine Belichtungsautomatik hat, kann ich mit der Spotmessung spezielle Bildbereiche messen und mit einem Blick auf die Belichtungsskala (+/−3 Stufen) am rechten Rand die passende Belichtung mit der Blende und Belichtungszeit zu meinem anvisierten Motiv einstellen. ISO-Auto müssen Sie hierfür allerdings deaktivieren, weil damit sonst wieder eine Belichtungsautomatik zum Tragen kommt.

Abbildung 3.11 *Hier habe ich den Fokusrahmen für die Belichtungsmessung auf die gelbe Rose gerichtet. Die Belichtungsskala am linken Rand zeigt +1 EV an.*

Abbildung 3.12 *Die »Überbelichtung« der gelben Rose in Abbildung 3.11 habe ich mit dem hinteren Einstellrad angepasst, indem ich die Belichtungszeit verkürzt habe. Jetzt wäre aufgrund der Spotmessung die gelbe Rose richtig belichtet. Da die Rose relativ hell ist, wurden die dunkleren Bildbereiche noch mehr abgedunkelt.*

Abbildung 3.13 *Dasselbe können Sie auch mit der dunkleren roten Rose daneben machen. Hier habe ich den Fokusrahmen auf die rote Rose platziert. Die Belichtungsskala zeigt nun eine unterbelichtete Messung von −1 ⅓ EV an.*

Abbildung 3.14 *Diese Unterbelichtung habe ich wieder mit dem hinteren Einstellrad und einer Verlängerung der Belichtungszeit angepasst. Da die Rose relativ dunkel ist, wurden auch andere dunkle Bildbereiche aufgehellt. – Ich denke mir, dieses Beispiel demonstriert recht gut, wie stark die Unterschiede sein können, wenn Sie mit der Spotmessung hellere oder dunklere Motive messen.*

3.2 Die Belichtungskorrektur

Nicht immer liefert die X-T3 die passende oder gewünschte Belichtung, und es gibt sicherlich auch Motive, wo Sie vielleicht selbst noch bei der Belichtung nachhelfen wollen. Gerade bei Motiven mit sehr hellen oder sehr dunklen Bereichen reagiert die Programmautomatik schon mal so, wie man es nicht will. Wenn eine Schneelandschaft auf einmal grau und nicht weiß ist oder ein Sonnenuntergang nicht so recht gelingen will, dann können Sie mit dem Einstellrad zur Belichtungskorrektur eine eigene Anpassung in 1/3-Schritten vornehmen. Eine weiße Schneelandschaft wird bei einer automatischen Belichtung eher grau dargestellt – hier empfiehlt es sich, die Belichtung mit positiven Korrekturwerten anzupassen, also bewusst überzubelichten. Auf das Problem, warum eine Winterlandschaft gerne mal grau anstatt weiß ist, werde ich am Ende dieses Kapitels kurz eingehen.

Abbildung 3.15 *Ganz rechts auf der Oberseite der Fujifilm X-T3: das Einstellrad für die Belichtungskorrektur*

Abbildung 3.16 *Nach einer Belichtungskorrektur wird der Pfeil bei der Belichtungsskala am linken Rand gelb und zeigt an, wie viel Sie nach oben oder unten korrigiert haben.*

Belichtungswert und/oder Belichtungsskala

Wenn Sie die Belichtungsskala auf der linken Seite stört oder Sie lieber einen Belichtungswert haben möchten, finden Sie im Kameramenü **Einrichtung > Display-Einstellung > Display Einstell.** die Optionen **Aufn.Komp (Ziffer)** und **Aufn.Komp. (Skala)**. Setzen Sie ein Häkchen vor **Aufn.Komp (Ziffer)**, finden Sie den Belichtungswert im Sucher bzw. auf dem Display unten zwischen dem Blendenwert und dem ISO-Wert wieder (hier: **+1.0**). Sie können nun das Häkchen vor **Aufn.Komp (Skala)** entfernen, wenn Sie diese dort nicht mehr haben wollen, oder auch beide Anzeigen gleichzeitig verwenden.

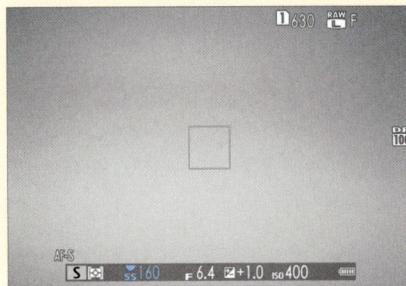

Abbildung 3.17 *Hier wurde der Belichtungswert als Ziffer anstelle der Skala verwendet.*

Die Belichtungskorrektur funktioniert in den Programmmodi **P**, **A** und **S** (beim Filmen natürlich auch). Wenn Sie die Belichtungskorrektur am Einstellrad verwenden, finden Sie bei der Belichtungsskala einen gelben anstatt eines weißen Pfeils vor, der anzeigt, um wie viel Sie am Einstellrad über- oder unterbelichtet haben. Außerdem ist die Belichtungsskala dann nicht mehr grau, sondern weiß.

Die Korrekturen am Einstellrad lassen sich in Drittelstufen auf maximal +/−3 anpassen. Reicht Ihnen dies nicht aus oder wollen Sie die Belichtungskorrektur generell von Hand mit dem vorderen Einstellrad ändern, müssen Sie nur das Einstellrad für die Belichtungskorrektur auf **C** (für »custom«) stellen. Jetzt können Sie die Belichtungskorrektur über das vordere Einstellrad in Drittelstufen anpassen.

Abbildung 3.18 *Stellen Sie das Einstellrad für die Belichtungskorrektur auf **C**, stehen Ihnen +/−5 Stufen zur Verfügung, und Sie können die Korrektur am vorderen Rad einstellen. Ein blaues Symbol oberhalb der Belichtungsskala im Display bzw. Sucher zeigt zudem das vordere Einstellrad an.*

Bei XC-Objektiven ohne Blendenring erhält das vordere Einstellrad eine doppelte Funktion. Da hierbei bereits durch Drehen die Blende eingestellt werden kann, kommt bei der Stellung **C** beim Belichtungskorrekturrad diese Einstellung dazu, wodurch das Einstellrad der Blendenwahl und der Belichtungskorrektur dient. Durch einen Druck am vorderen Einstellrad wechseln Sie zwischen diesen beiden Funktionen. Bei der gerade aktiven Funktion ist das blaue Einstellrad zu erkennen. Außerdem wird beim Drücken des vorderen Einstellrades kurz angezeigt, welche der beiden Funktionen aktiv ist.

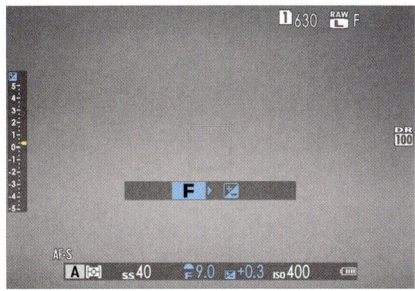

Abbildung 3.19 *Bei XC-Objektiven und der Stellung **C** des Belichtungskorrekturrades können Sie durch Drücken des vorderen Einstellrades zwischen der Einstellung der Blende und der Belichtungskorrektur wechseln.*

EXKURS
Das Histogramm lesen

Das Histogramm zeigt die Häufigkeit und Verteilung der Helligkeitswerte oder auch Tonwerte im Bild an. Die einzelnen Balken oder Kurven im Histogramm bilden die Tonwerte aller im Bild vorhandenen Pixel ab. Ganz auf der linken Seite finden Sie hierbei die schwarzen und dunklen Pixel, dazwischen die Mitteltöne und auf der rechten Seite die hellen bis weißen Pixel. Die Höhe der einzelnen Balken zeigt, wie häufig dieser Tonwert im Bild vorhanden ist. Je höher der Balken, desto häufiger ist dieser Tonwert im Bild vorhanden; je niedriger der Balken, desto weniger ist der Tonwert im Bild vorhanden.

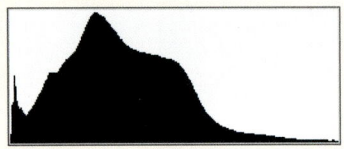

Abbildung 3.20 *Das Histogramm ist genauer als das Vorschaubild im Display – nicht zuletzt in hellen Aufnahmeumgebungen. So erkennen Sie schnell eine Unter- oder Überbelichtung oder welchen Kontrastumfang ein Bild hat.*

Bei einem Histogramm, in dem die Pixelberge ganz nach links (Schwarz) oder rechts (Weiß) wandern oder gar am Rand abgeschnitten sind, sollten Sie die Belichtung zur Sicherheit korrigieren, weil hier die Gefahr von Zeichnungsverlust besteht. Wie immer hängt es dabei allerdings auch vom Motiv ab.

Abbildung 3.21 *Bei einem solchen Histogramm mit überlaufenden Pixelbergen auf der linken oder rechten Seite besteht die Gefahr von Zeichnungsverlust. Bei Unterbelichtung spricht man von »abgesoffenen« oder »zugelaufenen« Schatten, bei Überbelichtung von »ausgefressenen« Lichtern.*

In manchen Fällen können Sie unter- oder überbelichtete Bilder durch Nacharbeiten am Computer ins rechte Licht rücken, ganz besonders wenn Sie Ihre Bilder im Raw-Format fotografieren: Hier ist es häufig noch möglich, die Belichtung mit dem Raw-Konverter im Rahmen von 1 bis 1½ Blendenstufen nachträglich zu korrigieren. Aber dieser Korrektur sind Grenzen gesetzt, und es sollte Ihr Ziel sein, die Belichtung schon bei der Aufnahme optimal zu treffen.

In der Praxis werden Sie bei einem fertigen Bild häufig, neben dem allgemeinen Histogramm, zusätzlich die Helligkeitsverteilung der drei Grundfarben Rot, Grund und Blau getrennt angezeigt bekommen, wie dies auch der Fall ist, wenn Sie sich das Histogramm beim Wiedergabemodus einblenden lassen.

3.3 Auf Nummer sicher mit einer Belichtungsreihe

Trotz der vier vorhandenen Belichtungsmessmethoden, einer Überlichtungswarnung und eines Live-Histogramms ist es nicht immer einfach, bei schwierigen Lichtverhältnissen mit sehr starken Motivkontrasten bestimmte Bereiche richtig zu belichten. Hier sind schnell die Tiefen zu dunkel oder die Lichter fast ausgefressen. In solch einem Fall könnten Sie zum Beispiel einfach eine Serie von Bildern aufnehmen, indem Sie mehrere Aufnahmen mit unterschiedlicher Belichtung erstellen. Sie machen zum Beispiel ein Bild mit der für die Kamera korrekten Belichtung. Dann drehen Sie das Einstellrad für die Belichtungskorrektur z. B. auf –1/3 oder –0,3 EV und erstellen eine dunklere Aufnahme. Dasselbe können Sie dann auch mit einer Korrektur auf +1/3 bzw. +0,3 EV am Belichtungskorrekturrad für eine weitere Aufnahme machen. Auf diese Weise haben Sie drei unterschiedlich belichtete Bilder und können das am besten gelungene Bild auswählen. Sie müssen diese Belichtungsreihe aber nicht manuell erstellen, sondern können dies mit der X-T3 automatisch machen.

Lichtwertstufen (LW bzw. EV)

Immer wieder werden Sie im Zusammenhang mit Kamerawerten die Abkürzungen EV oder LW vorfinden. Hierbei handelt es sich um den *Lichtwert* (LW) oder englisch *Exposure Value* (EV), der ein Maß in der Fotografie darstellt, das sich auf die Belichtung einer Aufnahme bezieht. Ein solcher Wert definiert eine Gruppe von Blendenzahlen und Belichtungszeiten, die alle auf dieselbe Lichtmenge kommen. Für die Anpassung einer Belichtung werden eben solche Belichtungsstufen wie EV (oder auch LW) angegeben. Die X-T3 bietet feine Drittelabstufungen zwischen einer vollen Lichtstufe (⅓, ⅔, 1, 1⅓, 1⅔, 2 usw.). 1/125 s auf 1/100 s oder F5.6 auf F5 entspricht einer Drittelstufe. 1/125 s auf 1/60 s hingegen oder F5.6 auf F4 entspricht einer ganzen Stufe (bzw. drei Drittelstufen).

SCHRITT FÜR SCHRITT
Belichtungsreihe erstellen

1 BKT-Programmmodus wählen

Stellen Sie das Einstellrad für die Aufnahmebetriebsart auf **BKT** (Abkürzung für *Bracketing*), und gehen Sie dann in das Kameramenü zu **Aufnahme-Einstellung > Drive-Einstellung > BKT-Einstellung**, und wählen Sie bei **BKT Auswahl** die **Auto-Belichtungs-Serie** aus.

Abbildung 3.22 *Stellen Sie die Aufnahmebetriebsart auf* **BKT**.

Abbildung 3.23 *Wählen Sie bei* **BKT Auswahl** *die* **Auto-Belichtungs-Serie** *aus.*

2 Die Parameter einstellen

Die Parameter für die Belichtungsreihe stellen Sie jetzt über **Aufnahme-Einstellung > Drive-Einstellung > BKT-Einstellung** bei **Auto-Belichtungs-Serie** ein. Schneller gelangen Sie zu diesem Menüeintrag mit der vorderen Funktionstaste **Fn2**, die per Standardeinstellung darauf vorkonfiguriert ist. Darin finden Sie jetzt drei weitere Einstellungen vor. Die wichtigste Einstellung ist **Anzahl/Abstufung**. Auf der linken Seite wählen Sie die Anzahl der Bilder für die Belichtungsreihe aus und auf der rechten Seite, in welchen Lichtwertstufen sich die einzelnen Bilder unterscheiden sollen.

Steht vor der Anzahl der Bilder ein Plus und Minus (bspw. +/−5 Bilder), werden neben einem normal belichteten Bild die weiteren Bilder um den bei **Schritt** angegebenen Wert üppiger und geringer belichtet. Haben Sie z. B. 1 Schritt eingestellt, dann würde eine Serie mit −2 EV, −1 EV, 0, +1 EV und +2 EV erstellt. Steht vor der Zahl ein Plus, denn bedeutet das, dass neben dem mit 0 normal belichteten Bild die weiteren Bilder um den bei **Schritt** angegebenen Wert üppiger belichtet werden. Haben Sie beispielsweise 1 Schritt eingestellt, dann werden die nächsten beiden Bilder mit +1 EV und dann +2 EV belichtet. Bei einem Minus vor dem Wert gilt dasselbe, nur eben in die andere Richtung.

Im Beispiel verwende ich eine Serie von +/−3 Bildern und wähle als Abstufung 1, womit drei Bilder mit −1 EV, 0 EV und +1 EV erstellt werden. Des Weiteren habe ich über **Aufnahme-Einstellung > Drive-Einstellung > BKT-Einstellung** bei **Auto-Belichtungs-Serie** den Wert von **Einzelbild/Serienaufnahme** auf **Serienaufnahme** gestellt, womit ich nur einmal den Auslöser betätigen muss, und es werden in einer Reihe alle Bilder erstellt. Bei **Einzelbild** müssen Sie jedes Bild einzeln auslösen. Und mit der letzten Einstellung (**Einst. der Reihenfolge**) legen Sie fest, in welcher Reihenfolge die Bilder erstellt werden sollen. Das **o** steht für das normal belichtete Bild und das **+** und **−** eben für die unter- und überbelichtete(n) Version(en).

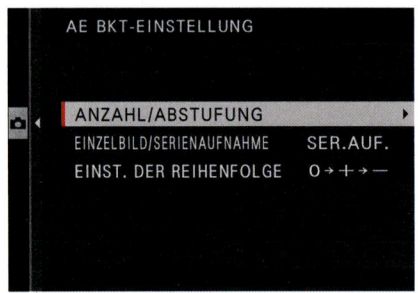

Abbildung 3.24 Die Einstellungen für die Auto-Belichtungs-Serie

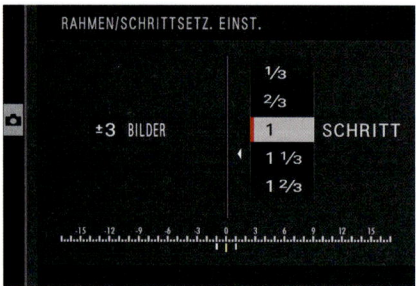

Abbildung 3.25 Die wichtigsten Einstellungen finden Sie im Untermenü **Anzahl/Abstufung**.

3 Belichtungsreihe erstellen

Wenn Sie jetzt die Belichtungsreihe fotografieren wollen, erkennen Sie unterhalb der Belichtungsskala ein Symbol für die Autobelichtungsreihe mit der Anzahl der Bilder. Die Abstufung der einzelnen Belichtungen wird ebenfalls in der Belichtungsskala mit entsprechenden Balken dargestellt. Sie können übrigens an dieser Stelle die komplette Belichtungsreihe mit dem Einstellrad für die Belichtungskorrektur auch weiter in den Minus- oder Plusbereich verschieben, dies allerdings nur in den Programmmodi **P**, **A** und **S**.

Ausgehend davon, dass Sie die Einstellungen an der Kamera bereits vorgenommen haben, können Sie jetzt den Auslöser durchdrücken, und wenn Sie in Schritt 2 die Serienaufnahme gewählt haben, werden ganz schnell hintereinander 3 Bilder mit −1 EV, 0 EV und +1 EV gemacht. Bei der Wiedergabe der Bilder sehen Sie in den Informationen, ob die Aufnahme gezielt über- oder unterbelichtet wurde.

Abbildung 3.26 *Die Belichtungsreihe wird in der Belichtungsskala mit einem entsprechenden Symbol und der Anzahl der Bilder angezeigt, und die einzelnen Belichtungen werden in der Belichtungsskala ebenfalls mit den kleinen Balken markiert (hier: drei Balken).*

Abbildung 3.27 *Die Belichtungsreihe wurde mit −1 EV, 0 EV und +1 EV erstellt.*

Bei den Informationen der Bildwiedergabe erkennen Sie, ob gezielt über- oder unterbelichtet wurde. Jetzt können Sie nach Bedarf aus mehreren belichteten Bildern das passende auswählen. Oder Sie verwenden die Belichtungsreihe mit den unterschiedlich belichteten Bildern als Grundlage, und setzen sie am Computer zu einem HDR-Bild zusammen.

Abbildung 3.28 *Hier habe ich die drei Bilder am Computer mit einer HDR-Software zu einem HDR-Bild zusammengefügt.*

Tipps für gute Belichtungsreihen

Für den Fall, dass Sie vorhaben sollten, ein HDR-Bild aus einer Belichtungsreihe zu erstellen, will ich Ihnen noch ein paar Empfehlungen mitgeben, die vielleicht ganz nützlich sein können:

- Verwenden Sie kein Auto-ISO, weil sich sonst die Einzelbilder mit unterschiedlichen ISO-Werten in puncto Schärfe und Farbcharakter unterscheiden können.
- Fotografieren Sie im Programmmodus **A**, und stellen Sie die Blende selbst ein, damit Sie keine unterschiedliche Blendenzahl und somit eine unterschiedliche Schärfentiefe erhalten. Fotografieren Sie außerdem nicht zu offenblendig, um eine hohe Tiefenschärfe im Bild zu erreichen. Blende ƒ8 ist immer ein guter Richtwert bei den meisten Objektiven.
- Fotografieren Sie mit einem Stativ oder auf einem unbeweglichen Untergrund. Ein Fernauslöser wäre empfehlenswert, um beim Auslösen eventuelle Verschiebungen zu vermeiden.
- Achten Sie auf Bewegungen im Bild. Ist es ein windiger Tag, denken Sie an Wolken, Blätter und Fahnen, oder beachten Sie Personen, die durch das Bild laufen. Dies alles hat Auswirkungen beim Zusammensetzen der Einzelbilder.

3.4 Starke Kontraste im Griff

Der *Kontrastumfang* ist häufig ein wichtiges Kriterium in der Fotografie. Er gibt den Unterschied zwischen dem hellsten und dem dunkelsten Bereich im Bild an. Die Helligkeitsunterschiede, die der Sensor der Kamera insgesamt aufnehmen kann, werden als *Dynamikumfang* bezeichnet. Wenn der Kontrastumfang den Dynamikumfang übersteigt, sind die hellsten Stellen im Bild ausgefressen und die dunklen Schatten abgesoffen. Das klassische Beispiel ist eine Landschaftsaufnahme an einem hellen sonnigen Tag, wo trotz einer korrekten Belichtung die Schattenbereiche unterbelichtet und/oder die Wolken überbelichtet sind.

3.4.1 Der Kontrastumfang bei schwierigen Motiven

Selbst wenn Sie die Bilder im Raw-Format fotografieren, ist es nicht immer möglich, die zu hellen Bereiche zu retten. Die Anhebung der Schatten und Mitteltöne hingegen ist bei der Nachbearbeitung fast immer möglich. Wenn die Schatten allerdings zu dunkel sind, besteht beim Anheben die Gefahr des Bildrauschens. Wenn Sie daher einen möglichst großen Kontrastumfang bei einer Aufnahme sichern wollen, sollten Sie immer versuchen zu erreichen, dass die hellsten Stellen des Bildes noch Zeichnung aufweisen, also im Histogramm nicht über den rechten Rand hinauslaufen. Zwar kann dies dazu führen, dass die dunklen Bereiche der Aufnahme recht dunkel erscheinen, aber wie bereits erwähnt, sind solche Anhebungen in der Nachbearbeitung mit Hilfe eines Raw-Konverters kein Problem.

Abbildung 3.29 *Die Aufnahme im Gegenlicht habe ich bewusst so dunkel belichtet, um die Zeichnungen der Wolken am Himmel zu retten. (Model: Autumn Russel)*
75 mm | ƒ5,6 | 1/80 s | ISO 125

Abbildung 3.30 *Hier habe ich die Tiefen und Lichter mit einem Raw-Konverter nachbearbeitet.*

Kontrastumfang mit Belichtungsreihen sichern

Eine weitere Möglichkeit, dem Problem entgegenzuwirken, haben Sie bereits in Abschnitt 3.3, »Auf Nummer sicher mit einer Belichtungsreihe«, kurz kennengelernt, wo ich erläutert habe, wie Sie eine Belichtungsreihe erstellen, damit Sie diese Bilder dann zu einem HDR-Bild zusammensetzen können. Hierbei kombiniert die Software die Schattenbereiche aus dem überbelichteten Bild mit den hellsten Bereichen aus dem unterbelichteten Bild. Als Ergebnis erhalten Sie ein ausgewogen belichtetes Bild. Allerdings funktioniert dies in der Regel nur bei sich nicht bewegenden Motiven.

3.4.2 Den Kontrastumfang der Kamera überlassen

Die X-T3 bietet eine Funktion, die Ihnen beim Kontrastumfang behilflich sein kann. Sie finden diese Funktion im Kameramenü über **Bildqualitäts-Einstellung > Dynamikbereich**, wo Sie zwischen **Auto**, **DR100%**, **DR200%** und **DR400%** wählen können. DR steht für »Dynamic Range«, also Dynamikumfang. Die Standardeinstellung ist **DR100%**.

Wenn Sie den Wert auf **DR200%** oder **DR400%** stellen, passiert im Grunde genau das, was ich in Abschnitt 3.4.1, »Der Kontrastumfang bei schwierigen Motiven«, beschrieben habe. Vereinfacht ausgedrückt belichtet die Kamera eine oder zwei Blendenstufen weniger, um die hellen Bereiche im Bild zu sichern. Noch in der Kamera werden dann bei der Bearbeitung die Schatten und Mitteltöne eben um diese eine oder zwei Blendenstufen angehoben – eine Blendestufe bei **DR200%** und zwei Blendenstufen bei **DR400%**. Bei dieser Funktion wird also weniger belichtet und eine selektive Tonwertkorrektur in den Schatten und Mitteltönen vorgenommen. Als Ergebnis erhalten Sie bei starken Kontrasten ein Bild mit einem ausgewogeneren Kontrast.

Abbildung 3.31   Das Bild wurde mit DR100% aufgenommen. Die Überbelichtungswarnung zeigt schwarz blinkend an, dass die weißen Rosen zu hell belichtet wurden. Im Histogramm sehen Sie dies daran, dass auf der rechten Seite kleine Bereiche herausrutschen.

Abbildung 3.32   Dasselbe Bild wurde mit DR400% aufgenommen und wirkt zunächst etwas flacher, aber es zeigt sehr schön, wie die hellen Bereiche gerettet und zugleich die Schatten und Mitteltöne angehoben wurden.

Anhand der Beschreibung dürfte auch klar geworden sein, dass diese Funktion nicht die Grenzen des Dynamikumfangs des Sensors ausdehnt, sondern eben nur leicht unterbelichtet und die Lichter rettet und dann die Tiefen und Mitteltöne aufhellt. Hierbei kann es passieren, dass durch das Aufhellen der Schatten das Bildrauschen zunimmt.

Die Funktion bietet somit im Grunde nichts, was Sie nicht auch mit Raw-Dateien am heimischen Rechner mit einem Raw-Konverter durchführen könnten. Wenn Sie allerdings nur im JPEG-Format fotografieren, dann ist es nicht mehr so einfach, die hellen Partien nachzubearbeiten. Stark ausbrannte Bereiche lassen sich bei diesem Format nicht mehr retten, weshalb bei Motiven mit einem großen Kontrastumfang die Verwendung einer Dynamikerweiterung wie **DR200%** oder **DR400%** recht hilfreich ist.

> **Minimaler ISO-Wert**
>
> **DR200%** benötigt mindestens ISO 320 und **DR400%** mindestens ISO 640. Sollten Sie den ISO-Wert herunterregeln, wird automatisch auch der Dynamikbereich auf den nächstniedrigeren Wert reduziert, wobei der Wert am Bildschirm auf der rechten Seite dann in gelber Farbe angezeigt wird. Wenn Sie schon beim Auswählen des Dynamikbereiches einen geringeren ISO-Wert verwenden als gefordert, sind diese Werte im Kameramenü gar nicht erst wählbar und ausgegraut.

Sie können auch gerne eine automatische Dynamikreihe über **Aufnahme-Einstellung > Drive-Einstellung > BKT-Einstellung > BKT Auswahl** mit **Dynamikbereich-Serie** erstellen. Die Dynamikreihe hat keine weiteren Optionen. Wenn Sie den Auslöser drücken, werden schnell hintereinander drei Bilder mit steigendem Dynamikumfang (100 %, 200 % und 400 %) erstellt. Den ISO-Wert müssen Sie hierbei mindestens auf ISO 640 stellen. Ist der ISO-Wert unter 640, wird keine Dynamikreihe erstellt. Sie erkennen dies auch am gelben ISO-Wert in der Anzeige.

3.5 Kleine Hilfen für die Belichtungskontrolle

Moderne Kameras machen es einem ziemlich einfach, ein gelungenes Bild zu fotografieren. So auch die X-T3, bei der Sie mit vier verschiedenen Belichtungsmessmethoden auch in schwierigen Situationen die richtige Belichtung ermitteln können. Der hochauflösende Sucher bzw. das Display zeigen Ihnen auch eine möglichst genaue Vorschau des zu erwartenden Bildes. Weitere nützliche Werkzeuge sind das Live-Histogramm und die Überbelichtungswarnung.

3.5.1 Bildbeurteilung im Wiedergabemodus

Wenn Sie das Bild aufgenommen haben und es sich über das **Wiedergabe**-Symbol im Wiedergabemodus betrachten, gelangen Sie nach zweimaligem Drücken der **DISP/BACK**-Taste in eine ausführlichere Darstellung des Bildes mitsamt Histogramm und einer Überbelichtungswarnung. Befinden sich im Bild überbelichtete Stellen, blinken diese schwarz auf. Im Histogramm erkennen Sie diese zu hellen Bereiche auf der rechten Seite des »Berges«, die hierbei auch darüber hinauslaufen bzw. am Rand abgeschnitten werden. Beim Druck werden solche Bereiche auch weiß bleiben, sie sind »ausgefressen«. Ziel sollte es daher in normalen Fällen sein, solche Überbelichtungen zu vermeiden. Auch wenn eine weiße Fläche vorhanden ist, sollten Sie zumindest versuchen, ein Minimum an Zeichnung in diesen Bereichen zu wahren. Wohlgemerkt, die Rede ist von gewöhnlichen Aufnahmen und nicht von Fällen, in denen eine Überbelichtung aus kreativen Zwecken bewusst eingesetzt wird.

Abbildung 3.33 *Histogramm und Belichtungswarnung im Wiedergabemodus. Die Belichtungswarnung wird schwarz blinkend angezeigt.*

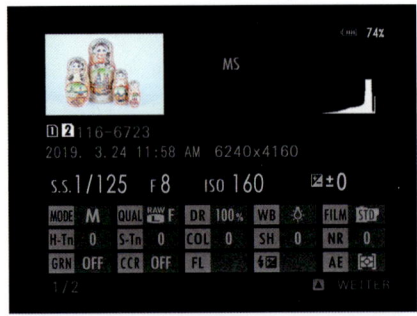

Abbildung 3.34 *Diese Ansicht und die in Abbildung 3.35 mit noch mehr Informationen zum Bild erhalten Sie, indem Sie die Auswahltaste nach oben drücken oder den Fokushebel noch oben kippen.*

Abbildung 3.35 *Es ist gut, verschiedene Ansichten zu haben, aber verlieren Sie sich nicht in ihnen.*

3.5.2 Überbelichtungswarnung und Live-Histogramm vor der Aufnahme

Die X-T3 bietet eine Überbelichtungswarnung an, mit der Sie sich bereits vor dem Auslösen die »ausgefressenen« Stellen im Bild anzeigen lassen können. Diese Funktion aktivieren Sie, indem Sie über das Kameramenü **Einrichtung > Display-Einstellung > Display Einstell.** ein Häkchen vor **Liveans. Glanzlichtalarm** setzen. Wenn Sie jetzt durch den Sucher oder auf das Display schauen, erscheinen überbelichtete Bereiche schwarz blinkend. Leider bietet die Kamera keine Option an, die Farbe zu ändern oder einen Schwellenwert für diese Warnung einzustellen.

Abbildung 3.36 *Bildbereiche, die mit den eingestellten Belichtungsparametern überbelichtet würden, werden schwarz blinkend angezeigt.*

Eine weitere Hilfe für eine korrekte Belichtung vor der Aufnahme ist es, das Live-Histogramm einblenden zu lassen. Das Live-Histogramm blenden Sie ein, indem Sie über das Kameramenü **Einrichtung > Display-Einstellung > Display Einstell** ein Häkchen vor **Histogramm** setzen. Das Live-Histogramm ist nützlich, aber leider relativ klein, und die Grenzen des Histogramms sind nicht gekennzeichnet. Dadurch ist es schwerer als nötig, eine Über- oder Unterbelichtung zu erkennen.

Abbildung 3.37 *Das Live-Histogramm ist eine weitere Hilfe für eine korrekte Belichtung; ich verwende es z. B. in der Landschaftsfotografie immer.*

Die beiden Display-Einstellungen **Liveans. Glanzlichtalarm** und **Histogramm** sollten Sie nur als Hilfe oder Kontrolle verstehen. In beiden finden Sie keine Information, die Ihnen bei der Beurteilung der Bildqualität hilft. Zudem gibt es nun einmal Bilder mit schwarzen und weißen Stellen. Die Option **Liveans. Glanzlichtalarm** bezieht sich außerdem nur auf die Monitoranzeige im JPEG-Format. Wenn Sie im Raw-Format fotografieren, können Sie eventuell noch einige Details in der späteren Bildbearbeitung herausholen.

Behalten Sie die Übersicht

Es ist sicherlich spannend, viele verschiedene Display-Einstellungen zur Verfügung zu haben, aber manchmal ist weniger dann doch mehr. Vermeiden Sie daher eine Überfrachtung des Displays und verwenden Sie nur, was Sie wirklich benötigen. Das hilft Ihnen dabei, sich mehr auf die Komposition bzw. Motivgestaltung des Bildes zu konzentrieren.

EXKURS
Die Welt ist grau – das Problem mit schwarzen und weißen Motiven

Belichtungsmessmethoden sind farbenblind und gehen davon aus, dass alles in der Welt grau ist. Wenn Sie einen bunten Blumenstrauß mit vielen Farben fotografieren, bei dem die einzelnen Farben unter gleichbleibendem Licht unterschiedlich stark reflektiert werden, kann die Kamera nichts mit den Farben anfangen, sondern sieht darin nur unterschiedliche Lichtmengen. Belichtungsmesser – und dazu zählt auch der in der X-T3 eingebaute Belichtungsmesser – sind auf eine Motivreflexion von ungefähr 18 % geeicht. Diese 18 % entsprechen einem mittleren Grau – denken Sie an Asphalt –, das sich zumindest im Druckwesen bewährt hat. Ein Blick auf eine Karte mit verschiedenen Graustufen zeigt, dass 18 % Grau in etwa genau zwischen Weiß und Schwarz liegt. Die Messmethoden der Kameras sind daher so programmiert, dass sie denken, die Durchschnittshelligkeit von allem betrage 18 %. Das macht deutlich, dass die Kamera in manchen Situationen nicht korrekt belichten kann. Und es erklärt auch, warum helle oder dunkle Motive ohne Belichtungskorrektur nie so hell bzw. so dunkel wie gewünscht sind. Weißer Schnee wird grau, weil die Kamera – die das Motiv als solches (noch) nicht erkennt – einfach nur eine durchschnittliche Helligkeit von 18 % erzielen will. Dasselbe gilt auch für reines Schwarz.

Wenn man das weiß, dann ist es einfach, entsprechend mit einer Belichtungskorrektur zur reagieren. Um ein echtes Weiß auch in der Kamera wieder weiß zu machen, müssen Sie leicht überbelichten. Und um ein echtes Schwarz auch wirklich schwarz und nicht dunkelgrau erscheinen zu lassen, müssen Sie leicht unterbelichten.

Abbildung 3.38 *Bei diesem Bild ist der Hintergrund weiß, und die Szene wurde im linken Beispiel auch technisch korrekt belichtet. Aber die Belichtungsmessmethode der Kamera ist so eingestellt, dass sie die Dinge 18 % grau erscheinen lässt. Eine Überbelichtung von +1 ⅓ EV, mit dem Einstellrad für die Belichtungskorrektur vorgenommen, hat das Problem behoben.*

Kapitel 4
Fokussieren mit der X-T3

Die X-T3 verfügt für die Scharfstellung über einen sehr guten und schnellen Hybrid-Autofokus. Den Hybrid-Autofokus werde ich am Ende des Kapitels noch in einem Exkurs kurz erklären. Damit das Fokussieren auch in unterschiedlichsten Situationen gelingt, bietet die X-T3 verschiedene Möglichkeiten an. In diesem Kapitel erfahren Sie, wie und wann Sie diese Möglichkeiten am besten einsetzen können.

4.1 Die Modi für den Autofokus

Die X-T3 bietet mit **S** (für AF-S = AF-Single) und **C** (für AF-C = AF-Continuous) die zwei grundlegenden Modi für den Autofokus, die Sie vorn an der Kamera am Fokusmodus-Schalter wählen können. Mit AF-S (auch Einzel-AF) können Sie statische Motive scharfstellen, während Sie mit AF-C (auch kontinuierlicher AF) sich bewegende Motive verfolgen und im Fokus halten können. Mehr dazu erfahren Sie gleich in den nächsten beiden Abschnitten. Die dritte Option, **M** (für MF = Manual Focus), dient zum manuellen Fokussieren und wird in Abschnitt 4.4, »Manuelles Fokussieren mit der X-T3«, noch gesondert beschrieben. Der gewählte Fokusmodus wird im Sucher oder auf dem Display der Kamera unten links mit **AF-S**, **AF-C** oder **MF** angezeigt.

Abbildung 4.1 Der Fokusmodus-Schalter der X-T3

Abbildung 4.2 Links unten wird der verwendete Fokusmodus angezeigt (hier: **AF-S**).

4.1.1 AF-S für statische Objekte

Der Modus AF-S eignet sich für Motive, die sich nicht bewegen. Wenn Sie in diesem Modus den Auslöser antippen, startet der Fokussiervorgang. Haben Sie so das anvisierte Motiv scharfgestellt, leuchten ein oder mehrere Fokuspunkte auf dem Display als grünes Quadrat auf. Auch links unten im Display/Sucher ist ein grüner Punkt anstelle des Fokusmodus zu sehen. Sofern

Sie den Signalton in Kapitel 1, »Bedienelemente und Bedienkonzept der Fujifilm X-T3«, nicht deaktiviert haben, hören Sie auch einen Bestätigungston, wenn scharfgestellt wurde. Der gefundene Schärfepunkt bleibt unverändert, solange Sie den Auslöser halb heruntergedrückt halten – auch wenn sich das Motiv mittlerweile nicht mehr im fokussierten Bereich befindet. Dieses Verhalten des Autofokus ist in vielen Situationen sehr hilfreich, weil man so ein Motiv anvisieren und dann den Ausschnitt des Bildes etwas ändern kann, ohne dass sich die Schärfe verstellt. Das **AFL**-Symbol (AFL = AF-Lock, Schärfespeicherung) unten links symbolisiert, dass Sie den Fokus gespeichert oder auch gesperrt haben, indem Sie entweder den Auslöser halb gedrückt halten oder die Taste **AF-L** gedrückt haben. Sie können jetzt entweder den Auslöser voll durchdrücken und eine Aufnahme machen oder den Finger vom Auslöser nehmen und dann erneut fokussieren.

Leuchtet hingegen der Fokuspunkt rot mit einem roten **!AF** als Warnung und blinkt die Fokusanzeige links unten im Display oder Sucher weiß, dann konnte die Kamera nicht auf das Objekt fokussieren.

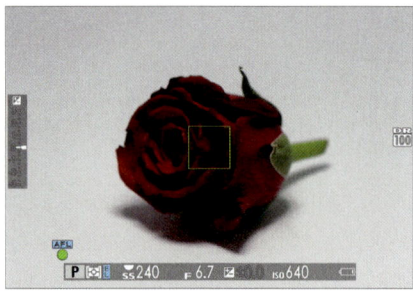

Abbildung 4.3 *Das anvisierte Motiv wurde mit AF-S scharfgestellt, der Fokusrahmen und der Fokuspunkt leuchten grün.*

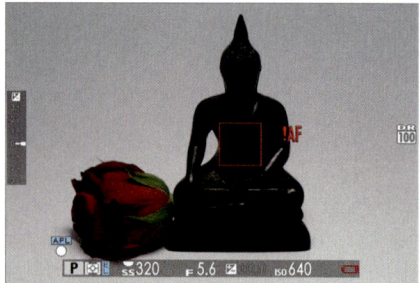

Abbildung 4.4 *Hier konnte die X-T3 hingegen nicht fokussieren, der Fokusrahmen leuchtet rot, und* **!AF** *erscheint. Der Fokuspunkt ist weiß.*

Fokusprobleme

Wenn die Scharfstellung mit dem Autofokus nicht gelingt und der Fokuspunkt rot leuchtet, kann dies unterschiedliche Ursachen haben. Ein mögliches Problem ist zum Beispiel, dass Sie den Nahbereich des Objektivs unterschritten haben. So gibt es bei jedem Objektiv eine Grenze, wie nah Sie ans Motiv gehen können, die sogenannte *Naheinstellgrenze*. Gehen Sie näher heran, können Sie das Motiv nicht mehr scharfstellen – weder automatisch noch manuell. Die zweite Möglichkeit, bei der der Fokus versagen kann, ist zu wenig Licht oder kaum Kontrast. Auch wenn die X-T3 einen Hybrid-Autofokus mit Kontrastdetektions-AF und Phasendetektions-AF hat, sind beide Verfahren lichtabhängig. Und je heller und kontrastreicher eine Szene ist, umso besser funktioniert der Autofokus. Je dunkler es dagegen wird, desto schwieriger wird es für den Autofokus. Aber auch eine kontrastarme weiße Wand kann zum Problem werden. Auch bei zu viel Licht kann der Fokus der Kamera versagen, wie dies z. B. bei Gegenlichtaufnahmen der Fall sein kann.

Tipp: Bei zu wenig Licht können Sie sich unter Umständen damit behelfen, indem Sie das Hilfslicht über **AF/MF-Einstellung > Hilfslicht** vorübergehend auf **An** stellen. Das AF-Hilfslicht strahlt das Motiv an, woraufhin der

Autofokus genügend Informationen findet und seine Arbeit verrichten kann. Allerdings ist das Hilfslicht auch begrenzt und funktioniert eher im Nahbereich. Beim Testen des Hilfslichtes hat sich eine realistische Reichweite von etwa 5–6 Metern ergeben. Allerdings klappt dies nicht immer, da aufgrund der Position der LED schon mal die Gegenlichtblende vom Objektiv genommen werden muss. Auch der Finger legt sich hierbei gerne mal über die LED. Das Hilfslicht funktioniert automatisch und sinnesgemäß nur im Modus AF-S.

4.1.2 AF-C für bewegte Motive

Der Modus AF-C (oft auch *Nachführ-AF*) stellt das Autofokussystem auf einen Dauerbetrieb. Wenn Sie in diesem Modus den Auslöser halb herunterdrücken, stellt die Kamera innerhalb des aktiven Autofokusfeldes oder einer konfigurierten Autofokuszone kontinuierlich auf das anvisierte Motiv scharf. Dieser Fokusmodus eignet sich hervorragend für bewegte Motive – oder auch wenn man sich selbst in der Bewegung befindet. In diesem Modus gibt es keinen Bestätigungston beim Fokussieren, weil dieser Ton quasi permanent aktiv wäre. Aber auch hier leuchten ein oder mehrere Fokuspunkte im Sucher oder auf dem Display grün auf, wenn das Motiv scharfgestellt ist. Und auch den grünen Punkt zur Fokusanzeige gibt es. Lassen Sie sich nicht irritieren, wenn der grüne Punkt zur Fokusanzeige häufig unregelmäßig aufleuchtet. Wenn Sie den Auslöser durchdrücken, ist die Trefferquote trotzdem sehr gut.

Je nach Situation erscheint es häufig sinnvoll, den Fokusmodus AF-C zusammen mit einer schnellen bzw. langsamen Serienaufnahme zu verwenden. Hierzu stellen Sie das Einstellrad für die Aufnahmebetriebsart auf **CH** bzw. **CL**.

Abbildung 4.5 *Bei bewegten Motiven spielt der Modus AF-C seine Stärken aus.*
155 mm | ƒ3,2 | 1/500 s | ISO 1600

Vorfokussieren

Sie finden im Kameramenü **AF/MF-Einstellung > Pre-AF** eine Funktion, die im Vorgängermodell X-T2 noch standardmäßig aktiv war. Wenn Sie diese Funktion einschalten, dann wird sowohl im AF-S- als auch im AF-C-Modus dauerhaft fokussiert. Dieses Vorfokussieren kann bei der einen oder anderen Situation einen Geschwindigkeitsvorteil bringen, wenn es darauf ankommen sollte. Aber diese Funktion leert natürlich auch den Akku schneller, denn es wird permanent fokussiert. Bei AF-S wird die Schärfe dennoch behalten, wenn Sie den Auslöser halb gedrückt halten oder die Taste **AF-L** gedrückt haben. Ansonsten verhält sich die Kamera ähnlich wie beim AF-C und stellt den Bereich mit dem Fokusrahmen scharf, nur dass nicht der Auslöser zum Scharfstellen gedrückt wird.

Dieser Pre-AF stammt noch aus älteren Zeiten. Neuere (Fujifilm-)Kameras arbeiten hier im Fokusmodus AF-C mit einem sogenannten *prädiktiven Autofokus*, bei dem die Kamera erkennt, wie schnell sich das anvisierte Objekt bewegt, und so die nächste Position »vorausahnen« kann.

4.2 Die verschiedenen Autofokusbereiche

Von enormer Bedeutung für die Schärfe ist die Wahl des Autofokusbereiches. Die X-T3 bietet hierfür mit **Einzelpunkt**, **Zone** und **Weit/Verfolgung** drei verschiedene Arten an. Diese Bereiche stellen Sie im Kameramenü über **AF/MF-Einstellung > AF Modus** ein. In der Standardkonfiguration erreichen Sie diese Autofokus-Optionen auch über Auswahltaste nach oben und den Schnellzugriff über die **Q**-Taste.

Abbildung 4.6 *Hier können Sie den AF-Modus wählen.*

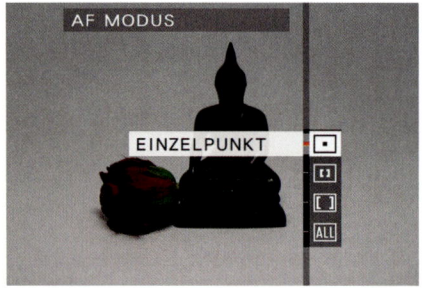

Abbildung 4.7 *Ohne Umwege über ein Kameramenü geht es über die Auswahltaste nach oben zur Auswahl des Autofokusbereiches.*

4.2.1 AF-Modus »Einzelpunkt«

Im **Einzelpunkt**-Modus wählen Sie selbst den Punkt im Sucher oder Display aus, an dem der Fokus gemessen werden soll. Die Einstellung ist standardmäßig eingestellt und häufig meine erste Wahl beim Fokussieren. Mit dem Fokushebel können Sie exakt das gewünschte Autofokusfeld im gesamten Bildausschnitt fast randlos selbst bestimmen, auf das Sie scharfstellen wollen. Wie genau Sie den Punkt auswählen können, hängt davon ab, ob Sie 117 Punkte (9 × 13-

Raster) oder 425 Punkte (17 × 25-Raster) verwenden. Per Standardeinstellung werden 117 Punkte verwendet.

Abbildung 4.8 *Der* **Einzelpunkt**-*Fokus ist hier auf die Mitte des Bildschirmes gelegt.*

Abbildung 4.9 *Jetzt habe ich den Fokuspunkt mit dem Fokushebel nach rechts unten verschoben, um gezielt auf die gelbe Rose rechts zu fokussieren, ohne den Bildausschnitt zu verändern.*

Der **Einzelpunkt**-Modus eignet sich auch sehr gut für den Fokusmodus AF-C, wenn das Motiv auf Sie zukommt oder sich von Ihnen entfernt. Wenn das Motiv allerdings den Bildbereich überquert, z. B. von rechts nach links, müssen Sie die Kamera mitschwenken, damit das Motiv weiterhin im ausgewählten Einzelpunkt scharfgestellt werden kann. Sie müssen hierbei immer den Fokuspunkt auf das Motiv richten, das Sie kontinuierlich scharfstellen wollen.

Die Größe des Fokusrahmens in der Fokussierpunkt-Anzeige einstellen | In die Fokussierpunkt-Anzeige wechseln Sie, indem Sie auf den Fokushebel. Wenn Sie den Fokushebel gedrückt haben, werden Sie feststellen, dass der Einzelpunkt gar kein einzelner Fokuspunkt ist, sondern ein Fokusrahmen, der mehrere Fokuspunkte zusammenfasst. Die Größe dieses Fokusrahmens können Sie aber anpassen, indem Sie, nachdem Sie den Fokushebel gedrückt haben, das hintere Einstellrad drehen. Hierbei gibt es sechs verschiedene Größen, wobei Sie mit der kleinsten Größe den Einzelpunkt tatsächlich auf einen Fokuspunkt reduzieren können. Standardmäßig ist eine mittlere Größe eingestellt, und Sie können jeweils noch um zwei Stufen vergrößern oder drei Stufen verkleinern.

Zurücksetzen der Größe und Position

Wenn Sie die Größe des Fokusrahmens wieder auf die Standardeinstellung zurücksetzen wollen, müssen Sie nur das hintere Einstellrad drücken. Wollen Sie außerdem die Position des Fokusrahmens wieder in die Mitte setzen, drücken Sie den Fokushebel. Für beide Einstellungen müssen Sie sich aber in der Fokussierpunkt-Anzeige befinden, wie in Abbildung 4.10 zu sehen ist.

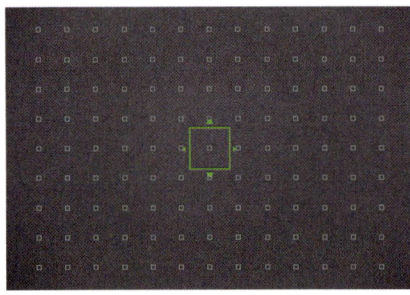

Abbildung 4.10 *Die Fokussierpunkt-Anzeige mit dem Fokusrahmen lassen Sie durch das Drücken des Fokushebels anzeigen.*

Abbildung 4.11 *Durch Drehen des hinteren Einstellrades vergrößern oder verkleinern Sie diesen Fokusrahmen.*

Einstellungen an der Größe des Fokusrahmens haben Auswirkungen auf die Fokussierung. So wird es bei einem kleineren Fokusrahmen schwieriger zu fokussieren, wenn der Bereich einfarbig, dunkel oder sehr strukturarm ist. Auf der anderen Seite steigt mit einem kleineren Fokusrahmen auch die Autofokus-Genauigkeit, weil Sie hiermit quasi punktgenau scharfstellen können, wenn Sie dies benötigen. Generell sollten Sie beim Fokussieren vermeiden, dass der Fokusrahmen größer ist als das zu fokussierende Motiv. Eine Ausnahme sind sich bewegende Motive, bei denen Sie es einfacher haben, wenn der Fokusrahmen etwas größer ist. Es kommt daher auch auf den Anwendungsfall an, aber in der Praxis dürften Sie mit der Standardgröße des Fokusrahmens in den meisten Situationen recht gut fahren. Und wenn nicht, dann wissen Sie jetzt, wie Sie die Rahmengröße ändern können.

Anzahl der Fokussierpunkte ändern

Die Anzahl der Autofokusmessfelder in der Fokussierpunkt-Anzeige bei der Option **Einzelpunkt** beträgt zunächst standardmäßig 117 Messfelder. Im **Einzelpunkt**-Modus ist diese Anzahl recht sinnvoll, wenn Sie mit dem Fokushebel ein bestimmtes Feld auswählen wollen. Reichen Ihnen die 117 Messfelder nicht aus oder müssen Sie noch präziser fokussieren, können Sie über das Kameramenü **AF/MF-Einstellung > Anzahl der Fokussierpunkte** die Anzahl auf 425 Messfelder erhöhen.

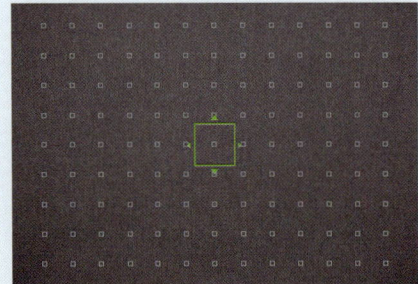
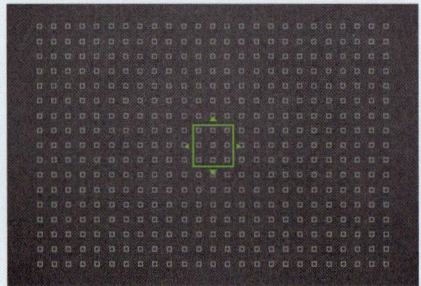

Abbildung 4.12 *117 Autofokuspunkte*

Abbildung 4.13 *425 Autofokuspunkte*

Schwenken oder Fokusrahmen verschieben? | Eine gerne verwendete Technik beim Fotografieren im Modus AF-S ist es, einen bestimmten Punkt durch scharfzustellen, indem der Auslöser halb gedrückt wird, dann den Bildausschnitt etwas zu schwenken und den Auslöser voll durchzudrücken, um das Bild zu erstellen. Bei längeren Brennweiten, abgeblendeten Motiven und größeren Abständen zum fokussierten Motiv ist diese Herangehensweise ganz gut geeignet. Wenn Sie aber ein Motiv in unmittelbarer Nähe vor sich haben und mit einer offenen Blende fotografieren, beträgt der Spielraum für den scharfen Bereich häufig nur ein paar wenige Zentimeter. Bewegt sich dabei das Motiv oder bewegen Sie sich ein wenig nach vorn oder hinten, kann es sein, dass z. B. statt des Auges nur die Nasenspitze scharfgestellt ist. In solchen Fällen ist es oft sicherer, mit einem gut platzierten Autofokusfeld zu arbeiten und nicht zu verschwenken.

Fokushebel vor Veränderungen schützen

Wenn Sie häufiger versehentlich über den Fokushebel den Fokusrahmen verstellen, können Sie den Hebel auch arretieren. Hierzu müssen Sie ihn nur etwas länger drücken, und es erscheint ein Menü, in dem Sie die Option **Drücken zum Entsp.** aktivieren. Ist sie aktiv, müssen Sie künftig vorher auf den Fokushebel drücken, um die Position des Fokusrahmens ändern zu können. Mit **Off** wird der Fokushebel komplett deaktiviert und kann dann nur noch über das Kameramenü mit **AF/MF-Einstellung > Fokussierbereich** geändert werden. Die Einstellungen für den Fokushebel erreichen Sie auch über das Kameramenü via **Einrichtung > Tasten/Rad-Einstellung > Fokushebel-Einstellung**.

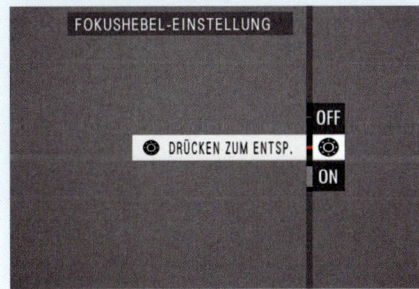

Abbildung 4.14 Drücken Sie länger auf den Fokushebel, erscheint ein Menü, in dem Sie ihn sperren oder komplett deaktivieren können.

4.2.2 AF-Modus »Zone«

Der AF-Modus **Zone** ist eine Erweiterung von **Einzelpunkt** und setzt sich innerhalb einer bestimmten Zone aus mehreren kleinen Autofokusfeldern zusammen. Innerhalb der Zone mit den vier Ecken befindet sich zunächst ein Fadenkreuz, das das Zentrum markiert. Das Fadenkreuz verschwindet, wenn Sie den Auslöser halb herunterdrücken und scharfstellen. Wenn Sie jetzt ein Motiv auswählen und den Auslöser halb herunterdrücken, wählt die Kamera die Schärfepunkte innerhalb dieser Zone automatisch aus. Das Scharfstellen über Fokuszonen ist recht hilfreich, um das Fokussieren bei Objekten in langsamer oder vorhersehbarer Bewegung einfacher zu machen. Den Zonenbereich können Sie auch hier mit dem Fokushebel verschieben.

Abbildung 4.15 *Der AF-Modus* **Zone** *umfasst mehrere Fokussierpunkte, um das Fokussieren von bewegten Objekten zu erleichtern.*

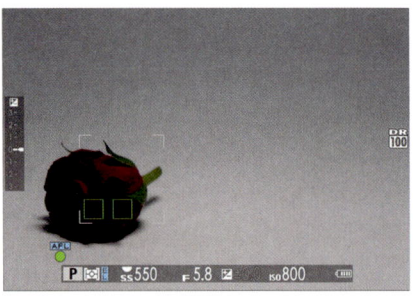

Abbildung 4.16 *Hier habe ich den Zonenbereich mit dem Fokushebel auf die Rose verschoben und fokussiert. Die Kamera sucht sich innerhalb dieser Zone einen geeigneten Bereich zum Scharfstellen und zeigt diesen mit den grünen Fokussierpunkten an. Zum Einsatz kam ein Zonenbereich von 3 × 3 Fokuspunkten.*

Um das Fokussieren eines bestimmten Bereiches zu erleichtern, können Sie auch hier die Größe der Fokuszone ändern, indem Sie den Fokushebel drücken und in der Fokussierpunkt-Anzeige mit dem hinteren Einstellrad die Größe der Zone ändern. Die Standardeinstellung ist die kleinste Zone mit 3 × 3 Fokuspunkten. Daneben gibt es zwei größere Zonen mit 5 × 5 und 7 × 7 Fokuspunkten, die Sie aus insgesamt 117 verfügbaren AF-Punkten wählen können. Alle 425 Fokussierpunkte hingegen lassen sich mit dem AF-Modus **Zone** nicht verwenden. Es werden trotzdem 117 AF-Punkte verwendet, auch wenn Sie 425 AF-Punkte vorher eingestellt haben. Eine kleinere Zone wie 3 × 3 hat den Vorteil, dass sich die Scharstellung auf einen kleinen Bereich beschränkt und daher innerhalb dieser Zone bessere Trefferchancen hat. Je größer die Zone ist (wie 5 × 5 oder 7 × 7), umso höher ist natürlich auch die Gefahr, dass auf etwas ganz anderes fokussiert wird als beabsichtigt, wenn sich zum Beispiel sehr viele Strukturen und Details im Bild befinden. Hierfür bietet sich ein kleineres Zonenfeld an oder eben der **Einzelpunkt**-Autofokus.

Abbildung 4.17 *Die kleinste Zonengröße (Standardeinstellung)*

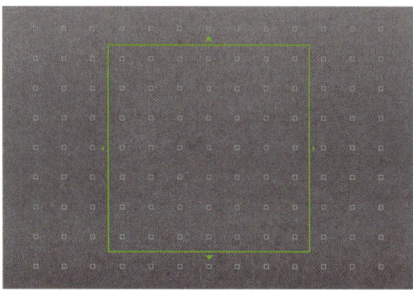

Abbildung 4.18 *Die größtmögliche Zonengröße*

4.2 Die verschiedenen Autofokusbereiche

Fokusmessfelder anzeigen

Standardmäßig werden die Fokusmessfelder in den Modi **Zone** oder **Weit/Verfolgung** nicht angezeigt. Beim Betätigen des Auslösers werden nur die fokussierten Messfelder grün dargestellt. Wollen Sie die Fokusmessfelder anzeigen, setzen Sie über das Kameramenü **AF/MF-Einstellung > AF-Punktanzeige** die Option auf **On**.

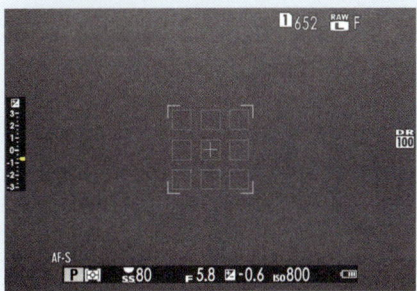

Abbildung 4.19 *Der AF-Modus* **Zone** *mit eingeblendeten Fokusmessfeldern*

Wenn Sie **Zone** im Fokusmodus AF-S verwenden, dann bietet sich dieser Modus für Objekte an, die sich innerhalb dieser Zone bewegen. Entsprechend können Sie dafür auch die Zonengröße einstellen. Im Fokusmodus AF-C hingegen versucht die Kamera, das Objekt innerhalb der Zone zu erkennen und ihm zu folgen, um den Fokus zu halten.

Abbildung 4.20 *Hier findet wenig Bewegung innerhalb der Zone statt, weshalb ich den Autofokus AF-S verwendet habe.*

Abbildung 4.21 *Da ich dem sich bewegenden Pferd innerhalb der Zone folgen will, habe ich auf AF-C umgestellt.*

4.2.3 AF-Modus »Weit«/»Verfolgung«

Der AF-Modus **Weit/Verfolgung** umfasst zwei Autofokus-Methoden. Welche Sie verwenden, hängt vom Fokusmodus ab. Um es kurz zu machen: Mit AF-S verwenden Sie **Weit**, und mit AF-C ist es **Verfolgung**.

»Weit« mit AF-S | Mit dem Fokusmodus AF-S und **Weit** entscheidet die Kamera automatisch mit bis zu neun von 117 verfügbaren Autofokusfeldern, worauf der Fokus liegen soll. Beim Testen hat sich gezeigt, dass die Kamera hierbei häufig den Bereich mit dem höchsten Kontrast wählt. Daher kann es sein, dass der Fokus nicht da liegt, wo Sie ihn vielleicht gerne hätten. Es ist schwer, einen sinnvollen Anwendungszweck zu empfehlen. In der Praxis verwende ich selbst diese Kombination mit AF-S nie. Fujifilm empfiehlt diese Einstellung für unvorhersehbare Bewegungen oder wenn sich viele bewegende Objekte im Bildbereich befinden. Stellen Sie die Einstellräder für Blende, Belichtungszeit und ISO auf **A**(uto), dann erinnert der Fokusmodus AF-S mit **Weit** ein wenig an eine Vollautomatik-Funktion, wie man sie beispielsweise von Einsteigerkameras her kennt.

Abbildung 4.22 *Der AF-Modus **Weit/Verfolgen** mit AF-S im Einsatz (als **Weit**). Hier wurde die linke Babuschka automatisch scharfgestellt.*

Abbildung 4.23 *Für diese Aufnahme habe ich die kleinere Babuschka etwas näher zur Kamera geschoben, wodurch nun auf sie fokussiert wird.*

»Verfolgung« mit AF-C | Wenn Sie allerdings den Fokusmodus auf AF-C umschalten, dann bietet **Weit/Verfolgung** eine automatische Verfolgung von Objekten über den gesamten Bildbereich in alle Richtungen. Also Objekte, die sich von links bzw. oben nach rechts bzw. unten bewegen (und umgekehrt) werden nahtlos verfolgt. Dasselbe gilt für Objekte, die sich zur Kamera hin- oder von ihr wegbewegen. Zu Hilfe bei der Verfolgung steht Ihnen ein weißer Fokusrahmen. Damit die Verfolgung von einem Motiv funktioniert, müssen Sie den Auslöser halb herunterdrücken. Sobald die Kamera den Fokus auf ein Motiv gelegt hat, wird sie mit den grünen Autofokusfeldern das Objekt verfolgen, solange es sich im Bildbereich bewegt. Drücken Sie den Auslöser durch, um ein Foto zu machen, oder stellen Sie die Aufnahmebetriebsart auf eine Serienaufnahme wie **CL** oder **CH**, um eine ganze Serie von Bildern zu machen.

Diese Verfolgung funktioniert auch, wenn Sie die Kamera auf ein Stativ fixiert haben, wodurch der Bildausschnitt behalten werden kann, während die Kamera dem Objekt folgt. So können Sie zum Beispiel eine Person im Zickzack auf Sie zu rennen lassen und eine Serienaufnahme erstellen. Diese Art der Fokussierung funktioniert erstaunlich gut. Wichtig ist hierbei ist nur, wie bereits erwähnt, dass die Fokussierung ebendiese Person bzw. das Objekt erfasst hat, um das Motiv weiter zu verfolgen.

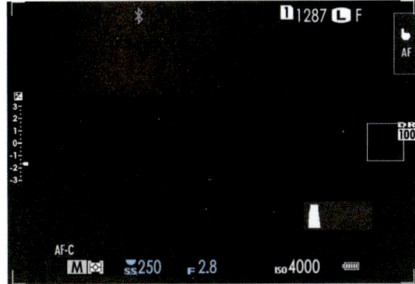

Abbildung 4.24 Hier habe ich den Fokusrahmen als »Fokusfalle« auf der rechten Seite platziert, da ich von dort ein Objekt auf dieser Seite erwarte. Die Kamera steht auf einem Stativ.

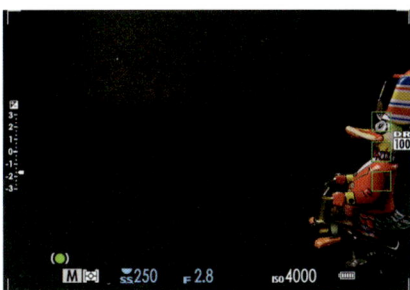

Abbildung 4.25 Die aufziehbare Blechente kommt in das Bild, und dank halb heruntergedrücktem Auslöser wird sie auch gleich anvisiert und ...

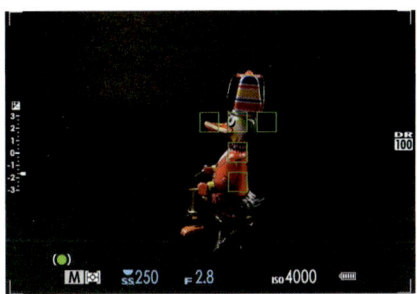

Abbildung 4.26 ... verfolgt, dank AF-C- und AF-Modus **Weit/Verfolgung**, ...

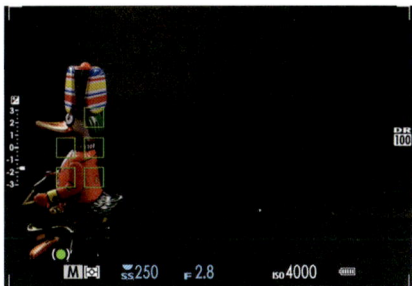

Abbildung 4.27 ... bis sie wieder aus dem Bild verschwindet. Natürlich können Sie dem Motiv auch frei Hand folgen.

Mit dem Fokusmodus AF-C und dem AF-Modus **Weit/Verfolgung** haben Sie eine echte 3D-Verfolgung, die sich über den gesamten Bildbereich erstreckt.

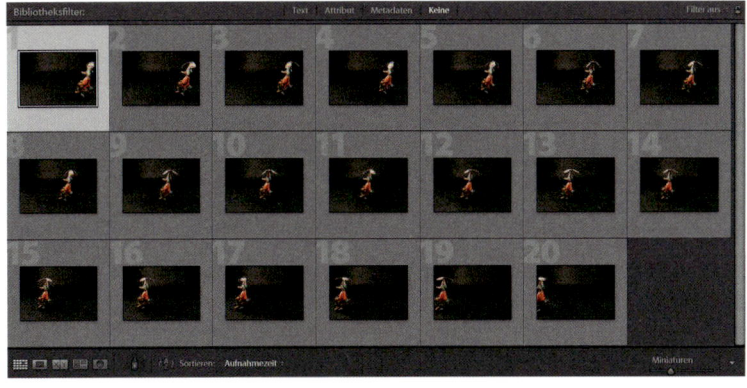

Abbildung 4.28 Die Serienaufnahme mit der aufgezogenen Blechente. Das Ergebnis ist erstaunlich gut, und die Bilder sind durchgehend ziemlich scharf. Der Fokus hat recht selten danebengelegen.

AF-Modus »Alle«

Als letzte Option im Menü **AF Modus** finden Sie den Eintrag **Alle**. Dies ist kein weiterer Modus, sondern dient für die Auswahl der einzelnen AF-Modus-Optionen. Wenn Sie die Option **Alle** auswählen und dann den Fokushebel drücken, erscheint auch hier die Fokussierpunkt-Anzeige, wo aber gleich oben der aktuelle Modus eingeblendet wird. Wenn Sie jetzt das vordere Einstellrad drehen, können Sie den AF-Modus auf diese Art ändern.

Abbildung 4.29 *Über* **Alle** *bei* **AF Modus** *können Sie den AF-Modus mit dem vorderen Einstellrad ändern.*

Abbildung 4.30 *Am oberen Rand erkennen Sie den ausgewählten Modus.*

4.2.4 AF-C anpassen

Wenn in bestimmten Situationen die Ergebnisse mit dem Autofokus im Fokusmodus AF-C Sie nicht zufriedenstellen, schauen Sie sich im Kameramenü über **AF/MF-Einstellung > AF-C Benutzerdef.Einst.** fünf verschiedene vordefinierte Einstellungen für unterschiedliche Arten von Fotos mit beweglichen Motiven an: **Mehrzweck** (Standardeinstellung), **Hindernis ignorieren & Motiv weiter verfolgen**, **Für beschleunigendes/verlangsamdes Motiv**, **Für plötzlich erscheinendes Motiv** und **Für sprunghaft bewegendes & besch./verlngs. Motiv**. Die Bezeichnungen und die Abbildungen im Display machen es einfach, die passende Einstellung für die passende Actionaufnahme zu verwenden. Nach längerem Testen erzielen Sie herbei in der Tat das beste Ergebnis, wenn Sie die richtige Einstellung zur passenden Aufnahme wählen.

Abbildung 4.31 *Sie können zwischen fünf vordefinierten Sets für den kontinuierlichen Autofokus (AF-C) wählen.*

Abbildung 4.32 *Auch benutzerdefinierte Vorgaben lassen sich mit den drei vorhandenen Parametern erstellen.*

4.2 Die verschiedenen Autofokusbereiche

Alle fünf vordefinierten Einstellungen verwenden unterschiedliche Werte der drei Parameter **Verfolgungs-Empfindlichkeit**, **Geschwindigkeitsverfolgungs-Empfindlichkeit** und **Zonenbereichsumschaltung** mit unterschiedlichen Werten. Da Sie neben den fünf Einstellungen auch eine eigene benutzerdefinierte Einstellung mit diesen drei Parametern erstellen können, gehe ich an dieser Stelle kurz darauf ein.

Verfolgungs-Empfindlichk. | Mit der **Verfolgungs-Empfindlichkeit** bestimmen Sie, wie lange die Kamera warten soll, bis sie den Fokus auf ein anderes Ziel lenkt. Je niedriger der Wert, umso schneller wechselt die Kamera das Ziel. Wenn Sie z. B. plötzlich erscheinende Motive aufnehmen wollen, dann können Sie den Wert 0 verwenden. Nehmen Sie hingegen ein sich bewegendes Objekt auf, vor dem sich während der Nachführung Hindernisse befinden (ein rennendes Tier verschwindet kurz hinter einem Busch oder hinter einem Zaun oder Vögel im Baum), dann wählen Sie einen höheren Wert, wie 3 oder 4, damit die Kamera nicht aufgrund des Hindernisses sofort neu fokussiert.

Animierte Grafik zur Beschreibung

Wenn Sie bei der benutzerdefinierten Einstellung einen der drei Parameter auswählen und jewels die **MENU/OK**-Taste oder den Fokushebel drücken, erscheint eine animierte Grafik, die die Auswirkung des Parameters visuell verdeutlicht. In dieser Ansicht können Sie den Wert des Parameters mit dem vorderen Einstellrad einstellen und mit dem hinteren Einstellrad zum nächsten Parameter wechseln.

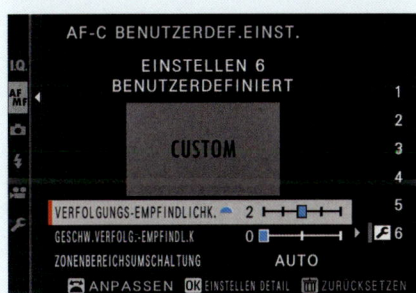

Abbildung 4.33 *Wenn Sie bei den benutzerdefinierten Einstellungen einen Parameter mit der MENU/OK-Taste auswählen ...*

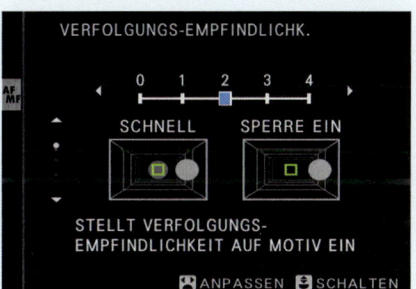

Abbildung 4.34 *... sehen Sie eine animierte Grafik, die die Bedeutung des Parameters verdeutlichen soll. Hier im Beispiel sehen Sie die* **Verfolgungs-Empfindlichkeit**.

Geschw.Verfolg.-Empfindl.K | Mit der **Geschwindigkeitsverfolgungs-Empfindlichkeit** stellen Sie die Empfindlichkeit der Kamera bezogen auf die Objektgeschwindigkeit ein. Bei einem niedrigen Wert von 0 geht die Kamera von einer gleichmäßigen Geschwindigkeit wie einem Radfahrer oder Läufer aus. Je höher Sie den Wert hingegen stellen, umso empfindlicher reagiert die Kamera auf plötzliche Geschwindigkeitsänderungen, wie sie beim Tennis, Eishockey, Fußball oder spielenden Hunden der Fall sind, wo das zu fokussierende Objekt regelmäßig und abrupt Richtung und Geschwindigkeit ändert.

Zonenbereichsumschaltung | Wenn Sie den AF-Modus **Zone** verwenden, stellen Sie mit der **Zonenbereichsumschaltung** ein, welcher Bereich innerhalb der Zone bevorzugt fokussiert werden soll. Mit der Option **Auto** konzentriert sich die Kamera auf das zuerst fokussierte Ziel. Mit **Mitte** legen Sie den Fokus mehr auf das Zentrum der ausgewählten Zone. Diese Einstellung ist zum Beispiel für das Mitziehen bei vorbeifahrenden Objekten sehr gut geeignet. Mit **Vorne** hingegen werden Objekte mit der geringsten Entfernung zur Kamera bevorzugt. Diese Option ist besonders nützlich, um auf plötzlich auftauchende Objekte zu fokussieren.

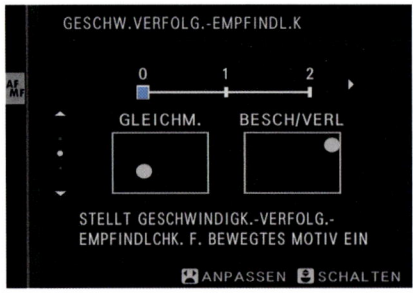
Abbildung 4.35 *Die Geschwindigkeitsverfolgungsempfindlichkeit von 0 bis 2*

Abbildung 4.36 *Einstellungen für die Zonenbereichsumschaltung*

Die Qual der Wahl

Die Möglichkeit einer benutzerdefinierten Einstellung anhand der drei Parameter ist durchaus reizvoll. Allerdings erfordert dies auch ein umfangreiches Testen der Einstellungen, da alle Parameter miteinander harmonieren sollten. Ich gehe in der Praxis so vor, dass ich passend zur jeweiligen Situation eine der fünf vordefinierten Einstellungen wie **Mehrzweck** (Standardeinstellung), **Hindernis ignorieren & Motiv weiter verfolgen**, **Für beschleunigendes/verlangsamdes Motiv**, **Für plötzlich erscheinendes Motiv** und **Für sprunghaft bewegendes & besch./verlngs. Motiv** wähle und verwende. Bemerke ich dann, dass zum Beispiel die Verfolgungsempfindlichkeit einen Zacken länger bzw. kürzer warten könnte oder die Geschwindigkeitsverfolgungsempfindlichkeit etwas (weniger) sensibler reagieren sollte, merke ich mir die Werte der gewählten Einstellung und passe dann den von mir gewünschten Wert im Modus **Benutzerdefiniert** an meine Bedürfnisse an.

Abbildung 4.37 *Wenn die vordefinierten Einstellungen nicht nach Ihrem Geschmack sind, können Sie die drei Parameter in einer benutzerdefinierten Einstellung anpassen.*

4.2.5 Weniger Ausschuss fotografieren

In der Standardeinstellung arbeitet die X-T3 sowohl bei AF-S als auch bei AF-C auf Auslösepriorität und löst daher gelegentlich auch aus, wenn das Bild noch nicht ganz scharfgestellt ist. Der Vorteil dieser Option ist, dass Sie in kurzer Zeit häufiger auslösen können. Bei einer Aufnahme in Serie mit schnellen Bewegungen nehme ich es in Kauf, dass eventuell einige Bilder unscharf sind. Wollen Sie diese Option aber ändern, damit nur ausgelöst wird, wenn der Autofokus sein Ziel gefunden hat, finden Sie im Kameramenü **AF/MF-Einstellung > Prio. Auslösen/Fokus** entsprechende Einstellungen für AF-S (**AF-S Prio.-Ausw.**) und AF-C (**AF-C Prio.-Ausw.**) vor. Hier können Sie die Option **Auslösen** in **Fokus** ändern, womit erst nach korrekter Scharfstellung ausgelöst wird. Dadurch ist die Fokuspriorität in der Praxis etwas langsamer, weil eben nur dann ausgelöst wird, wenn der Autofokus scharfgestellt wird.

Ich persönlich belasse die X-T3 in der Standardeinstellung mit Auslösepriorität, weil ich bei interessanten Momenten lieber ein leicht unscharfes Bild habe als gar keines.

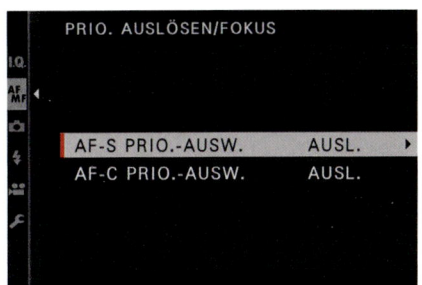

Abbildung 4.38 *Sie können sich zwischen Auslösepriorität und Fokuspriorität entscheiden. Natürlich können Sie diese Prioritäten für AF-S und AF-C separat einstellen.*

4.2.6 Die Fokusdistanz mit AF-L speichern

Wenn Sie die **AF-L**-Taste rechts oben auf der Rückseite der Kamera drücken und gedrückt halten, nachdem Sie auf ein Motiv fokussiert haben, wird die Fokusdistanz gespeichert. In der Standardeinstellung bleibt diese Fokusdistanz so lange erhalten, wie Sie **AF-L** gedrückt halten. Wenn Sie dann den Auslöser erneut halb herunterdrücken oder selbst wenn Sie ausgelöst haben, bleibt die Fokusdistanz erhalten, und es wird nicht erneut eine Schärfemessung durchgeführt. Damit können Sie mehrere Bilder mit derselben Schärfeeinstellung machen. Dies ist recht hilfreich bei schwierig zu fokussierenden Motiven, wo Sie nicht wollen, dass erneut fokussiert wird, wenn Sie den Auslöser ein weiteres Mal halb herunterdrücken. Die Belichtungsmessung hingegen wird nach wie vor durchgeführt.

Allerdings klappt es je nach Größe der Hand und der Fingerfertigkeit nicht immer so gut mit dem Fokussieren und dem Halten der **AF-L**-Taste. Wenn Sie daher diese Art des Fotografierens mit der **AF-L**-Taste häufiger verwenden wollen, können Sie die Taste auch so umkonfigurieren, dass Sie nur einmal auf die **AF-L**-Taste drücken müssen, um die gemessene Fokusdistanz zu speichern und zu halten. Hierzu ändern Sie die Option für die Taste über **Einrichtung > Tasten/Rad-Einstellung > AE/AF Lock Modus** um in **AE/AF-L Ein/Aus**. Beachten Sie allerdings, dass Sie dasselbe auch für die Belichtungsmessung mit der **AE-L**-Taste übernehmen müssen. Erst wenn

Sie die **AF-L**-Taste künftig erneut drücken, wird der Autofokus wieder freigegeben, und Sie können durch halbes Herunterdrücken des Auslösers erneut eine neue Fokusdistanz messen und verwenden.

Will ich zum Beispiel bei einem Vortrag den Redner fotografieren, wenn dieser eine bestimmte Geste macht, dann verwende ich die Taste **AF-L** in Verbindung mit AF-S. Hierbei will ich den Redner auf der linken Seite im Bild haben, um rechts von ihm einen Teil des Publikums unscharf darzustellen. Daher fokussiere ich auf den Redner, drücke die **AF-L**-Taste, um die Fokusdistanz zu speichern, schwenke die Kamera nach rechts und warte jetzt auf einen Moment, wo der Redner eine für mich interessante Geste macht. Zugegeben, dies könnte man natürlich auch mit dem Versetzen des Fokuspunktes machen, aber so sind Sie einen Tick schneller, weil Sie sich nur noch auf den Redner konzentrieren müssen und sofort auslösen können, weil der Fokus bereits sitzt.

 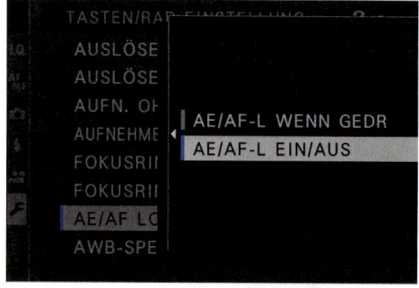

Abbildung 4.39 *Den Modus der Tasten **AF-L** und **AE-L** ändern: gedrückt halten, einmaliges Drücken zum Speichern und Sperren sowie erneutes Drücken zum Wiederfreigeben*

Abbildung 4.40 *Hier habe ich auf die Rosenblüte fokussiert und dann diese Einstellung mit der **AF-L**-Taste gespeichert, was Sie am blauen AFL-Symbol mit dem grünen Punkt erkennen.*

Abbildung 4.41 *Dann habe ich einen leichten Kameraschwenk zur rechten Seite gemacht und kann auch gleich auslösen, weil die Rosen immer noch scharfgestellt sind. Alternativ hätte ich auch ohne Zuhilfenahme der **AF-L**-Taste den Fokusrahmen auf die Rosen verschieben können.*

An der Stelle sollte noch hinzugefügt werden, dass Sie dasselbe wie hier mit der **AF-L**-Taste in gewisser Weise auch mit dem Auslöser erreichen, indem Sie ihn halb heruntergedrückt halten und dann die Kamera schwenken. Aber im Gegensatz hierzu wird bei der **AF-L**-Taste nicht die Belichtung mitgespeichert und beim Schwenken neu gemessen, falls die Lichtverhältnisse unterschiedlich sind. Für das Speichern der Belichtung gibt es ja die **AE-L**-Taste, die ich bereits in Abschnitt 3.1.4, »Die Spotmessung«, im Hinweiskasten »Speichern der Belichtung« beschrieben habe. Wer sich an dieser Stelle fragt, ob es auch möglich ist, das Fokussieren komplett vom Auslöser zu nehmen und die **AF-L**-Taste als Backfokus-Taste (**AF-on**) einzurichten, dann will ich auf Abschnitt 6.1.1, »Die Funktionstasten ändern« verweisen, wo ich genau dies beschreibe.

4.3 Gesichts- und Augenerkennung

Eine hilfreiche Funktion ist die Gesichts- und Augenerkennung, die es Ihnen einfacher machen soll, Menschen zu fotografieren und die Schärfe gezielt auf das Gesicht bzw. die Augen zu legen. Die Gesichts- und Augenerkennung funktioniert sowohl mit AF-S als auch mit AF-C. In der Standardkonfiguration können Sie diese Funktion über die **Fn1**-Taste auf der rechten oberen Seite der Kamera (de)aktivieren. Die Einstellungen für diese Funktion finden Sie im Kameramenü unter **AF/MF-Einstellung > Ges./Augen-Erkenn.-Einst. > Gesichtserkennung Ein** vor. In der Anzeige erkennen Sie links unten rechts neben dem Programmmodus anhand eines Icons, ob und welche Gesichts- und Augenerkennung Sie aktuell verwenden.

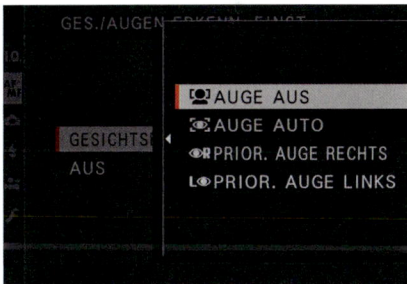

Abbildung 4.42 *Gesichts- und Augenerkennung über das Kameramenü auswählen*

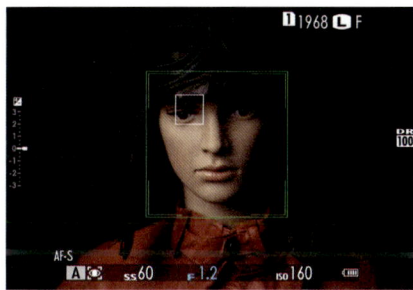

Abbildung 4.43 *Eine aktive Gesichts- und Augenerkennung wird im Sucher bzw. Display links unten neben dem eingestellten Programmmodus angezeigt.*

4.3.1 Gesichtserkennung

Wenn die Kamera mit der Option **Auge aus** kein Gesicht erkennt, funktioniert der Autofokus wie üblich abhängig vom eingestellten **AF Modus**-Wert **Einzelpunkt**, **Zone** oder **Weit/Verfolgung**. Wird ein Gesicht erkannt, wird es in einem grünen größeren Rahmen verfolgt. Dieser Rahmen ändert seine Größe passend zum Gesicht. Werden mehrere Gesichter erkannt, verfolgt die Kamera eines der Gesichter mit einem grünen Rahmen und die anderen Gesichter mit einem weißen Rahmen. Gewöhnlich wird das Gesicht, das am nächsten oder in der Mitte liegt, verfolgt.

Belichtungsmessung und die Gesichtserkennung

Wenn Sie die Gesichtserkennung verwenden, wird die Kamera auch eine spezielle Belichtungsmessung auf das anvisierte Gesicht durchführen, damit das Gesicht immer ordentlich belichtet wird.

Wenn Sie ein Gesicht scharfstellen, erhält der grüne Rahmen um das Gesicht gelbe Ecken im Modus AF-S. Beim Modus AF-C hingegen wird der grüne Rahmen lediglich verstärkt.

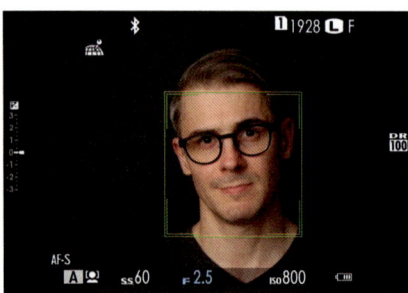 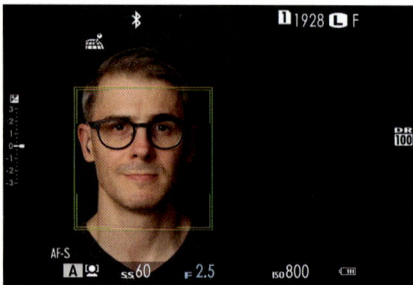

Abbildung 4.44 *Erkannte Gesichter verfolgt die Kamera mit einem grünen Rahmen.*

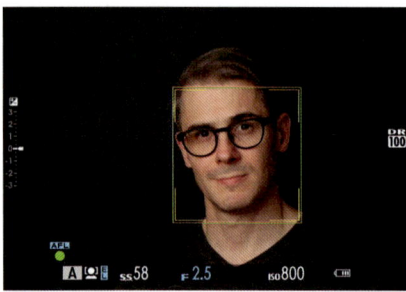 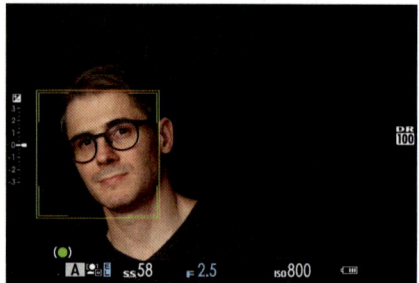

Abbildung 4.45 *Stellen Sie im AF-S-Modus scharf, erhält der Rahmen gelbe Ecken. Im AF-C-Modus hingegen wird der grüne Rahmen verstärkt dargestellt.*

Gesichtsauswahl

Eine Funktion die Sie nur als Funktionstaste über **Einrichten > Tasten/Rad-Einstellung > Funktionen (Fn)** einrichten können, ist die **Gesichtsauswahl**. Wenn Sie diese Funktion einer Taste zugewiesen haben und diese Taste drücken, können Sie mit dem Fokushebel oder der Berührungssteuerung das Gesicht auswählen, das scharfgestellt werden soll. Auf das Einrichten von Funktionstasten gehe ich in Abschnitt 6.1, »Die Tastenbelegung ändern«, ein und die Berührungsteuerung mit dem Touchscreen ist noch Thema in diesem Kapitel, in Abschnitt 4.5, »Fokussieren mit dem Touchscreen«.

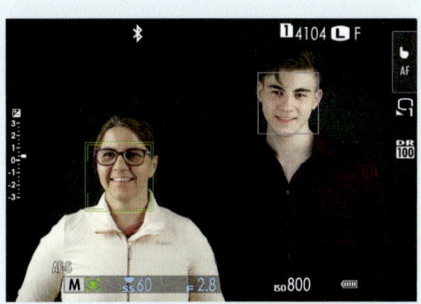 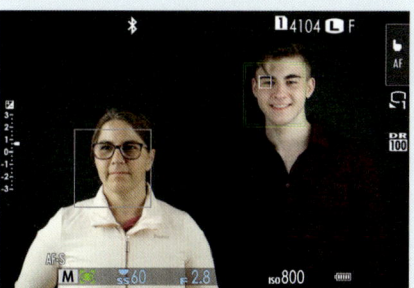

Abbildung 4.46 *Hier wurde die Funktion* **Gesichtsauswahl** *aktiviert und zwei Gesichter erkannt. Die X-T3 hat sich zum Scharfstellen für die linke Person entschieden.*

Abbildung 4.47 *Mit dem Fokushebel und dank der Funktion* **Gesichterauswahl***, wurde der Fokus jetzt auf die rechte Person gelegt.*

4.3.2 Gesichtserkennung mit Auge

Zusätzlich zur Gesichtserkennung können Sie eine Augenerkennung verwenden, die innerhalb des Gesichtes das Auge findet und verfolgt. Hier finden Sie drei Varianten vor: Mit Auge Auto überlassen Sie der Kamera die Entscheidung, welches Auge sie verfolgen soll. Mit den anderen beiden Optionen Prior.Auge Rechts und Prior.Auge Links legen Sie die Priorität auf das rechte oder linke Auge. Bei der Verfolgung eines Auges innerhalb des Gesichtes wird das entsprechende Auge mit einem weißen Quadrat angezeigt. Kann die Kamera kein Auge finden, weil die Augen beispielsweise durch eine Brille oder Haare verdeckt sind, wird nur das Gesicht verfolgt.

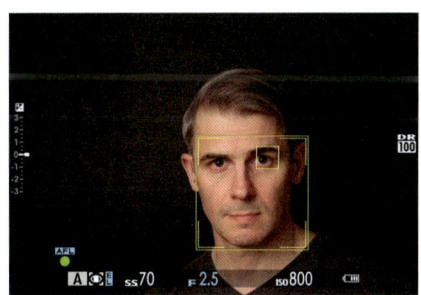

Abbildung 4.48 *Das Auge innerhalb des Gesichtes wird mit einem weißen Quadrat verfolgt. Beim Scharfstellen wird das Quadrat in gelber Farbe angezeigt.*

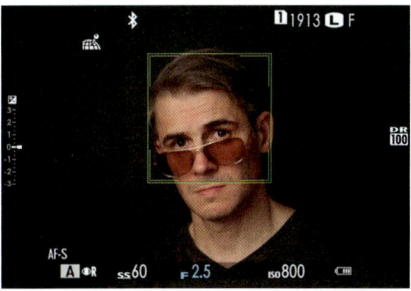

Abbildung 4.49 *Zwar funktioniert die Augenerkennung teilweise auch mit leichten Sonnenbrillen, aber das Verrutschen der Brille ist dann doch zu viel für den Algorithmus der Kamera.*

Wenn Sie hierbei den Auslöser halb herunterdrücken und das Auge scharfstellen, verhält sich die Kamera wie in Abbildung 4.45 zu sehen, nur wird zusätzlich das fokussierte Auge mit einem kleinen gelben Quadrat angezeigt.

4.3.3 Die Kameraausrichtung bestimmt das Autofokusfeld

Ob Sie die Gesichts- und Augenerkennung für Porträtaufnahmen verwenden oder lieber selbst den Fokus auf das Gesicht oder die Augen festlegen wollen, müssen Sie letztendlich selbst entscheiden. Für den Fall, dass Sie bei der Porträtfotografie lieber den Fokus im AF-Modus **Einzelpunkt** festlegen und hierbei häufiger die Kameraausrichtung wechseln, wollen Sie vielleicht nicht jedes Mal den Einzelpunkt über den Fokushebel neu festlegen, wenn Sie ein Bild im Querformat machen und das nächste im Hochformat – und umgekehrt.

Auch für diesen Zweck finden Sie eine Funktion im Kameramenü **AF/MF-Einstellung > AF-Modus d. Ausr. Speich.**. Mit der aktivierten Option **Nur Fokusbereich** wird der Fokussierbereich für jede Kameraausrichtung separat mitsamt der Größe gespeichert. Wollen Sie neben dem Fokussierbereich den Autofokusmodus (**AF Modus**) wie **Einzelpunkt**, **Zone** oder **Weit/Verfolgung** separat je nach Ausrichtung der Kamera im Hochformat oder Querformat speichern, wählen Sie die Option **An**.

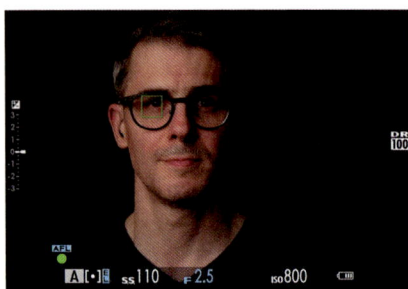

Abbildung 4.50 *Je nachdem, in welche Richtung Sie die Kamera drehen, kann der Fokussierbereich und bei Bedarf auch der Fokusmodus entsprechend gespeichert und wiederverwendet werden, wenn Sie die entsprechenden Optionen aktiviert haben.*

4.4 Manuelles Fokussieren mit der X-T3

Natürlich können Sie das Scharfstellen auch manuell mit Hilfe des Scharfstellrings am Objektiv selbst durchführen. Hierfür müssen Sie zunächst den Fokusmodus-Schalter auf **M** stellen. Im Sucher bzw. im Display erkennen Sie den manuellen Modus anhand der Zeichen **MF** links unten und einer Entfernungseinstellung.

4.4 Manuelles Fokussieren mit der X-T3

Abbildung 4.51 *Für manuelles Fokussieren stellen Sie den Fokusschalter auf* **M**.

Abbildung 4.52 *Den manuellen Modus erkennen Sie am* **MF** *links unten und an der Entfernungsanzeige.*

Drehrichtung beim manuellen Fokussieren

Wenn Sie den Scharfstellring nach links drehen, stellen Sie auf eine kurze Entfernung scharf. Drehen Sie hingegen nach rechts, dann fokussieren Sie in die Weite. Die Drehrichtung können Sie aber bei Bedarf im Kameramenü **Einrichtung > Tasten/Rad-Einstellung > Fokusring** ändern.

Gründe für manuellen Fokus gibt es eine Menge: in Dunkelheit bei Nachtaufnahmen, bei der Fotografie mit Stativ, bei niedrigen Motivkontrasten, bei der Makrofotografie oder wenn Sie durch etwas Halbtransparentes wie Gardinen oder verschmutzte Scheiben fotografieren wollen. Überall, wo es eben schwiewig wird, mit dem Autofokus ein Motiv scharfzustellen, kommt die manuelle Fokussierung ins Spiel.

Auch den Umstand, dass beim manuellen Fokussieren sofort ausgelöst wird, sollten Sie nicht verachten. Natürlich hilft Ihnen auch hier die Kamera mit verschiedenen Hilfsmitteln, die das manuelle Fokussieren sehr angenehm machen.

Manueller Fokus mit dem Objektiv Fujinon XF 14 mm F2,8 R

Ein besonderes Feature hat das Objektiv XF 14 mm F2,8 R von Fujinon, wo Sie den Fokusring nach hinten ziehen können, um vom Autofokus in den manuellen Fokus zu wechseln. Hiermit ersparen Sie sich den Umweg, den Fokusmodus-Schalter extra auf **M** zu stellen. Sie können so praktisch jederzeit vom Fokusmodus AF-S oder AF-C zum manuellen Modus wechseln. Schieben Sie den Fokusring wieder zurück nach vorn, wird der eingestellte Fokusmodus verwendet, der entsprechend dem Fokusmodus-Schalter eingestellt ist. Aber auch wenn Sie trotzdem den Fokusmodus-Schalter mit diesem Objektiv auf **M** stellen, müssen Sie den Fokusring für das manuelle Fokussieren nach hinten ziehen, weil Sie sonst nicht am Scharfstellring manuell fokussieren können.

4.4.1 Digitale Entfernungsanzeige

Mit der digitalen Entfernungsanzeige im unteren Bildbereich wird die Distanz zwischen der Kamera und der Fokusebene in Metern angezeigt. Eine zusätzliche Hilfe ist die blaue Schärfentiefe-Skala. Damit wird angegeben, dass sich Objekte, die sich innerhalb dieses blauen Bereiches befinden, scharf angezeigt werden. In Abbildung 4.53 verwende ich Blende ƒ9 und stelle die Schärfe auf etwas mehr als 2 Meter. Der Schärfentiefebereich mit der blauen Skala beträgt hier ca. 1,5 bis 3 Meter. Das bedeutet, dass alles, was sich innerhalb dieses Bereiches befindet, scharf abgebildet wird. Wenn Sie die Blende weiter schließen, verkleinert sich dieser Bereich. Machen Sie weiter auf, wird der Bereich erweitert.

Sie können mit dieser Schärfentiefe-Skala aber noch etwas viel Besseres machen, als »nur« den Schärfentiefebereich zu ermitteln: Sie können damit auch die sogenannte *hyperfokale Distanz* einstellen. Hierfür stellen Sie die Schärfentiefe-Skala am Scharfstellring des Objektivs so ein, dass sie gerade so rechts am Unendlichkeitssymbol (der liegenden 8) anstößt. Auf diese Weise stellen Sie die für die Blende größtmögliche Schärfentiefe zwischen dem Nahbereich und Unendlich ein.

Abbildung 4.53 *Die digitale Entfernungsanzeige mit der blauen Schärfentiefe-Skala*

Abbildung 4.54 *Hier wurde die hyperfokale Distanz eingestellt, was Ihnen die größtmögliche Schärfentiefe zwischen dem Nahbereich (hier: 3 Meter) und unendlich garantiert.*

 Digitale Entfernungsanzeige mit Schärfentiefe-Skala für den Autofokus
Wenn Sie die Funktion der digitalen Entfernungsanzeige mit der Schärfentiefe-Skala auch gerne für den Autofokus haben wollen, können Sie sie im Kameramenü über **Einrichtung > Display-Einstellung > Display Einstell.** aktivieren, indem Sie dort ein Häkchen vor **AF-Abstandsanzeige** setzen. Darunter finden Sie auch **MF-Abstandsanzeige** für den manuellen Fokus wieder, für den Fall, dass Sie diese Anzeige nicht im manuellen Fokusmodus sehen wollen.

4.4.2 Fokuskontrolle

Eine weitere Funktion für das manuelle Fokussieren können Sie im Kameramenü über **AF/MF-Einstellung > Fokuskontrolle** mit **An** aktivieren. Wenn Sie jetzt am Fokusring drehen (oder das hintere Einstellrad drücken), wird der Bereich mit dem weißen Rahmen vergrößert. In der vergrößerten Ansicht können Sie diesen Bereich mit dem Fokushebel verschieben oder mit dem hinteren Einstellrad durch Drehen vergrößern und verkleinern. Mit dieser vergrößerten Ansicht können Sie mit Hilfe des Fokusrings gezielter manuell fokussieren. Auf diese Weise ist es auch möglich, den Auslöser zu betätigen und ein Foto zu machen oder die Vergrößerung durch Drücken des hinteren Einstellrades oder durch halbes Herunterdrücken des Auslösers zu beenden.

Abbildung 4.55 *Der kleine weiße Rahmen wird bei aktiver* **Fokuskontrolle** *mit Hilfe des Fokusrings ...*

Abbildung 4.56 *... vergrößert dargestellt und hilft so beim manuellen Fokussieren.*

Eine weitere Hilfe für das manuelle Fokussieren kann die Ansicht mit den zwei Displays sein (auch: *duales Display*), die verwendet wird, wenn Sie die **DISP/BACK**-Taste beim manuellen Fokussieren drücken. Betätigen Sie sie gegebenenfalls mehrfach, bis diese Anzeige wie in Abbildung 4.57 erscheint. In der Standardeinstellung sehen Sie links das normale Fenster und rechts davon eine Vergrößerung des kleinen weißen Quadrats. Das Quadrat und somit auch den Ausschnitt der Vergrößerung können Sie mit dem Fokushebel verschieben.

Die Ansicht können Sie auch über das Kameramenü bei **Einrichtung > Display-Einstellung > Duale Display-Einst.** tauschen, so dass links der vergrößerte Bereich in einem großen Display und rechts der komplette Bildausschnitt in einem kleinen Display angezeigt wird. Auch hier lässt sich der vergrößerte Bereich über das kleine Quadrat der rechten Seite mit dem Fokushebel verschieben.

Abbildung 4.57 *Das duale Display in der Standardeinstellung*

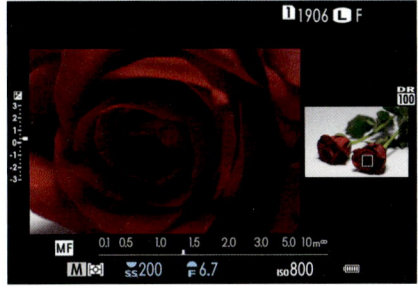

Abbildung 4.58 *Das duale Display mit dem vergrößerten Fokusbereich auf der linken Seite*

4.4.3 Die Assistenten zum manuellen Fokussieren

Die X-T3 verfügt über drei Assistenten, die Ihnen das Leben beim Scharfstellen im manuellen Modus erleichtern. Die Assistenten können Sie durch längeres Gedrückthalten des hinteren Einstellrads aufrufen bzw. wechseln. Hierbei wird kurz der Name des aktuell verwendeten Assistenten eingeblendet. Sie finden diese Assistenten auch über das Kameramenü **AF/MF-Einstellung > MF-Assistent** wieder. Bei den Assistenten zum manuellen Fokussieren stehen auch die **Fokuskontrolle** und das duale Display für eine Vergrößerung des Ausschnitts zur Verfügung.

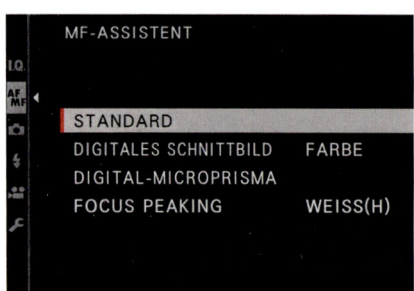

Abbildung 4.59 *Die drei MF-Assistenten, die Sie beim manuellen Fokussieren unterstützen*

Abbildung 4.60 *Halten Sie das hintere Einstellrad länger gedrückt, wechseln Sie jeweils zum nächsten Assistenten.*

Digitales Schnittbild | Das Schnittbild ist eine Methode aus analogen Zeiten, jetzt in der digitalen Variante. Hierbei müssen Sie im mittleren Teil des Bildes zwei Teilbilder durch Drehen am Fokusring zur Deckung bringen, um manuell zu fokussieren. Dieser Bereich kann wahlweise in Farbe oder Schwarzweiß angezeigt werden. Diese Funktion eignet sich idealerweise für Motive mit klaren vertikalen Kanten und Linien im Bild. Bei horizontalen Linien sollten Sie die Kamera dann allerdings im Hochformat halten. Mit einer Lupenfunktion wie der **Fokuskontrolle** oder dem dualen Display funktioniert es natürlich noch besser.

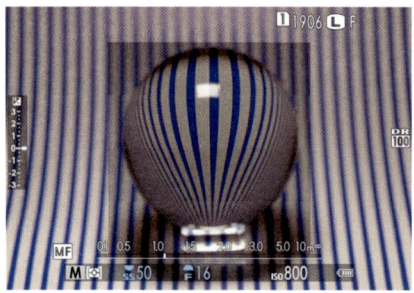

Abbildung 4.61 *Ein* **Digitales Schnittbild** *ist sehr hilfreich bei vertikalen Linien.*

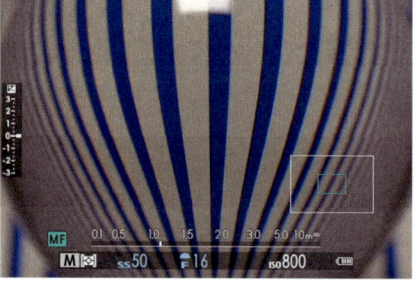

Abbildung 4.62 *Eine Vergrößerung hilft beim manuellen Fokussieren (hier: das duale Display).*

Digital-Microprisma | Auch das Prinzip des **Digital-Microprisma** stammt noch aus anlogen Zeiten. Bei dieser Methode wird in der Mitte des Bildschirms ein digitales Mikroprisma als Kreis angezeigt. Auch hier ist es das Ziel, dass sich die vielen Kanten im Bild decken und Sie kein Raster mehr im Bild erkennen können. Das Prinzip ist ähnlich wie beim digitalen Schnittbild, nur dass Sie eben ein Raster anstatt Linien verwenden. Ein wenig erinnert diese Technik an die Phasenerkennung beim Autofokus, bei der die Kamera die entstehenden Halbbilder durch das Verschieben der Objektivlinsen zur Deckung bringt und scharfstellt.

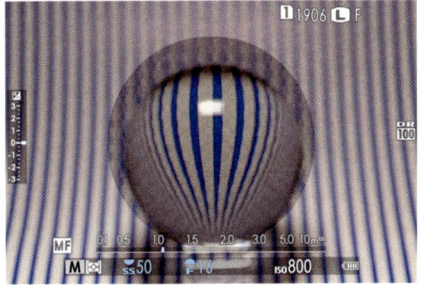
Abbildung 4.63 *Das Digital-Microprisma ist ein weiterer Assistent zum manuellen Fokussieren.*

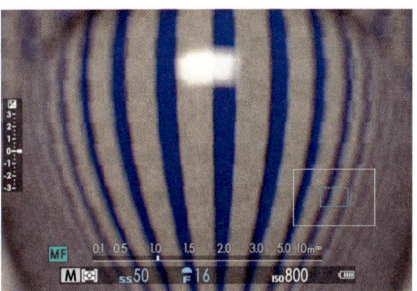
Abbildung 4.64 *Auch hier ist es hilfreich, den Bildausschnitt zu vergrößern (hier: die **Fokuskontrolle**).*

Focus Peaking | Die beiden Assistenten **Digitales Schnittbild** und **Digital-Microprisma** sind durchaus interessante Werkzeuge, die Ihnen das Leben beim manuellen Fokussieren erleichtern. Allerdings dürfte wohl die populärste Methode nach wie vor das **Focus Peaking** sein.

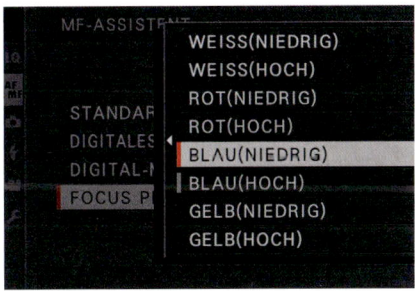

Abbildung 4.65 *Focus Peaking im Einsatz: Bereiche, die scharfgestellt sind (hoher Kontrast), werden in der eingestellten Farbe hervorgehoben. Zur Auswahl stehen Weiß, Rot, Blau und Gelb. Auch hier hilft die Vergrößerung mit dem dualen Display oder der aktiven **Fokuskontrolle** beim Scharfstellen.*

Damit werden die Bildbereiche, zwischen denen ein hoher Kontrast besteht und die gewöhnlich besonders scharf erscheinen, eingefärbt.

Anhand der Farbe erkennen Sie somit sehr schnell, welcher Motivbereich scharfgestellt ist. Wenn Sie diese Funktion im Kameramenü von **MF-Assistent** auswählen, wird zudem eine ganz Liste mit verschiedenen Farben wie **Weiss**, **Rot**, **Blau** und **Gelb** für das **Focus Peaking** angeboten. Das kann je nach Motivfarbe sehr hilfreich sein. Mit dem Zusatz in Klammern hinter den Farben (**Hoch** oder **Niedrig**) können Sie hierbei die Intensität des Kontrasts wählen. Ich bevorzuge die **Niedrig**-Versionen, weil sie die Farbe nicht so »dick« auftragen und ich damit etwas feiner und genauer arbeiten kann.

Schwarzweiß und Raw mit Focus Peaking

Ich finde es ist einfacher, Focus Peaking in Schwarzweiß durchzuführen, denn Farbe lenkt häufig ab. Ganz besonders wenn im Bild ähnliche Farben enthalten sind wie die gewählte Farbe für das Focus Peaking. Ich stelle hierfür im Kameramenü **Bildqualitäts-Einstellung > Filmsimulation** auf **Schwarzweiss**. Wenn Sie ohnehin im Raw-Format fotografieren, dann ist diese Einstellung nicht relevant, und Sie haben dennoch im Ergebnis ein farbiges Bild. Wenn Sie hingegen JPEG und Raw fotografieren, dann haben Sie ein Schwarzweißbild (JPEG) und ein farbiges Bild (Raw).

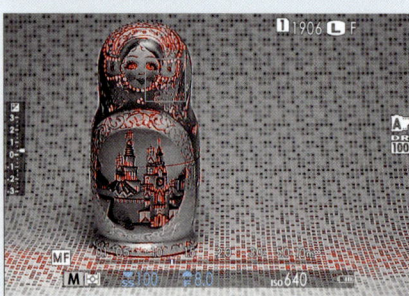

Abbildung 4.66 *Mit Hilfe einer schwarzweißen Filmsimulation ist es noch einfacher, das **Focus Peaking** zu verwenden.*

4.4.4 Im manuellen Modus den Autofokus verwenden

Als äußerst hilfreich erweist sich die **AF-L**-Taste beim manuellen Fokussieren. Drücken Sie die Taste, wird das ausgewählte Fokusfeld scharfgestellt. Dies ist ungemein nützlich, weil Sie sich hiermit Zeit ersparen können, mühsam den Fokus mit dem Fokusring einzustellen. Dann können Sie wie gehabt dazu übergehen, das Feintuning mit dem Fokusring vorzunehmen. Standardmäßig wird hierbei mit jedem Tastendruck wie mit AF-S fokussiert. Aber auch das können Sie ändern, indem Sie im Kameramenü **AF/MF-Einstellung > Einst. Sofort-AF** auf **AF-C** stellen. Dann wird beim Drücken der **AF-L**-Taste kontinuierlich fokussiert.

Abbildung 4.67 *Trotz manuellem Modus ist Fokussieren mit der **AF-L**-Taste möglich.*

Abbildung 4.68 *Es lässt sich auch einstellen, ob die **AF-L**-Taste wie beim AF-S reagieren soll oder kontinuierlich wie beim Fokusmodus AF-C.*

> **Funktioniert nicht mit dem XF 14 mm F2,8 R**
> Das Scharfstellen mit der **AF-L**-Taste im manuellen Modus funktioniert nicht mit dem Objektiv XF 14 mm F2,8 R von Fujinon.

4.4.5 Autofokus und manuellen Fokus kombinieren

Wenn der Autofokus versagt und nicht so trifft, wie man das gerne hätte, dann ist dies manchmal ein guter Grund, in die manuelle Fokussierung zu wechseln. Aber anstatt hierbei Zeit zu verlieren und den Fokusschalter von **S** auf **M** zu stellen, können Sie auch gleich im Autofokusmodus über den Fokusring in die Fokussierung eingreifen und manuell nachregeln. Damit dies auch funktioniert, müssen Sie im Kameramenü die **AF/MF-Einstellung > AF+MF** auf **An** stellen. Im Sucher oder Display wird dann rechts unten **A+M** angezeigt. Jetzt können Sie wie gewohnt im Fokusmodus AF-S fokussieren, indem Sie den Auslöser halb herunterdrücken. Sobald der Autofokus scharfgestellt hat, können Sie den Fokus über den Fokusring manuell nachregeln. Wichtig ist hierbei, dass Sie nach wie vor den Auslöser halb herunterdrücken und nicht loslassen, weil die Kamera sonst wieder von vorn fokussiert.

Abbildung 4.69 *Aus dem Fokusmodus AF-S kann bei entsprechender Einstellung und durch das Drehen am Fokusring ...*

Abbildung 4.70 *... schnell ein manueller Modus zum Nachjustieren der Autofokuseinstellung werden.*

Auch bei **A+M** stehen Ihnen alle Funktionen und Assistenten der manuellen Fokussierung wie z. B. **Focus Peaking** zur Verfügung. Ich empfehle Ihnen, zusätzlich die **Fokuskontrolle** auf **An** zu stellen. Diese Funktion steht allerdings nur im Fokusmodus AF-S und nicht mit AF-C zur Verfügung. Außerdem können Sie diese Funktion wiederum nicht mit dem Fujinon XF 14 mm F2,8 R verwenden.

Bereich für die Schärfentiefe verschieben

Ein weiterer Vorteil von **A+M** ist, dass Sie die digitale Entfernungsanzeige mitsamt der Schärfentiefe-Skala angezeigt bekommen und so die Schärfentiefe nachträglich anpassen und auch hier die hyperfokale Distanz einstellen können.

4.5 Fokussieren mit dem Touchscreen

Wenn Sie wollen, können Sie die X-T3 auch über den Touchscreen fokussieren. Das kann in der Praxis hilfreich sein, wenn Sie den Fokusrahmen mit dem Finger verschieben oder per Fingertipp fokussieren und auslösen wollen. Ebenso können Sie mit dem Finger den Fokus über das Display steuern und das Ergebnis gleichzeitig im Sucher sehen.

Nicht verwenden hingegen können Sie den Touchscreen zum Navigieren in den Kameramenüs. Zwar gibt es vereinzelte Menüeinträge wie z. B. die Tastatur zur Eingabe des Copyrights, aber mehr geht hier derzeit nicht. In der Standardkonfiguration der Firmware 3.0 ist der Touchscreen bereits aktiviert. Sollte dies nicht der Fall sein, so können Sie diesen über **Einrichtung > Tasten/Rad-Einstellung > Touchscreen-Einstellung > Touchscreen Ein/Aus** auf **An** stellen. Der Touchscreen-Modus wird auf dem Aufnahmebildschirm rechts oben mit einem Fingersymbol angezeigt.

Abbildung 4.71 Touchbedienung aktivieren

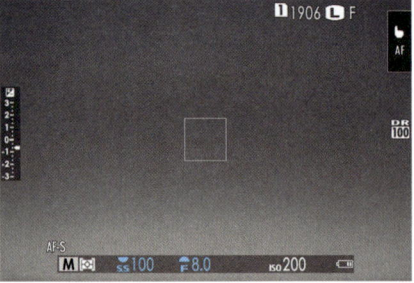

Abbildung 4.72 Ein Fingersymbol (rechts oben) zeigt an, dass die Touchaufnahme aktiviert ist.

4.5.1 Touchscreen-Modi

Über das Fingersymbol oder das Menü **AF/MF-Einstellung > Touchscreen-Modus** können Sie den Touchscreen-Modus wechseln. Zur Verfügung stehen **AF**, **Touch-Aufnahme (Shot)**, **Bereich (Area)** und das Ausschalten der Touchfunktion.

> **Touchscreen vorübergehend ausschalten**
>
> Wenn Sie das Fingersymbol rechts oben auf **Off** stellen, schalten Sie die Touchscreen-Funktion für Aufnahmen aus. Trotzdem verwenden können Sie die Touchscreen-Funktion hier bei der Bildwiedergabe, der Gestensteuerung oder zum Zoomen per Doppeltippen.

AF | Mit **AF** setzen Sie den Fokussierpunkt auf dem Display mit einem Fingertipp. Der Punkt wird sofort scharfgestellt, aber es wird nicht ausgelöst. Die Fokussierung funktioniert auch bei einer vergrößerten Ansicht, wenn Sie das hintere Einstellrad drücken. Im Fokusmodus AF-C wird beim einmaligen Antippen dauerhaft auf diese Stelle fokussiert (und es wird auch mehr Strom benötigt). Sobald Sie den AF verwenden, wird außerdem das Fingersymbol rechts oben zu einem **AF/OFF**-Symbol, was symbolisiert, dass Sie jetzt nicht mehr mit dem Auslöser durch halbes Herunterdrücken fokussieren können. Dies können Sie beenden, indem Sie auf das **AF/OFF**-Symbol tippen. Zur Aufnahme des Bildes müssen Sie in diesem Modus immer den Auslöser betätigen.

Abbildung 4.73 *Sie verwenden hier den **AF** (siehe auch das Symbol rechts oben).*

Abbildung 4.74 *Sobald Sie per Touch fokussiert haben, wird die Fokussierung durch den Auslöser deaktiviert, wie Sie es am **AF/OFF**-Symbol rechts oben erkennen.*

> **AF im manuellen Fokusmodus**
>
> Der **AF** funktioniert übrigens auch im Fokusmodus **M** beim manuellen Fokussieren. Wenn Sie hier einmal auf das Display tippen, wird auf die Position scharfgestellt – eine Alternative für die **AF-L**-Taste, z. B. wenn Sie diese mit einer anderen Funktion belegt haben.

Touch-Aufnahme (Shot) | Die Funktion **Touch-Aufnahme** erkennen Sie am Finger mit dem Text **Shot**. In diesem Modus wird mit jedem Fingertipp auf das Display scharfgestellt und dann gleich das Bild aufgenommen. Ändern Sie zudem die Aufnahmebetriebsart in **CH** oder **CL**, können Sie Serienaufnahmen erstellen, solange Sie den Finger auf dem Touchscreen lassen. Wenn Sie die Touchaufnahme im manuellen Fokusmodus **M** verwenden, wird nicht fokussiert, bevor die Kamera auslöst.

Abbildung 4.75 *Touchaufnahme (**Shot**) bei der Ausführung*

Bereich (Area) | Bereich haben Sie aktiviert, wenn Sie den Text **Area** beim Fingersymbol rechts oben sehen. Mit dieser Funktion versetzen Sie den Fokusbereich mit dem weißen Kästchen auf dem Bildschirm, ohne zu fokussieren oder auszulösen. Das eigentliche Fokussieren und Auslösen führen Sie in diesem Touchmodus wie gehabt über den Auslöser durch. Halb heruntergedrückt wird hier fokussiert und beim Durchdrücken ausgelöst.

Abbildung 4.76 *Touchbereich (**Area**) bei der Ausführung*

Zoomen per Doppeltippen

Eine Funktion, die vielleicht ganz nützlich ist, dürfte das Ein- und Auszoomen per Doppeltippen auf dem Touchscreen sein, um die Lupenfunktion zu verwenden. Den Bereich können Sie dann mit dem Fokushebel verschieben. Allerdings müssen Sie diese Funktion erst über **Einrichtung > Tasten/Rad-Einstellung > Touchscreen-Einstellung > Einst. Doppelklicken** auf **An** stellen.

Abbildung 4.77 *Auch Ein- und Auszoomen per Doppeltippen ist mit dem Touchscreen möglich.*

4.5.2 Touchscreen-Steuerung bei Sucheraufnahmen

Unabhängig davon, welchen Touchscreen-Modus Sie verwenden, können Sie ihn auch als Alternative zum Fokushebel zur Steuerung des Autofokus über den Sucher verwenden. Hierbei schauen Sie durch den Sucher, während Sie mit dem Touchscreen über **Touch-Area** den Fokusbereich mit dem Daumen verschieben. Mit dem Auslöser fokussieren und fotografieren Sie dann wie gehabt. In der Regel dürften Sie dies bisher mit dem Fokushebel gemacht haben. Der Touchscreen-Modus wird hierbei automatisch auf **Area** geschaltet, sobald Sie mit dem Auge durch den Sucher schauen. Es dürfte vielleicht nicht jedermanns Fall sein, mit dem Touchscreen Bilder aufzunehmen, aber diese Art zu fotografieren kann effizient und schnell sein, wenn die Bedienung in Fleisch und Blut übergegangen ist.

Zunächst sollten Sie festlegen, welchen Bereich des Touchscreens Sie für die Steuerung verwenden wollen. In der Standardeinstellung wird das komplette Display dafür genutzt. Allerdings habe ich hierbei mit meiner Nasenspitze recht häufig versehentlich den Fokusbereich verschoben oder die Touchsteuerung blockiert. Um so etwas zu vermeiden, können Sie den Bereich im Kameramenü **Einrichtung > Tasten/Rad-Einstellung > Touchscreen-Einstellung > EVF-Touchs. Bereich Einst.** einstellen. Ich wähle die rechte Seite als touchsensitiven Bereich aus.

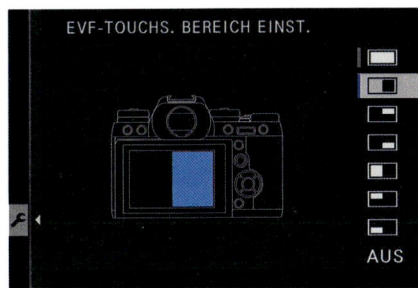

Abbildung 4.78 *Hier können Sie den Bereich für den Touchscreen bei der Verwendung mit dem Sucher einstellen.*

Das Verschieben des Fokusbereiches geschieht über eine relative Position, wie Sie dies von einem Mauszeiger auf dem Computer gewohnt sind. Eine absolute Positionierung – also jede Position auf dem Touchpad wird 1:1 auf dem Sucher abgebildet – gibt es bei der X-T3 nicht. Interessant ist in diesem Modus auch die Option, durch Doppeltippen die Lupenansicht zu aktivieren, bei der Sie ebenfalls den Bildausschnitt über den Touchscreen verschieben können.

Leider gibt es hierbei noch einen Störfaktor, der Ihnen das Leben mit der Touchsteuerung schwermachen könnte, während Sie durch den Sucher schauen: Mit ganz ähnlichen Bewegungen aktivieren Sie unbewusst die Gestensteuerung (siehe auch den folgenden Abschnitt). So können Sie zum Beispiel durch Wischen von rechts nach innen den **Sport-Sucher-Modus** aktivieren Den **Sport-Sucher-Modus** werde ich noch in Abschnitt 8.5.2, »Sport-Sucher-Modus«, gesondert beschreiben, wenn es um die Serienaufnahmen geht. Dasselbe kann auch von oben nach unten und von unten nach oben geschehen. Sofern Sie also diese Form der Touchsteuerung verwenden wollen und Sie häufiger versehentlich die Gestensteuerung aktivieren, bleibt Ihnen nichts anders übrig, als diese Funktionen über **Einrichtung > Tasten/Rad-Einstellung > Funktionen (Fn)** zu deaktivieren. Gemeint sind hierbei die Funktionstasten **T-Fn1** bis **T-Fn4**.

Touchscreen-Funktion bei der Wiedergabe

Die Touchscreen-Funktion können Sie auch beim Durchblättern von Bildern bei der Wiedergabe verwenden. Wischen Sie nach rechts oder links, um durch die Bilder zu navigieren. Mit Doppeltippen zoomen Sie maximal in das Bild, wo Sie wiederum mit dem Touchscreen den Bildausschnitt verschieben können. Auch das Ein- und Auszoomen durch Spreizen oder Zusammenziehen der Finger funktioniert hier ähnlich, wie man dies von Smartphones her kennt. Sollte diese Funktion bei Ihnen nicht aktiviert sein oder wollen Sie diese deaktivieren, finden Sie die Einstellung dafür im Kameramenü unter **Einrichtung > Tasten/Rad-Einstellung > Touchscreen-Einstellung > Touch-Screen-Einst.**

4.5.3 Gestensteuerung

Mit dem Touchscreen stehen Ihnen vier Wischgesten zur Verfügung, mit denen Sie Funktionen direkt aufrufen können. Die **Touch-Funktion** müssen Sie allerdings zunächst über Kameramenü **Einrichtung > Tasten/Rad-Einstellung > Touchscreen-Einstellung** einstellen. Wischen Sie zum Beispiel nach oben, wird das Histogramm und die Überbelichtungswarnung aktiviert. Führen Sie dieselbe Wischgeste erneut aus, wird die Funktion wieder deaktiviert. Wischen Sie nach unten, wird die Wasserwaage angezeigt, beim Wischen nach rechts eine Vergrößerung der Indikatoreinstellungen des Displays, und ein Wischen nach links aktiviert den **Sport-Sucher-Modus**. Sie sind natürlich nicht auf die vorgegebenen Funktionen angewiesen und können die Gesten über das Kameramenü unter **Einrichtung > Tasten/Rad-Einstellung > Funktionen (Fn)** jederzeit mit anderen Funktionen belegen. Gemeint sind hierbei die Funktionstasten **T-Fn1** bis **T-Fn4**.

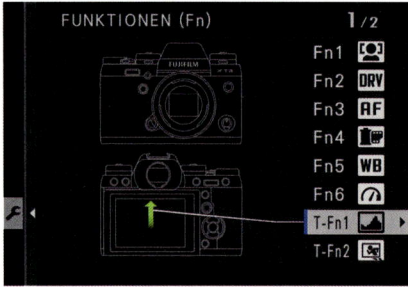

Abbildung 4.79 *Mit aktivem Touchscreen stehen Ihnen vier Wischgesten zur Verfügung.*

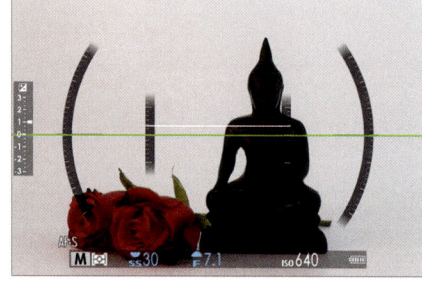

Abbildung 4.80 *Hier wurde die Wasserwaage per Wischgeste aktiviert.*

Vergrößerte Indikatoreinstellung

Mit der Wischgeste nach rechts werden auf dem Display die Symbole und Ziffern vergrößert dargestellt. Diese vergrößerte Darstellung können Sie auch über das Kameramenü aktivieren. Entsprechende Einstellungen finden Sie über **Einrichtung > Display-Einstellung** mit der Option **Modus grosse Indikat(EVF)** für den Sucher und **Modus grosse Indikat(LCD)** für das Display wieder. Stellen Sie die jeweilige Option auf **An**, finden Sie die Symbole und Ziffern vergrößert auf dem Display und/oder Sucher vor, wie in Abbildung 4.81 zu sehen ist. Wenn Sie

4.5 Fokussieren mit dem Touchscreen

einen vergrößerten Indikator für das Display oder den Sucher aktiviert haben, können Sie über das Kameramenü **Einrichtung > Display-Einstellung > Anzeigeeinst grosse Indik** außerdem auswählen, was Sie hier alles angezeigt werden soll und was nicht.

Abbildung 4.81 *Die Ansicht der Symbole und Ziffern wurde hier vergrößert.*

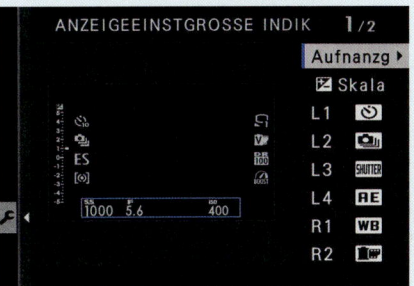

Abbildung 4.82 *Über Anzeigeeinstgrosse Indik können Sie die vergrößerte Ansicht feintunen.*

Das Schnellmenü mit dem Touchscreen steuern | Zwar können Sie bei der X-T3 nicht die Menübefehle via Touchscreen auswählen, aber beim Schnellmenü ist es möglich. Hierzu reicht es aus, wenn Sie über das Kameramenü **Einrichtung > Tasten/Rad-Einstellung > Touchscreen-Einstellung** die Option **Touch-Screen-Einst.** auf **An** gestellt haben. Wenn Sie nun das Schnellmenü über die **Q**-Taste auf der Rückseite der Kamera betätigen und eine Funktion auf dem Touchscreen antippen, wird ein Band mit den Optionen dieser Funktion eingeblendet, die Sie über den Tochscreen durch Antippen ändern können. Ich persönlich finde diese Steuerung sehr gelungen, weil ich hier nicht erst mit dem Fokushebel eine entsprechende Funktion auswählen und mit dem hinteren Einstellrad ändern muss, sondern gleich diese Funktion durch Antippen auswählen und ändern kann.

EXKURS
Hybrid-AF

Beim **Kontrast-Autofokus** gelangt durch Anvisieren des Motivs Licht durch das Objektiv auf den Sensor. Das vorliegende Sensorbild wird daraufhin auf seinen Kontrast hin untersucht. Um einen Vergleich zu haben, ermittelt das System weitere Fokuspositionen in verschiedene Richtungen, da die Kamera ja nicht wissen kann, in welche Richtung sie fokussieren muss. Steigt der Kontrast an, wird die Richtung beibehalten. Liegt ein niedrigerer Kontrast vor, ändert das System die Richtung und macht dasselbe in die andere Richtung. Das Objektiv fährt so lange hin und her, bis der maximale Kontrastwert gefunden wurde. Aufgrund der Arbeitsweise liegt es auf der Hand, dass dieses Autofokus-System zwar sehr genau arbeitet, aber auch etwas mehr Zeit benötigt. Motive mit wenig Kontrast oder sich schnell bewegende Motive erschweren die Suche nach einem Maximalwert. Bei diesem Verfahren arbeitet der Autofokus direkt mit den Daten vom Bildsensor.

Die Stärken des Kontrast-Autofokus sind:

- sehr genaue Arbeitsweise
- bei guten Lichtverhältnissen sehr schnell
- kostengünstig, da kein Extrasensor notwendig ist

Die Schwächen des Kontrast-Autofokus hingegen sind:

- bei schlechten Lichtverhältnissen relativ langsam
- Schwierigkeiten mit bewegten Motiven und Serienaufnahmen
- langsamer im Telebereich

Beim **Phasen-Autofokus** erfolgt die Scharfstellung, indem das einfallende Licht vom Autofokus-System ausgewertet wird. Bei dieser Form der Messung weiß das System gleich nach der Analyse der Messung, wie und in welche Richtung das Objektiv verstellt werden muss. Die dabei entstehenden Teilbilder werden durch das Verstellen der Linsen im Objektiv zur Deckung gebracht. Der Phasen-Autofokus ist sehr präzise und schnell, was sich natürlich auch positiv bei sich schnell bewegenden Motiven auswirkt. Dieser Autofokus erfordert einen eigenen Sensor., der ausschließlich für den Fokus zuständig ist.

Die Stärken des Phasen-Autofokus sind:

- kann auch gut mit schlechten Lichtverhältnissen arbeiten
- sehr schneller Autofokus
- schnelle Serienaufnahmen mit Fokuskorrektur

Die Schwächen des Phasen-Autofokus sind:

- nicht so genau wie der Kontrast-Autofokus
- benötigt lichtstärkere Objektive
- setzt bestimmte Motivkontraste und eine Mindesthelligkeit voraus

Wie viele andere Hersteller setzt auch Fujifilm bei der X-T3 auf einen Hybrid-Autofokus, der sich aus den beiden Systemen (Kontrast-Autofokus und Phasen-Autofokus) zusammensetzt und bei dem die Kamera automatisch je nach Situation automatisch von der einen Methode zur anderen umschaltet. Gewöhnlich läuft dies nach dem Schema ab, dass der Phasen-Autofokus die Linsen im Objektiv in eine möglichst genaue Position bringt und der Kontrast-Autofokus dann die Feineinstellungen vornimmt. Bei der X-T3 sind zudem alle Fokussierpunkte mit dem Hybrid-Autofokus ausgestattet, weshalb hiermit auch in den Randbereichen des Sensors eine gute Autofokus-Performance gegeben ist.

Bei den beiden Autofokussystemen Kontrast-Autofokus und Phasen-Autofokus, die am weitesten verbreitet sind, handelt es sich um passive Autofokussysteme. Solche Systeme sind immer auf eine ausreichende Beleuchtung und einen guten Motivkontrast angewiesen. Daher funktionieren sie nur noch eingeschränkt oder gar nicht, wenn nicht ausreichend Licht vorhanden ist. Dem können Sie gegebenenfalls mit einem Hilfslicht gegensteuern.

Um hier noch einen Blick über den Tellerrand jenseits der X-T3 zu werfen: Es gibt auch aktive Autofokussysteme. Diese funktionieren auch bei absoluter Dunkelheit, indem ein Ultraschallton, ein Laserstrahl oder ein Infrarotstrahl auf das anvisierte Objekt gesendet wird. Das anvisierte Objekt reflektiert das Signal zurück zur Kamera. Anhand dieser Daten stellt die Kamera dann auf das Objekt scharf. (Der Vorgang wurde hier extrem vereinfacht beschrieben, die Realität ist komplexer.) Der Vorteil des aktiven Autofokussystem ist, dass hiermit auch bei völliger Dunkelheit gearbeitet werden kann. Aber diese Technik ist auf einen Aufnahmeabstand von einigen Metern beschränkt und glatte Flächen können die Signal-Reflexion schwierig und fehleranfällig machen.

Kapitel 5
Die Farben steuern

Für vieles, was in diesem Kapitel Thema ist, besteht keine wirkliche Notwendigkeit, die Einstellungen bereits vor der Aufnahme perfekt einzurichten. Der Weißabgleich oder die Fujifilm-Filmsimulationen wirken sich nur auf die JPEG-Aufnahme aus. Zwar wird der eingestellte Weißabgleich auch im Raw-Format übernommen, aber hier ist es jederzeit möglich, diese Einstellung nachträglich mit einem Raw-Konverter zu ändern.

Vielleicht fragen Sie sich, warum man überhaupt noch im JPEG-Format fotografieren soll, wenn das Raw-Format doch potenziell mehr Qualität bietet und man im Raw-Konverter so viele Möglichkeiten hat. Zudem ist es sogar möglich, mit dem internen Raw-Konverter der Kamera Anpassungen durchzuführen. Trotzdem gibt es immer noch viele gute Gründe, im JPEG-Format zu fotografieren. Wenn Sie ein Event fotografiert haben und jemand gerne ein paar Bilder davon hätte, müssten Sie diese im Raw-Format erst noch bearbeiten und exportieren. Ein JPEGs können Sie ganz problemlos an Ort und Stelle per WiFi auf ein Smartphone weitergeben. Ebenso gibt es Fotografen, die keine Lust oder gar keine Zeit haben, stundenlang am Computer zu sitzen, um die Bilder nachzubearbeiten, und eben die Bilder gerne gleich direkt aus der Kamera weiterverwenden möchten. Es gibt also durchaus Szenarien, bei denen JPEGs ausreichen oder die bessere Wahl sind. Dann sollten Sie aber auch schon bei der Aufnahme alle Einstellungen richtig treffen.

Gerade bei den Filmsimulationen könnte man argumentieren, dass man sie ja auch hinterher mit verschiedenen Programmen und Filtern auf dem Rechner anwenden kann. An dieser Stelle haben aber viele den Sinn der Fujifilm-Filmsimulationen nicht ganz verstanden. Hier geht es nicht darum, irgendwelche Instagram-Effekte zu einem JPEG hinzuzufügen, sondern es geht in der Tat darum, dass man das Gefühl hat, zu fotografieren, wie es in anlogen Zeiten der Fall war. Ein ganz wichtiger Prozess war dabei die Wahl des richtigen Filmes. Nicht umsonst basieren daher einige der Filmsimulationen von Fujifilm-Kameras auf der Farbwiedergabe und anderen Merkmalen analoger Filme und verwenden deren Bezeichnungen. Aber auch wenn Sie kein Nostalgiker sind, so bieten diese Filmsimulationen, zusammen mit anderen JPEG-Einstellungen, genügend Spielraum, Ihrer Kreativität freien Lauf zu lassen, um den Bildern eine bestimmte und persönliche Note zu verpassen. Ich fotografiere selbst in JPEG und Raw, aber ich muss gestehen, dass ich immer häufiger die fertige JPEG-Variante mit einer Filmsimulation für die Weitergabe verwende und nicht erst den Umweg über die Raw-Konvertierung gehe, ganz speziell bei den schwarzweißen Filmsimulationen. Das ist natürlich auch eine Frage des persönlichen Workflows.

5.1 Den Weißabgleich anpassen

Die passende Belichtung ist wichtig, aber auch eine realistische farbliche Wiedergabe einer Aufnahme ist entscheidend für das Bild. Hier kommt der Weißabgleich ins Spiel, denn damit passen Sie Kamera an die Farbtemperatur des Lichtes am Aufnahmeort an. Wie die Helligkeit ändert sich auch der Farbwert des Lichtes durch unterschiedliche Wellenlängen je nach Tageszeit und Beleuchtungsart. Mit dem Weißabgleich in der Kamera teilen Sie dieser praktisch mit, was Weiß oder Grau ist. Diese Informationen nimmt die Kamera dann als Basis für die Farbgebung der Aufnahme. So können Sie für eine korrekte Farbwiedergabe sorgen oder auch die Stimmung gezielt in eine wärmere oder kühlere Richtung beeinflussen.

> **Weißabgleich im Raw-Konverter**
> Wie bereits eingangs erwähnt, spielt die genaue Einstellung des Weißabgleichs keine endgültige Rolle, wenn Sie das Raw-Format zum Fotografieren verwenden. Beim Raw-Format können Sie den Weißabgleich am Computer nachträglich nahezu ohne Qualitätsverlust ändern.

Automatischer Weißabgleich und Vorgaben | Als Raw-Fotograf verwende ich meistens den automatischen Weißabgleich der Kamera. Dieser ist auch in der Standardeinstellung aktiviert. Hierbei verlassen Sie sich auf die Automatik der X-T3, die von den hellsten Flächen annimmt, dass diese weiß oder neutralgrau sind, und anhand ebendieser Flächen die Farbtemperatur des Bildes anpasst – diese Beschreibung ist natürlich technisch vereinfacht. Bei guten und natürlichen Lichtverhältnissen funktioniert diese Methode relativ zuverlässig. Wenn die Lichtverhältnisse schlechter werden, verschiedene Lichterquellen vorhanden sind oder es keine weißen oder grauen Flächen im Bild gibt, kann der Weißabgleich auch etwas danebenliegen, weil hierbei trotzdem die hellste Stelle im Bild herangezogen wird, in der Annahme, dass diese weiß oder grau ist. Das Ergebnis ist dann häufig ein Bild mit einem Farbstich. In dem Fall können Sie einen benutzerdefinierten Weißabgleich verwenden oder eine der Vorgaben, die für die Aufnahmesituation geeignet ist. (Oder Sie setzen auf die Korrektur im Raw-Konverter.)

Abbildung 5.1 *Die Anpassung des Weißabgleichs wird direkt auf dem Livebild im Sucher oder auf dem Display angezeigt.*

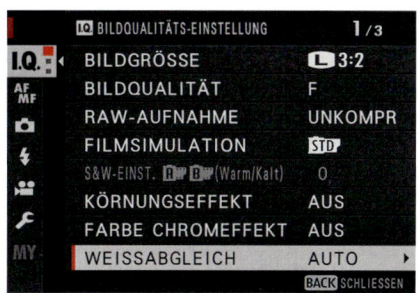

Abbildung 5.2 *Für den Weißabgleich wurde zwar die Auswahltaste nach rechts als Funktionstaste vorbelegt, aber Sie finden ihn auch über das Kameramenü.*

Die Einstellungen zum Weißabgleich erreichen Sie über die Auswahltaste nach rechts auf der Rückseite der Kamera oder über das Menü **Bildqualitäts-Einstellung > Weissabgleich**. Die Einstellung **Auto** steht hier für den automatischen Weißabgleich. Wenn Sie die Optionen herunterscrollen, finden Sie weitere Werkzeuge zum Anpassen des Weißabgleichs. Sie können zwischen drei benutzerdefinierten Optionen und sieben Voreinstellungen wählen.

AWB-Sperrmodus

Wenn Sie den automatischen Weißabgleich verwenden und diesen speichern wollen, so wie Sie es von der Belichtung oder dem Fokus mit der Taste **AE-L** bzw. **AF-L** her kennen, um denselben Weißabgleich weiterhin zu verwenden, dann ist dies auch mit der X-T3 möglich. Die entsprechende Funktion ist bereits aktiv und zu finden im Kameramenü **Einrichtung > Tasten/Rad-Einstellung > AWB-Sperrmodus**. Standardmäßig ist diese Funktion mit **AWB Ein bei Drücken** belegt, womit eine Taste zum Speichern des automatischen Weißabgleichs gedrückt gehalten werden muss. Die zweite Option von **AWB-Sperrmodus** ist **AWB Ein/Aus-Schalter**, womit Sie die Taste drücken müssen, damit der Weißabgleich gespeichert wird. Drücken Sie die Taste erneut, wird der gespeicherte Weißabgleich wieder freigegeben. Um diese Funktion allerdings verwenden zu können, müssen Sie sie einer Funktionstaste über **Einrichtung > Tasten/Rad-Einstellung > Funktionen (Fn)** zuweisen.

Die sieben Voreinstellungen **Tageslicht**, **Bewölkt**, **Neonlicht1**, **Neonlicht2**, **Neonlicht3**, **Glühlampenlicht** und **Tauchen** muss ich an dieser Stelle vermutlich nicht allzu umfassend beschreiben. Im Zweifelsfall finden Sie sie auch in der Bedienungsanleitung von Fujifilm beschrieben. Generell gilt, dass diese Werte nicht als »Standard« verstanden werden sollen. Wenn Sie im Beispiel die Voreinstellung **Tageslicht** verwenden, hängt das Ergebnis natürlich immer noch von der Tageszeit und dem Sonnenstand ab. So kann es zum Beispiel trotzdem sein, dass mit dieser Voreinstellung das Tageslicht recht kühl wirkt. Für solche Fälle können Sie mit einer Weißabgleichverschiebung nachhelfen. Bei Tageslicht verwende ich allerdings generell fast immer den automatischen Weißabgleich.

*Abbildung 5.3 Wenn Sie nicht den automatischen Weißabgleich verwenden, wird der verwendete Weißabgleich auf der rechten Seite angezeigt (hier: **Glühlampenlicht**).*

Weißabgleichverschiebung oder Feinabstimmung | Für alle vorhandenen Vorlagen gibt es die Möglichkeit, durch eine Verschiebung den Weißabgleich einzustellen. Sie können sogar den automatischen Weißabgleich anpassen. Um diese Funktion zu verwenden, rufen Sie die Weißabgleich-Funktion mit der rechten Auswahltaste auf. Wählen Sie dann den entsprechenden Weißabgleich aus (z. B. Glühlampenlicht), bestätigen Sie mit der MENU/OK-Taste, oder drücken Sie erneut die Auswahltaste nach rechts. Dann haben Sie den WA verschieben-Bildschirm vor sich, wo Sie die Feinabstimmung vornehmen.

Abbildung 5.4 *Weißabgleich auswählen*

Abbildung 5.5 *Mit **WA verschieben** können Sie den Weißabgleich fein abstimmen.*

Über den Fokushebel oder die Auswahltasten können Sie jetzt Grün oder Magenta bzw. Blau und Gelb verstärken oder reduzieren. Die Änderungen werden im Sucher bzw. auf dem Display direkt angezeigt. Wenn Sie mit dem Ergebnis zufrieden sind, drücken Sie die **MENU/OK**-Taste.

Abbildung 5.6 *Den Weißabgleich mit Glühlampenlicht habe ich hier...*

Abbildung 5.7 *... mit **WA Verschieben** angepasst.*

Die Feineinstellung des Weißabgleichs kann durchaus ihren Nutzen haben. So können Sie jederzeit jeden ausgewählten Weißabgleich feintunen oder dem Bild eine eigene Farbstimmung geben. Trotzdem sollten Sie dabei bedenken, dass Sie die Farben nach Gefühl ohne irgendwelche Regeln anhand des Vorschaubildes im Sucher oder auf dem Display verschieben können, bis Sie zufrieden sind. Sie können aber nicht einfach den Weißabgleich von **Glühlampenlicht** wie das **Tageslicht** aussehen lassen. Mit dieser Funktion werden einfach die Farben als weitere Ebene über den eingestellten Weißabgleich geschoben. Ähnlich wie bei einem Stil. Wenn Sie hier also nach Gelb herunterziehen, wird es nicht wärmer wie bei der Farbtemperatur mittels Kelvin-Wert, sondern einfach nur »gelber«.

Feinabstimmung zurücksetzen

Die Feinabstimmung des Weißabgleichs mit Hilfe einer Verschiebung bleibt bestehen (auch beim automatischen Weißabgleich). Setzen Sie sie daher wieder zurück, wenn Sie nicht bei allen künftigen Motiven eine Farbverschiebung haben wollen. Für Raw-Fotografen ist dies kein Problem, weil sie alles noch im Nachhinein ändern können, aber wenn Sie ausschließlich im JPEG-Format fotografieren, dann können alle folgenden Bilder u. a. einen unschönen Farbstich enthalten.

Farbtemperatur (Kelvin) | Die Farbtemperatur wird in der Regel in der Einheit *Kelvin* (K) angegeben. Wer im Umgang mit den genauen Kelvin-Werten vertraut ist, kann diese auch aus einer Liste von vorgegeben Kelvin-Werten wählen. Sie finden auch diesen Eintrag im Menü der Auswahl des Weißabgleichs mit **K** (für Kelvin) vor. Ich stelle meinen Kelvin-Wert zum Beispiel in der Studiofotografie gerne manuell ein, auf einen Wert von 5300 Kelvin. Leider sind die Sprünge von 5000 K zu 5300 K und 5600 K recht hoch; gerne würde ich meinen Kelvin-Wert in 100er-Schritten wählen können. Gängige Werte sind je nach Blitzanlage z. B. auch 5200 K und 5500 K. Beim Raw-Bild kann man dies zwar nachträglich am Computer machen, aber wer ausschließlich in JPEG fotografiert, muss hier einen Kompromiss eingehen oder einen benutzerdefinierten Weißabgleich erstellen. Auch können Sie über eine Verschiebung eine Feinabstimmung eines jeden Kelvin-Wertes vornehmen, aber in diesem Fall bleibt die Feinabstimmung nur so lange erhalten, bis Sie einen anderen Kelvin-Wert auswählen.

Abbildung 5.8 *Die Farbtemperatur als Kelvin-Wert auswählen*

Manueller Weißabgleich | Wenn Sie einen korrekten Weißabgleich passend zu den vorhandenen Lichtverhältnissen erstellen wollen, dann hilft Ihnen auch kein Raw-Konverter. In einem solchen Fall müssen Sie einen eigenen benutzerdefinierten Weißabgleich erstellen. Die X-T3 macht es Ihnen hierbei sehr leicht. Sie benötigen lediglich ein weißes oder graues Objekt wie ein weißes Papiertaschentuch oder die Rückseite eines Notizblocks. Besser (und genauer) wäre allerdings eine Graukarte mit 18 % neutralem Grau, die von verschiedenen Herstellern in unterschiedlichen Preisklassen angeboten wird. Ich verwende im folgenden Beispiel den ColorChecker von X-Rite.

SCHRITT FÜR SCHRITT
Benutzerdefinierten Weißabgleich erstellen

1 Benutzerdefinierte Einstellung wählen
Rufen Sie das **Weissabgleich**-Menü mit der Auswahltaste nach rechts auf, und scrollen Sie nach unten zu den benutzerdefinierten Einstellungen. Sie könnten drei Einstellungen anlegen. Ich verwende hier gleich die erste Einstellung mit **Ben. Einst. 1** und bestätige mit der **MENU/OK**-Taste.

2 Graukarte fotografieren
Richten Sie jetzt die Kamera auf die Graukarte, oder halten Sie die Graukarte so vor die Kamera, dass der weiße eingeblendete Rahmen komplett damit gefüllt ist, und betätigen Sie den Auslöser. Erscheint die Anzeige **Ausgeführt!**, dann können Sie die Einstellung mit **OK** bestätigen. Erscheint der Hinweis **Unterbelichtet** oder **Überbelichtet**, müssen Sie die Belichtung korrigieren und die Graukarte erneut fotografieren, bis **Ausgeführt!** erscheint.

Abbildung 5.9 *Benutzerdefinierten Weißabgleich auswählen*

Abbildung 5.10 *Graukarte abfotografieren*

3 Fotos aufnehmen
Nun haben Sie den perfekten Weißabgleich für die aktuelle Lichtsituation erstellt. Wenn Sie fotografieren, sollte das Ergebnis also der realen Umgebung entsprechen. Ob dies aber besser aussieht oder nicht, ist auch abhängig vom verwendeten Umgebungslicht und eine Frage des persönlichen Geschmacks. Auf die beschriebene Weise können Sie insgesamt drei solcher Einstellungen speichern. Der so erstellte benutzerdefinierte Weißabgleich bleibt so lange erhalten, bis Sie einen neuen erstellen.

Mit Graukarte im Raw-Konverter
Eine gängige Praxis ist es auch, die Graukarte einfach in ein erstes Bild zu halten oder einem Model in die Hand zu geben. Auf diese Weise können Sie später im Raw-Konverter den Weißabgleich mit Hilfe des Weißabgleichwerkzeuges und der Pipette durchführen.

Abbildung 5.11 *Das Bild mit automatischem Weißabgleich*

Abbildung 5.12 *Das Bild mit dem eben erstellten benutzerdefinierten Weißabgleich*

5.2 Die Fujifilm-Filmsimulationen für JPEG-Bilder

Die Filmsimulationen sind das Ergebnis einer internen Nachbearbeitung in der Kamera und werden nur in JPEG-Bildern gespeichert. Solange Sie nicht ausschließlich im Raw-Format fotografieren, verwenden Sie also immer eine Filmsimulation. Standardmäßig ist hierbei **Provia** eingestellt. In der Standardeinstellung können Sie die Filmsimulationen mit der linken Auswahltaste auswählen. Alternativ finden Sie diese auch im Schnellmenü über die **Q**-Taste und natürlich im Kameramenü über **Bildqualitäts-Einstellung > Filmsimulation** wieder.

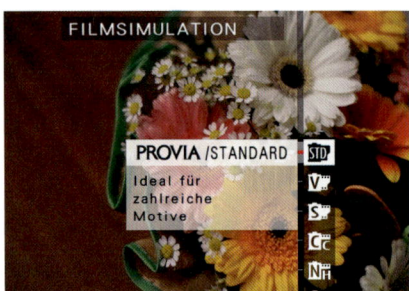

Abbildung 5.13 *Ihnen stehen verschiedene Filmsimulationen zur Auswahl.*

Filmsimulationen und Raw

Zwar werden die Filmsimulationen nur auf JPEG-Dateien angewendet, aber wenn Sie JPEG und Raw fotografieren, haben Sie das Beste aus beiden Welten: das JPEG mit der Filmsimulation und die Raw-Datei als neutrale Datei, die Sie nachträglich mit einem Raw-Konverter bearbeiten können. Wenn Sie ausschließlich in Raw fotografieren, wird zwar bei der Bildwiedergabe in der Kamera die verwendete Filmsimulation angezeigt, aber dies bezieht sich nur auf die Anzeige im Sucher und auf dem Display. **TIPP**: Der Raw-Konverter Capture One Pro (ab der Version 12) enthält ebenfalls die Fujifilm-Filmsimulationen. Dort können Sie zu den Raw-Bildern alle Filmsimulationen hinzufügen. Dasselbe gibt es auch für Lightroom, wo Sie die Filmsimulationen bei den kameraspezifischen Profilen vorfinden und nachträglich zuweisen können.

Neben der Farbstimmung beeinflusst die Filmsimulation auch die Sättigung, den Kontrast und den Dynamikumfang. Die Vorgaben der Filmsimulation orientieren sich an den klassischen analogen Filmen gleichen Namens.

Abbildung 5.14 *Provia* ist die Standard-Filmsimulation der X-T3 und eignet sich für nahezu alle Arten von Aufnahmen. Diese Filmsimulation liefert lebendige Farben (ohne zu bunt zu wirken), mittleren Kontrast und eine neutrale Graubalance.

Abbildung 5.15 *Velvia* ist die wohl farbenfroheste und kontrastreichste Filmsimulation; sie lässt sich etwa bei trübem Licht oder schlechtem Wetter in der Natur einsetzen. Aber auch in der Mode- und Produktfotografie wurde diese Filmsimulation in analogen Zeiten verwendet. In manchen Situationen wie der Porträtfotografie sind allerdings die Farben dann doch zu bunt und weniger geeignet.

Abbildung 5.16 *Astia* ist ein wenig das Gegenstück zu *Velvia* und gibt Lichter und Farben etwas sanfter wieder. Blau, Grün, Gelb und Rot erscheinen etwas weicher. Trotzdem hat diese Filmsimulation noch ordentliche Kontraste. *Astia* wurde in Analogzeiten wegen der schönen Wiedergabe von Hauttönen häufig für Porträtaufnahmen verwendet, aber darüber hinaus eignet sich diese Filmsimulation durchaus auch für Landschaftsaufnahmen.

Abbildung 5.17 Die Filmsimulation *Classic Chrome* stammt vom analogen Kodachrome-Film. Mit ihren sanften Farben und etwas milderen Kontrasten in den Schatten bekommt das Bild einen ruhigen Look, den man aus klassischen Magazinen von beispielsweise der Reportagefotografie her kennt. Zwar wird diese Filmsimulation für Porträt- und Landschaftsaufnahmen und in der Streetfotografie empfohlen, aber für mich ist sie ein Allroundtalent.

Abbildung 5.18 Wie **Astia** zielt **PRO Neg. Hi** auf eine günstige Darstellung von Hauttönen bei Porträtaufnahmen ab, nur mit einer etwas geringeren Sättigung und einem leicht geringeren Kontrast als bei **Astia**. Der Kontrast bleibt trotzdem angemessen hoch, wodurch das Bild nicht flau wirkt. Lebendigkeit und Farbechtheit bleiben erhalten. **PRO Neg. Hi** wird für Außenporträtaufnahmen empfohlen.

Abbildung 5.19 **PRO Neg. Std** bietet im Gegensatz zu **PRO Neg. Hi** weniger Kontraste und eine reduziertere Farbsättigung. Das Ergebnis dieser Filmsimulation ist ein Bild mit flachen Tonwerten, was diesen flauen Look erzeugt. Daher eignet sich diese Simulation auch sehr gut bei Motiven mit hohem Kontrast. Fujifilm empfiehlt diese Einstellung auch für Porträtaufnahmen im Studio mit Blitzlicht.

Abbildung 5.20 Noch eine Spur weniger Kontrast und Farbsättigung als bei **PRO Neg. Std** erhalten Sie mit der Filmsimulation **Eterna**. Auch diese eignet sich daher besonders für Motive mit hohen Kontrasten. Der Zusatz »Kino« bei dieser Filmsimulation deutet aber auch an, dass sie sich sehr gut für das Filmen mit der X-T3 eignet, wo Sie bei Bedarf nachträglich die Sättigung und den Kontrast anheben können.

Abbildung 5.21 **Acros** ist eine Schwarzweiß-Filmsimulation mit sanften Schatten und etwas mehr Kontrast im mittleren Tonwertbereich. Lichter werden ebenfalls kontrastreich wiedergeben, ohne Details zu verlieren. Das Besondere an dieser Filmsimulation ist, dass nicht einfach ein analoges Filmkorn hinzugefügt wird, sondern dass dieses vom eingestellten ISO-Wert abhängt. Durch dieses Rauschen wirkt das Bild schärfer (Noise Sharpening), und der Effekt kann auch in keinem externen Raw-Konverter nachträglich hinzugefügt werden. Sie können auch Gelb-, Rot- und Grünfilter hinzufügen, wenn Sie die Auswahltaste nach rechts oder die **MENU/OK**-Taste drücken.

5.2 Die Fujifilm-Filmsimulationen für JPEG-Bilder

Abbildung 5.22 *Schwarzweiss* enthält die klassischen Schwarzweiß-Filmsimulationen plus Farbfilter-Versionen, wenn Sie die Auswahltaste nach rechts drücken. Beim Gelbfilter bekommt Gelb einen helleren Farbton, während andere Farbtöne wie Lila und Blau etwas dunkler dargestellt werden. Der Rotfilter hellt die roten Farbtöne auf und verdunkelt ebenfalls lila und blaue Farbtöne. Der Grünfilter ist das Gegenstück zum Rotfilter; er verdunkelt rote und braune Farbtöne und sorgt für bessere Hauttöne bei Porträtaufnahmen.

Abbildung 5.23 Mit *Sepia* wird das Bild entsättigt und mit einer gelblich-bräunlichen Farbe versehen. Wenn Sie Ihre Bilder im Raw-Format aufnehmen, können Sie die Filmsimulationen auch nachträglich mit dem internen Raw-Konverter zuweisen und das Ergebnis als JPEG speichern. Auf den internen Raw-Konverter werde ich noch gesondert in Abschnitt 11.1, »Welche Bildgröße produziert die X-T3?«, eingehen.

Weitere Optionen für »Schwarzweiss« und »Acros«

Wenn Sie eine der beiden Schwarzweiß-Filmsimulationen **Schwarzweiss** oder **Acros** ausgewählt haben, steht Ihnen im Kameramenü **Bildqualitäts-Einstellung > S&W-Einst. (Warm/Kalt)** die Möglichkeit zur Verfügung, den Filmsimulationen noch einen wärmeren oder kälteren Look zu verpassen.

Abbildung 5.24 Der Menüeintrag wird nur bei den Filmsimulationen **Schwarzweiss** und **Acros** aktiviert.

Abbildung 5.25 Hiermit verpassen Sie der Filmsimulation einen wärmeren oder kälteren Look.

5.3 Weitere Bildeffekte für JPEG-Bilder

Zu den Filmsimulationen können Sie weitere JPEG-Einstellungen vornehmen und damit die Filmsimulationen feintunen. Beachten Sie allerdings, dass diese Einstellungen auch beim Wechsel zu einer anderen Filmsimulation beibehalten werden. Auf Raw-Dateien haben diese Einstellungen keine Auswirkungen. Sie finden alle diese Einstellungen im Kameramenü über **Bildqualitäts-Einstellung** oder über das Schnellmenü mit der **Q**-Taste. Lediglich die Funktionen **Körnungseffekt** und **Farbe Chromeffekt** finden Sie hier nicht im Schnellmenü vor.

5.3.1 Kontrasteinstellungen

Mit Einstellungen **Ton Lichter** und **Schattier. Ton** können Sie die hellen und dunklen Bildbereiche separat einstellen. In der Praxis werden diese beiden Werte häufig verwendet, um den Dynamikumfang von JPEG-Bildern zu erweitern. Wenn Sie beispielsweise beide Werte auf −2 verringern, wird das Bild zwar insgesamt flauer, aber Sie haben so auch weniger Kontrastumfang im Bild und verringern zudem die Gefahr, die zu hellen Bereiche zu verlieren. Natürlich können Sie hiermit auch umgekehrt den Kontrastumfang vergrößern, indem Sie den Wert erhöhen.

Abbildung 5.26 *Die* **Acros**-*Filmsimulation ohne Anpassungen*

Abbildung 5.27 *Hier habe ich* **Ton Lichter** *auf −2 und* **Schattier.Ton** *auf −2 gestellt.*

5.3.2 Körnungseffekt und Rauschreduktion

Mit dem **Körnungseffekt** fügen Sie ein analog simuliertes Filmkorn zur JPEG-Datei hinzu; Sie können zwischen **Schwach** und **Stark** wählen. Abhängig vom Bildmotiv kann ein solches Filmkorn den Mikrokontrast verbessern und so für mehr Details sorgen. Das Filmkorn wird allerdings nicht wie mit der Filmsimulation **Acros** über das ISO-Rauschen hinzugefügt, sondern lediglich als Effekt auf das JPEG-Bild angewendet. Abbildung 5.28 zeigt den Unterschied, wo ich im oberen Bild den **Körnungseffekt** hinzugefügt habe und im unteren Bild die Filmsimulation **Acros**.

5.3 Weitere Bildeffekte für JPEG-Bilder

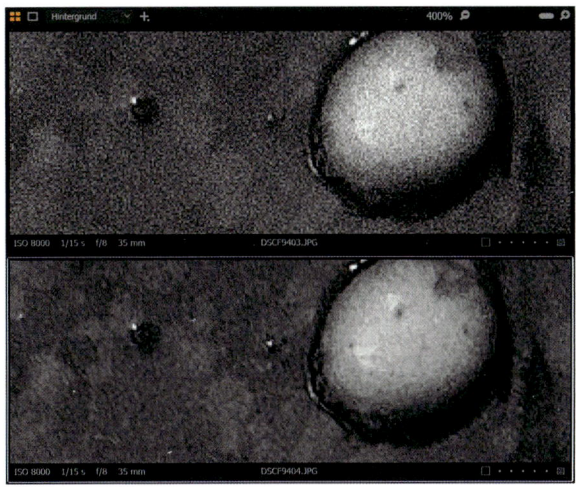

Abbildung 5.28 *Zum Vergleich habe ich im oberen Bild den **Körnungseffekt** verwendet und im unteren Bild die Filmsimulation **Acros**. Die Ansicht beträgt hier 400 %, damit Sie im Buch den Unterschied etwas deutlicher erkennen.*

Eine weitere Option ist die **Rauschreduktion**, wo ein Wert von −4 (möglichst viel Rauschen zulassen) bis +4 (möglichst wenig Rauschen zulassen) vorgegeben werden kann. Ich habe diesen Wert noch nie erhöht, weil mir beim Reduzieren des Bildrauschens durch einen höheren ISO-Wert einfach zu viele Details glattgebügelt werden. Da ich bevorzugt in JPEG und Raw fotografiere, verwende ich in extremen Fällen das Raw und kümmere mich um das Rauschen in der Nachbearbeitung. Gelegentlich setze ich die **Rauschreduktion** sogar auf −4, um möglichst viele Details zu erhalten oder auch einfach als Stilmittel, um dem Bild einen bestimmten Look zu verleihen. Welchen Wert Sie verwenden (sollten), hängt von vielen verschiedenen Faktoren wie dem ISO-Wert, der verwendeten Filmsimulation und natürlich auch von Ihrem individuellen Geschmack ab.

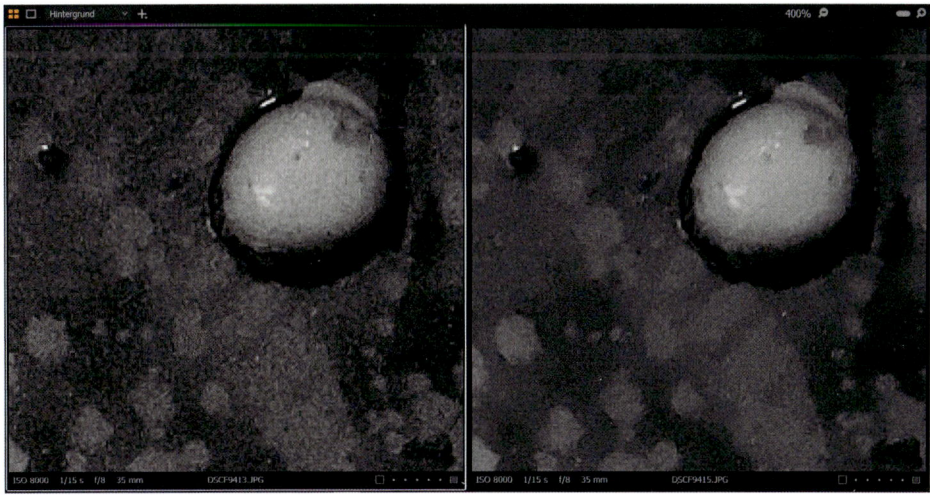

Abbildung 5.29 *Auch hierzu ein Vergleich: Im linken Bild habe ich eine **Rauschreduktion** von −4 verwendet. Im rechten Bild hingegen wirkt mit einer **Rauschreduktion** von +4 alles nur noch glattgebügelt (inklusive der Bilddetails). Wie zuvor habe ich die Bildansicht auf 400 % gestellt, damit Sie den Unterschied im Buch erkennen.*

5.3.3 Farbe Chromeffekt

Der Effekt **Farbe Chromeffekt** kommt mit **Schwach** und **Stark** in zwei Stufen daher. Der Effekt war bisher den Mittelformatkameras von Fujifilm vorbehalten. Damit können Sie gerade bei besonders farbintensiven Motiven auch in schwierigen Lichtsituationen Farbtiefe und Kontrast in einem größtmöglichen Umfang darstellen. Hierbei wird die Intensität der Farben in den Tiefen verstärkt, wodurch intensive Farben etwas dunkler dargestellt werden. Dieser Effekt erinnert ein wenig an den Analogfilm *Fujichrome Fortida*, der noch eine Spur mehr Farbsättigung aufweist als **Velvia**. Am besten wirkt dieser Effekt bei hellen Farben wie Rot, Orange, Gelb und helles Grün. Da sich dieser Effekt nicht unter den Filmsimulationen befindet, können Sie ihn mit den anderen Filmsimulationen kombinieren.

Abbildung 5.30 *Hier habe ich lediglich die Filmsimulation* **Velvia** *verwendet.*

Abbildung 5.31 *Für diese Aufnahme habe ich* **Velvia** *mit* **Farbe Chromeffekt** *kombiniert.*

5.3.4 Farbsättigung anpassen

Mit der Option **Farbe** können Sie die Farbsättigung im Bild anpassen. Die Einstellungen reichen auch hier von –4 (weniger gesättigt) bis +4 (maximal gesättigt). Mit der Option können Sie ein JPEG-Bild lebendiger oder die Farbstimmung etwas flacher wirken lassen. Die Option steht logischerweise nur bei farbigen Filmsimulationen zur Verfügung, ansonsten ist sie ausgegraut. In der Praxis eignet sie sich auch für besonders gesättigte Bildmotive, wo durch die starke Sättigung schon mal Details verlorengehen. Mit einer Reduzierung des Werts können Sie dem entgegenwirken.

Abbildung 5.32 *Bei übersättigten Bildern besteht die Gefahr, Details zu verlieren.*

Abbildung 5.33 *Durch die Reduzierung der* **Farbe** *bleiben die Details erhalten.*

5.3.5 Schärfen

Mit der Option **Schärfe** passen Sie die Schärfe für das JPEG-Bild an. Die Kamera führt standardmäßig eine Schärfung bei JPEGs durch. Wenn Sie den Wert erhöhen, besteht die Gefahr einer Überschärfung, was auch bedeutet, dass vorhandenes Bildrauschen oder Artefakte im Bild mit verstärkt werden. Ein Wert unter 0 (beispielsweise –4) bedeutet aber im Gegenzug nicht, dass Sie das Bild weichzeichnen, um es softer wirken zu lassen! Das Nachschärfen des JPEG-Bildes wäre unter Umständen am Computer sinnvoller, weil Sie das Ergebnis dann besser in einer 1:1-Ansicht betrachten können.

5.3.6 Filtereffekte verwenden

Wenn Sie die Aufnahmebetriebsart auf **Adv.** (»advanced« = erweiterte Filter) stellen, finden Sie verschiedene Filtereffekte für JPEG-Bilder vor. Drücken Sie hierbei die Funktionstaste **Fn2** auf der vorderen Seite der Kamera, können Sie den Filter wechseln. Alternativ finden Sie diese Filter auch über das Kameramenü über **Aufnahme-Einstellung > Drive-Einstellung > Erweit. Filtereinstellung**. Die Filter haben keine weiteren Optionen, und auch die meisten anderen Einstellungen im Kameramenü **Bildqualitäts-Einstellung** sind deaktiviert. Diese Filter sind nicht nach meinem Geschmack, aber das soll Sie nicht davon abhalten, sie selbst auszuprobieren. Wählen Sie einfach den gewünschten Filter aus, und fotografieren Sie.

*Abbildung 5.34 Die Aufnahmebetriebsart **Adv.** (erweiterte Filter) enthält fertige Filter für JPEG-Bilder.*

Abbildung 5.35 Das Menü für die Auswahl von erweiterten Filtern. Eine kurze Beschreibung macht deutlich, was der Filter macht. Ansonsten gilt: einfach ausprobieren.

5.4 Eigene Einstellungen erstellen

Die X-T3 bietet Ihnen zudem die Möglichkeit, bis zu sieben benutzerdefinierte Einstellungen für JPEG-Bilder aus angepassten Filmsimulationen zu speichern und bei Bedarf auszuwählen. Am Ende dieses Abschnittes finden Sie meine persönlichen Einstellungen in einer Tabelle wieder. Im Kameramenü erreichen Sie die Funktion über **Bildqualitäts-Einstellung > Ben.Einst. Bearbeiten/Speicher**. Persönlich verwende ich den ersten Speicherplatz für meine Standardeinstellungen, wo ich keinerlei Einstellungen an den Werten vornehme und alle Werte auf 0 gestellt sind. Wenn Sie eine Einstellung (beispielsweise **Ben.Einst. 2**) auswählen, finden Sie alle bekannten JPEG-Parameter aus diesem Kapitel wieder.

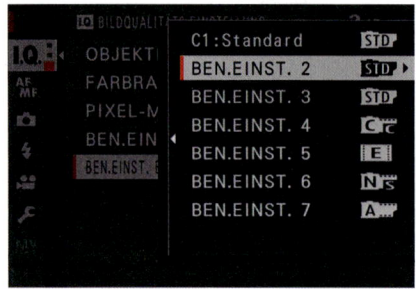

Abbildung 5.36 *Die Fujifilm X-T3 bietet Ihnen sieben Speicherplätze, auf denen Sie Ihre eigenen JPEG-Einstellungen speichern können.*

Abbildung 5.37 *Die Parameter für die Einstellungen sind alte Bekannte aus diesem Kapitel.*

SCHRITT FÜR SCHRITT
Benutzerdefinierte Einstellungen erstellen

1 Speicherplatz auswählen
Wählen Sie im Kameramenü **Bildqualitäts-Einstellung > Ben.Einst. Bearbeiten/Speichern** einen Speicherplatz aus, indem Sie die **MENU/OK**-Taste drücken. Wie bereits erwähnt, verwende ich den ersten Speicherplatz für meine Standardeinstellungen.

2 Einstellungen machen
Machen Sie nun die gewünschten Einstellungen mit den verschiedenen Werten. Ich wähle zunächst meine Filmsimulation aus und passe dann die restlichen Werte so an, wie ich sie haben will. Als Anregung finden Sie hinter dieser Anleitung meine Einstellungen als Beispiele vor. Im Internet dürften Sie auch schnell weitere Beispiele finden.

3 Bezeichnung für eine Einstellung
Ich finde es recht hilfreich, eine Bezeichnung für die Einstellung zu verwenden. Hierzu scrollen Sie ganz nach unten, wählen den Eintrag **Benutzerdef. Name eingeben** aus, vergeben im sich öffnenden Dialog den Namen für die Einstellung und bestätigen mit **MENU/OK**. Hier finden Sie

auch gleich die Option **Reset** vor, mit der Sie den aktiven Speicherbereich jederzeit wieder auf die Standardeinstellungen zurücksetzen können.

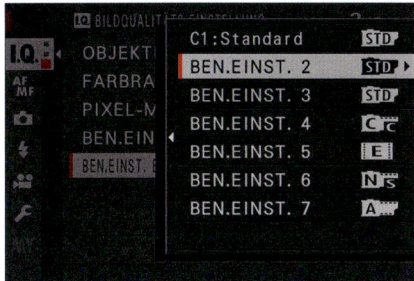

Abbildung 5.38 *Vergeben Sie einen Namen für die benutzerdefinierte Einstellung.*

Abbildung 5.39 *Tippen Sie den Namen für die benutzerdefinierte Einstellung ein. Wenn Sie den Touchscreen eingeschaltet haben, können Sie auch ihn zum Eintippen verwenden.*

4 Einstellung speichern

Zum Speichern der Einstellung finden Sie zwar ganz oben einen Eintrag mit **Akt. Einst speichern**, aber Sie können auch einfach die **DISP/BACK**-Taste drücken, und es erscheint ein Dialog, der nachfragt, ob Sie die Änderungen speichern wollen.

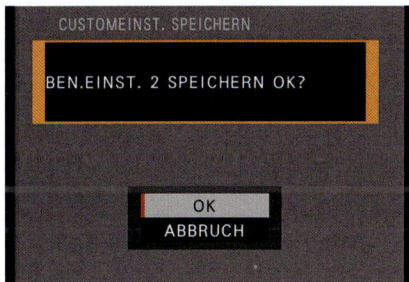

Abbildung 5.40 *Dialog zum Speichern der Änderungen*

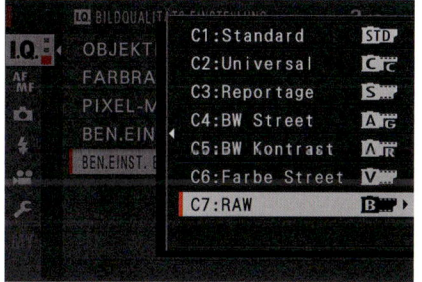

Abbildung 5.41 *Meine Liste mit meinen benutzerdefinierten Einstellungen*

5 Einstellung auswählen

Auswählen können Sie die Einstellungen über das Kameramenü **Bildqualitäts-Einstellung > Ben.Einst. Ausw.** oder über das Schnellmenü, das Sie mit der **Q**-Taste aufrufen. Wählen Sie das Feld links oben, und drehen Sie am hinteren Einstellrad, um eine Einstellung auszuwählen. Der Name der ausgewählten Einstellung wird links oben angezeigt (siehe Abbildung 5.43).

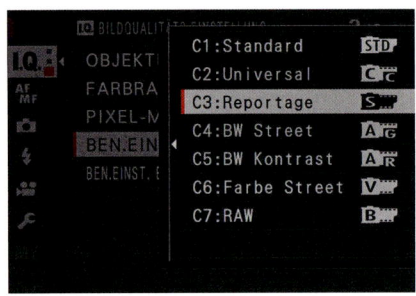

Abbildung 5.42 *Benutzerdefinierte Einstellungen über das Kameramenü ...*

Abbildung 5.43 *... oder über das Schnellmenü mit der **Q**-Taste auswählen*

	1	2	3	4	5	6	7
Dynamikbereich	100	100	100	100	100	100	100
D-Bereichspriorität	Aus	Aus	Aus	Aus	Aus	Aus	Aus
Filmsimulation	Std	CC	S	A/G	A/R	V	B
S&W-Einst. (W/K)	–	–	–	–	–	–	–
Körnungseffekt	Aus	Schwach	Aus	Aus	Stark	Aus	Aus
Farbe Chromeffekt	Aus	Aus	Stark	Aus	Aus	Aus	Aus
Weissabgleich	Auto	Auto	Auto	Auto	Auto	Auto	Auto
Ton Lichter	0	–1	–1	–1	+2	–2	–2
Schattier. Ton	0	–1	–1	–1	+2	+2	–2
Farbe	0	–2	–1	–	–	–2	0
Schärfe	0	+2	+1	+2	+2	+1	0
Rauschreduktion	0	0	0	0	–2	0	–2

Tabelle 5.1 *Meine Einstellungen für JPEG-Bilder*

Mein Speicherplatz mit der Nummer 7

Mein Speicherplatz mit der Nummer 7 hat die Bezeichnung »RAW«, und ich verwende ihn sehr gerne, wenn ich ausschließlich im Raw-Format fotografiere. Für diese Einstellung reduziere ich die Lichter und Schatten maximal und simuliere somit einen größeren Dynamikumfang im Histogramm. Des Weiteren verwende ich hierzu die Filmsimulation **Schwarzweiss**, um beim Fotografieren nicht von Farben abgelenkt zu werden. Die Einstellung ist für das Raw-Format zwar nur rein visuell, aber ich finde sie ungemein hilfreich.

5.5 Den Farbraum wählen

Sie finden im Kameramenü **Bildqualitäts-Einstellung > Farbraum** mit **sRGB** und **Adobe RGB** zwei Optionen für den Farbraum vor. Ein Farbraum definiert die Anzahl der darstellbaren Farbtöne in einem bestimmten Modell. An der Stelle herrscht leider häufig immer noch der Irrtum vor, dass Adobe RGB mehr Farben darstellen könne als sRGB. Die Anzahl der Farben hängt von der Farbtiefe ab, und ein 8-Bit-RGB-Bild kann daher, egal in welchem Farbraum, 16,7 Millionen Farben kodieren. Bei 16 Bit wären es schon 281 Billionen Farben.

Der Unterschied liegt vielmehr in der Größe des Bereiches, über den sich die 16,7 Millionen Farben erstrecken (auch als *Gamut* bezeichnet). Und hier ist es richtig, dass Adobe RGB einen größeren Bereich (nicht mehr Farben) als sRGB hat. Durch den größeren Gamut von Adobe RGB werden auch mehr für das menschliche Auge unterscheidbare Farben dargestellt als bei sRGB. Für die Auswahl des Farbraumes ist der Anwendungszweck entscheidend und mit welchen Geräten Sie die Farben verwenden wollen.

In der Praxis dürften Sie wohl mit **sRGB** ganz gut zurechtkommen, weil dieser Farbraum von allen Bildschirmen unterstützt wird. Selbst bei der Entwicklung von Raw-Dateien (bei denen Sie diesen Wert nachträglich noch ändern können) ist sRGB die bevorzugte Wahl, wenn Sie die Bilder im Internet weitergeben wollen. Damit können Sie sich sicher sein, dass ein Bild auf den verschiedensten Geräten gleich gut aussieht. Die Option **Adobe RGB** ist eher für die Weiterverarbeitung im Vierfarbendruck (CMYK) gedacht.

Wenn Sie im Raw-Format fotografieren, können Sie den Farbraum noch jederzeit nachträglich mit dem Raw-Konverter ändern. Fotografieren Sie hingegen ausschließlich im JPEG-Format, dann müssen Sie die Entscheidung vor der Aufnahme treffen. Das Thema des Farbraumes ist schon ein wenig komplexer. Einfach ausgedrückt: Wenn Sie AdobeRGB verwenden wollen, dann sollten Sie sich unbedingt vorher intensiv mit dem Thema Farbmanagement befassen und es dann auch konsequent anwenden. Sonst laufen Sie hier recht schnell Gefahr, sich mehr Nachteile als Vorteile einzufangen. Sofern Sie hier also (noch) keine Kenntnisse mitbringen, sollten Sie vielleicht doch zunächst sRGB verwenden. Diese Vorentscheidung bezieht sich, wie bereits erwähnt, auf Fotografen, die ausschließlich im JPEG-Format fotografieren.

Kapitel 6
Die Fujifilm X-T3 individuell anpassen

Die bisherigen Kapitel haben Sie mit den grundlegenden Funktionen der X-T3 vertraut gemacht. Bestimmt haben Sie sich aber das eine oder andere Mal gewünscht, eine bestimmte Funktion auf eine andere Taste zu legen oder komplett zu deaktivieren. Auch das Durchlaufen des Kameramenüs, nur um bestimmte Funktion auszuwählen, ist manchmal recht mühsam. Glücklicherweise lässt sich die X-T3 recht weitgehend an Ihre persönlichen Bedürfnissen anpassen. In diesem Kapitel erfahren Sie, was alles möglich ist.

6.1 Die Tastenbelegung ändern

Die Funktionstasten und Einstellräder der X-T3 sind in der Standardeinstellung mit sinnvollen Funktionen belegt. Wenn Sie trotzdem lieber die eine oder andere Funktion anstelle der vorbelegten Einstellung verwenden wollen, dann ist dies mit der X-T3 problemlos möglich.

6.1.1 Die Funktionstasten ändern

Wenn Sie die **DISP/BACK**-Taste länger gedrückt halten, sehen Sie einen Überblick über alle Funktionstasten der X-T3 und mit welcher Funktion diese im Augenblick belegt sind. Über das Kameramenü finden Sie diese Übersicht über **Einrichtung > Tasten/Rad-Einstellung > Funktionen (Fn)**. Um die Funktion einer Taste zu ändern, drücken Sie auf dem gewünschten Bedienelement die **MENU/OK**-Taste oder den Fokushebel und weisen aus der Auswahl von Funktionen die gewünschte Funktion der Taste zu. Eine Empfehlung an dieser Stelle, wo ich welche Funktion verwende, dürfte nicht allzu sinnvoll sein, weil hier doch jeder seine persönlichen Vorlieben hat. Für Tasten, die Sie überhaupt nicht verwenden oder gerne mal versehentlich drücken, können Sie auch die Option **Keine** auswählen und damit eine solche Funktionstaste komplett deaktivieren.

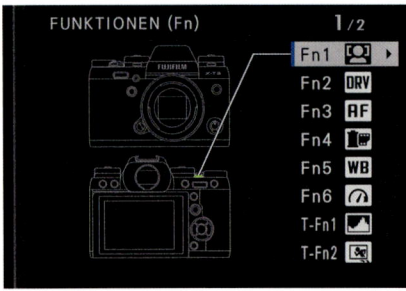

Abbildung 6.1 *Übersicht über die Funktionstasten und deren Belegung*

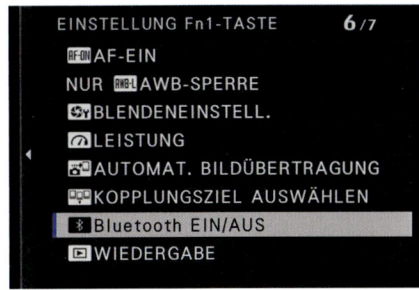

Abbildung 6.2 *Wenn Sie eine Funktionstaste ausgewählt haben, können Sie aus einer sehr umfangreichen Liste eine neue Funktion zuweisen.*

Die Tasten **T-Fn1** bis **T-Fn4** sind natürlich keine echten Tasten, sondern Wischgesten, die Sie verwenden können, wenn der Touchscreen aktiviert wurde. Nicht jedem sagen diese Wischgesten zu, und auch sie können Sie mit einer neuen Funktion versehen oder komplett deaktivieren.

Eine Funktion, die ich gerne auf einer DSLR verwendet habe, ist es, das Fokussieren und Auslösen voneinander zu trennen. Das ursprüngliche Fokussieren durch das halbe Herunterdrücken des Auslösers wird hierbei auf eine Taste für den rechten Daumen auf die Rückseite der Kamera gelegt, und der Auslöser dient nur noch zum Auslösen. Für diesen Zweck bietet sich bei der X-T3 die **AF-L**-Taste an. Um die **AF-L**-Taste mit der sogenannten *Backbutton-Fokus-Funktion* zu belegen, setzen Sie über **Einrichtung > Tasten/Rad-Einstellung > Funktionen (Fn) > AF-L** den Wert auf **AF-Ein** (bzw. **AF-on**). Jetzt können Sie mit der Taste **AF-L** fokussieren.

Abbildung 6.3 *Fokussieren mit der **AF-L**-Taste hat durchaus seine Vorteile.*

Abbildung 6.4 *Die Funktionstaste **AF-L** mit dem Autofokus **AF-Ein** belegen*

Als Nächstes will ich natürlich noch das Fokussieren durch das halbe Herunterdrücken des Auslösers ausschalten. Dies erledigen Sie über **Einrichtung > Tasten/Rad-Einstellung > Auslöser AF**. Dort haben Sie über **Blende AF** die Wahl, ob Sie das Fokussieren durch den Auslöser bei **AF-S** und/oder **AF-C** deaktivieren. Ich habe beide auf **AUS** gestellt.

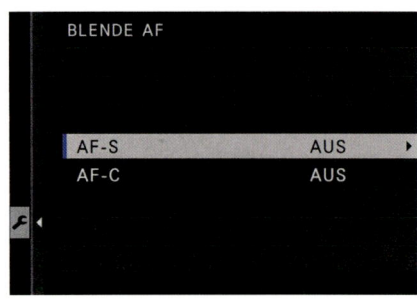

Abbildung 6.5 *Fokussieren über den Auslöser durch halbes Herunterdrücken können Sie hier deaktivieren.*

Jetzt haben Sie den Autofokus vom Auslöseknopf entkoppelt, wodurch mit dem Auslöser kein Fokussiervorgang mehr durchgeführt werden kann.

In der Praxis verwende ich diese Art der Fokussierung gerne in der Sportfotografie im Modus AF-C, zum Beispiel bei einem Zweikampf zweier Eishockeyspieler. Hier entscheide ich, ob ich einem Spieler folge, den Daumen auf dem Backbutton-Fokus lasse (und somit weiterverfolge), oder ob ich den Schärfebereich so belasse, den Daumen vom Backbutton-Fokus nehme und warte, bis eventuell ein weiterer Spieler zum Geschehen kommt. So lässt sich auch der AF-C effizienter und sicherer verwenden, weil man sich hierbei nicht, wie beim halb heruntergedrückten Auslöser, in Gefahr begibt, versehentlich auszulösen, oder eben loslässt und den Fokus verliert.

Aber auch im Modus AF-S verwende ich den Backfokus-Button recht gerne, will ich bei einem Workshop zum Beispiel einen Redner fotografieren, wenn dieser eine bestimmte Geste macht. Ich will den Redner aber auf der linken Seite haben, um rechts von Ihm einen Teil des Publikums unscharf darzustellen. Daher fokussiere ich auf den Redner, schwenke die Kamera nach rechts und warte jetzt auf einen Moment, wo er eine für mich interessante Geste macht. Zugegeben, dies könnte man auch mit dem Versetzen des Fokuspunktes machen. Trotzdem ist man so einen Tick schneller, weil der Fokus bereits sitzt und man sofort auslösen kann.

Der Auslöser löst immer aus

Wenn Sie dem Auslöser die Fokusfunktion nehmen, wird immer ausgelöst, wenn Sie ihn durchdrücken, auch wenn Sie vielleicht gar nicht scharfgestellt haben. Dies kann natürlich auch gewollt sein und als weiterer Vorteil gewertet werden oder eben nicht gewollt und ein Nachteil sein.

6.1.2 Die Bedienrad-Einstellungen beim Drehen ändern

Welche Funktion beim Drücken des hinteren Bedienrad ausgeführt wird, können Sie mit der eben beschriebenen Anpassung der Funktionstaste über **Funktionen (Fn)** einstellen. Die vordere Funktionstaste kann dabei nicht mit einer gesonderten Funktion belegt werden. Sie außerdem anpassen, welche Funktionen beim Drehen der beiden Einstellräder ausgeführt werden sollen. Zu diesen Einstellungen gelangen Sie, indem Sie das vordere Einstellrad länger gedrückt halten oder im Kameramenü **Einrichtung > Tasten/Rad-Einstellung > Bedienrad-Einst.** wählen.

Dem vorderen Einstellrad können drei Funktionen zugewiesen werden, die sich durch ein kurzes Drücken wechseln lassen, wenn mehrere Funktionen gleichzeitig belegt sind. Mehrere Funktionen werden zum Beispiel gleichzeitig belegt, wenn Sie das Belichtungskorrekturrad auf **C** stellen und ein XC-Objektiv verwenden, wodurch in der Standardeinstellung die Funktionen **Blende** und **Belichtungskorrektur** über das vordere Einstellrad verwendet werden können. Das hintere Einstellrad kann nur mit einer Funktion belegt werden. Zur Verfügung hierbei stehen die Funktionen **Schnellauslös. Progr.Wechs**, **Blende**, **Belichtungskorrektur**, **ISO** und **Keine**. Bei der ersten Funktion des vorderen Einstellrads stehen Ihnen lediglich **Schnellauslöser. Progr.Wechs** und **Blende** zur Verfügung.

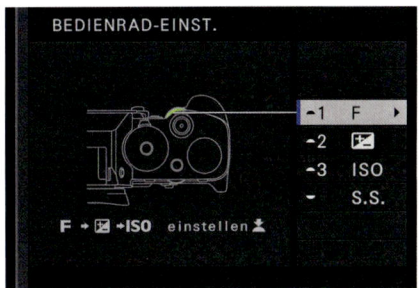

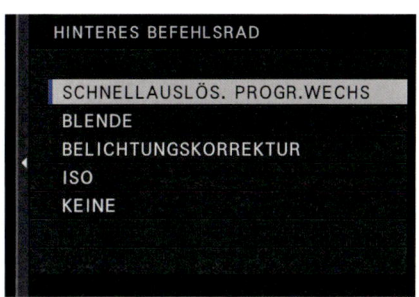

Abbildung 6.6 *Bedienrad-Einstellungen für das vordere und hintere Einstellrad*

Abbildung 6.7 *Einstellmöglichkeiten für alle Speicherplätze bis auf die erste Funktion des vorderen Einstellrads*

Ich finde die Voreinstellung der X-T3 mit den Einstellrädern beim Drehen bereits sehr gut gelöst. Eventuell wollen Sie vielleicht trotzdem lieber eine Funktion vom vorderen Einstellrad auf das hintere Einstellrad legen. Wenn Sie einen Eintrag ändern wollen, öffnen Sie ihn und wählen eine andere Funktion dafür aus. Hierzu eine kurze Beschreibung der vorhandenen Funktionen:

- **Schnellauslös.Pogr.Wechs**: Diese Einstellung dient zum Anpassen der Belichtungszeit in den Programmodi **S** und **M**. Beim Programmmodus **P** wird hiermit ein Programm-Shift durchgeführt. Standardmäßig ist dies Funktion bei der X-T3 auf das hintere Einstellrad gelegt.
- **Blende**: Diese Einstellung dient zunächst vorwiegend für XC-Objektive ohne Blendenring. Standardmäßig ist diese Funktion als erste Funktion beim vorderen Einstellrad eingestellt, womit beim Drehen der Blendenwert bestimmt wird. Diese Funktion kann aber auch für andere Fujinon-Objektive verwendet werden, wenn Sie die Einstellung **Einrichtung > Tasten/Rad-Einstellung > Blendenring-Einstellung(A)** auf **Befehl** stellen. Wenn Sie jetzt die Blende beim Objektiv auf **A** stellen, können Sie auch hier mit dem vorderen Einstellrad den Blendenwert anpassen.
- **Belichtungskorrektur**: Wenn Sie das Einstellrad für die Belichtungskorrektur auf **C** stellen, können Sie die Belichtung mit dem Einstellrad durch Drehen anpassen. Standardmäßig ist diese Funktion als zweite des vorderen Einstellrades eingerichtet.
- **ISO**: Mit dieser Funktion können Sie den ISO-Wert ändern. Standardmäßig ist diese Funktion als dritte Einstellung des vorderen Einstellrades eingerichtet. Um diese Funktion nutzen zu

können, müssen Sie das ISO-Einstellrad auf **A**(uto) drehen und die Einstellung **Einrichtung > Tasten/Rad-Einstellung > ISO-Rad-Einst.** auf **Befehl** stellen.

- **Keine**: Mit dieser Einstellung deaktivieren Sie eine Funktion oder auch das Einstellrad komplett – natürlich nur die Funktion, die beim Drehen ausgeführt wird und nicht beim Drücken.

Funktionssperre

Wenn Sie beim Fotografieren häufiger bestimmte Bedienelemente versehentlich betätigen, können Sie über das Kameramenü **Einrichtung > Tasten/Rad-Einstellung > Funktionssperre** mit der Funktion **Sperrstellung** alle oder gewählte Funktionen sperren. Für gewählte Funktionen müssen Sie vorher im Bereich **Funktionswahl** die Funktionen auswählen, die Sie sperren wollen.

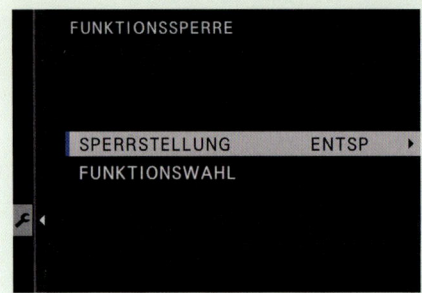

Abbildung 6.8 *Hier können Sie alle oder selektiv ausgewählte Bedienelemente gegen versehentliche Betätigung sperren.*

6.2 Das Schnellmenü anpassen

Neben den konfigurierbaren Tasten finden Sie ein Schnellmenü vor, das Ihnen den recht umständlichen Weg über das Kameramenü erspart. Dieses Quickmenü können Sie mit der **Q**-Taste aufrufen. In der Standardeinstellung finden Sie hierbei viele JPEG-Einstellungen aus dem Kameramenübereich **Bildqualitäts-Einstellung**. Wenn Sie diese Einstellungen nicht an dieser Stelle benötigen und noch Funktionen wie den **Auslösertyp**, **Touchscreen-Modus** oder **MF-Assistent** vermissen, dann können Sie auch die Einträge des Schnellmenüs ändern. Halten Sie die **Q**-Taste im Aufnahmemodus so lange gedrückt, bis Sie zur Konfiguration des Schnellmenüs gelangen.

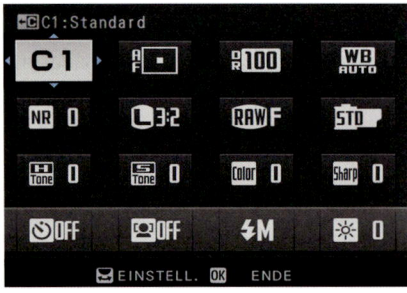

Abbildung 6.9 *Das Schnellmenü in der Standardeinstellung*

Abbildung 6.10 *Das Schnellmenü konfigurieren*

Bei der Konfiguration des Schnellmenüs wählen Sie zunächst das Feld mit dem Fokushebel und der **MENU/OK**-Taste aus, das Sie verändern wollen. Dann suchen Sie aus einer Liste von Funktionen eine neue Funktion aus, die die ursprüngliche Funktion ersetzen soll. Wollen Sie die Auswahl im Schnellmenü etwas kleiner halten, können Sie auch **Keine** auswählen, und das Feld bleibt leer.

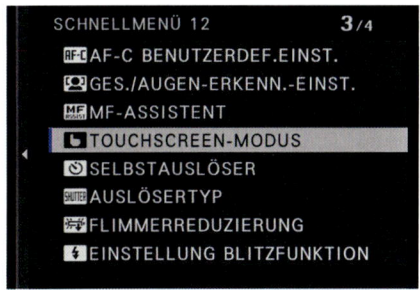

Abbildung 6.11 *Eine Liste von Funktionen für das Schnellmenü*

Abbildung 6.12 *Mein angepasstes Schnellmenü mit den Funktionen, die ich häufig in der Praxis verwende*

Q-Taste im Wiedergabemodus
Drücken Sie die **Q**-Taste im Wiedergabemodus, können Sie den in der Kamera integrierten Raw-Konverter aufrufen und das Bild in der Kamera damit bearbeiten. Auf den internen Raw-Konverter werde ich noch gesondert in Abschnitt 11.3, »Kamerainterne Raw-Bearbeitung«, eingehen. Voraussetzung für diese Funktion ist, dass Sie die ausgewählte Aufnahme im Raw-Format gespeichert haben.

Um die einzelnen Optionen im Schnellmenü selbst zu ändern, wählen Sie die Funktion mit den Auswahltasten oder dem Fokushebel aus und drehen dann das hintere Einstellrad.

6.3 »Mein Menü« individuell anpassen

Selbst mit den Funktionstasten und dem Schnellmenü können nicht alle Funktionen der X-T3 erfasst werden bzw. sind teilweise auch gar nicht dafür auswählbar. Gibt es also im Kameramenü Funktionen, die Sie häufiger verwenden, dann können Sie sie in das Register **Mein Menü** 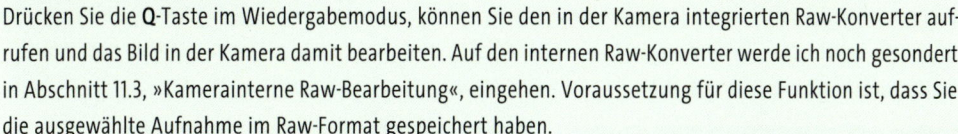 legen. Darin können Sie bis zu 16 Funktionen aus dem Kameramenü speichern. Zum Einrichten von **Mein Menü** rufen Sie im Kameramenü **Einrichtung > Benutzer-Einstellung > Meine Menü-Einstellung** auf. Es folgt ein Menü, in dem Sie mit **Elemente hinzufügen** eben genau dies tun können.

In diesem Menü sehen Sie Kameramenüeinträge in blauer Farbe, die noch nicht zu **Mein Menü** hinzugefügt wurden und die Sie jetzt mit **MENU/OK** auswählen und zu **Mein Menü** hinzufügen können. Abgesehen vom Register **Einrichtung**, wo Sie nur einige **Display-Einstellungen** hinzufügen können, stehen hier alle anderen Kameramenü-Einträge zur Verfügung. Beim Hinzufügen der Elemente können Sie zudem gleich die Reihenfolge festlegen. Hinzugefügte Einträge werden bei der Auswahl abgehakt und in weißer Schrift angezeigt.

Abbildung 6.13 *Elemente aus dem Kameramenü hinzufügen: Bereits hinzugefügte Elemente werden abgehakt und in weißer Schrift angezeigt.*

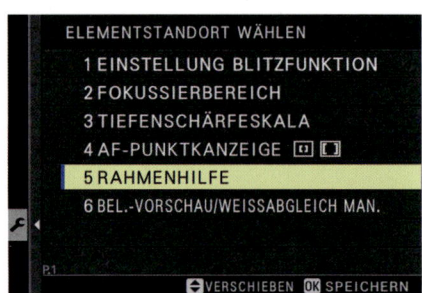

Abbildung 6.14 *Sie können bestimmen, welcher Menüpunkt an welcher Stelle angezeigt wird.*

Wenn Sie mit der Auswahl der Einträge für **Mein Menü** fertig sind, können Sie den Vorgang durch Antippen des Auslösers oder der **DISP/BACK**-Taste beenden. Drücken Sie jetzt die **MENU/OK**-Taste, um das Kameramenü aufzurufen, wird jetzt immer **Mein Menü** als erstes ausgewähltes Register angezeigt. Das Umsortieren und das Entfernen von Einträgen ist jederzeit über **Einrichtung > Benutzer-Einstellung > Meine Menü-Einstellung** und die Befehle **Elemente sortieren** und **Elemente entfernen** möglich.

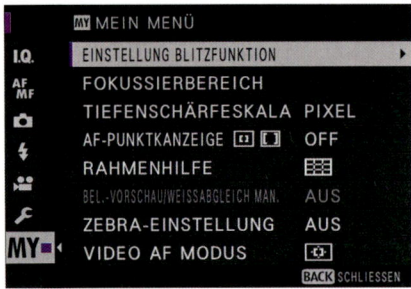

Abbildung 6.15 *Mein Menü wird jetzt immer als erstes Kameramenü aufgerufen.*

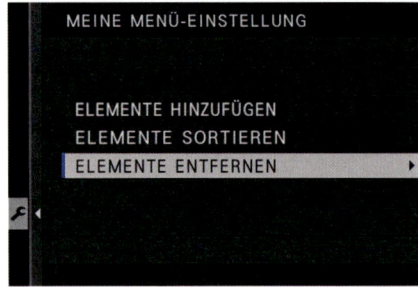

Abbildung 6.16 *Nachträgliches Entfernen oder Umsortieren von Elementen ist kein Problem.*

Formatieren per Tastenkürzel aufrufen

Wenn Sie das Formatieren als Schnellzugriff in **Mein Menü** legen wollen, dann können Sie sich dies auch sparen. Die X-T3 bietet hierfür ein praktisches Tastenkürzel an: Halten Sie das Papierkorb-Symbol für 2 Sekunden gedrückt, und drücken Sie dann zusätzlich auf das hintere Einstellrad. Nun erscheint ein Menü, in dem Sie den Steckplatz der SD-Karte auswählen, die formatiert werden soll.

6.4 Display- und Suchereinstellungen

Viele Einstellungen für das Display und den Sucher habe ich bereits im Buch an verschiedenen Stellen kurz erwähnt, und ich denke mir auch, dass diese Einstellungen im Kameramenü **Einrichtung > Display-Einstellung** zusammen mit der Bedienungsanleitung ab Seite 192 niemanden überfordern dürften, weshalb hier nicht umfangreich darauf eingegangen werden soll.

Die wichtigsten Einstellungen für die persönliche Anpassung der X-T3 dürften die **Display Einstell.** sein, wo Sie durch Setzen oder Entfernen eines Häkchens entscheiden, was auf dem Display oder im Sucher angezeigt werden soll.

Wenn Sie außerdem eine vergrößerte Anzeige der Symbole und Ziffern mit **Modus Grosse Indikat(EVF)** für den Sucher oder **Modus Grosse Indikat(LCD)** für das Display aktiviert haben, dann können Sie auch diese Anzeige mit **Anzeigeeinst Grosse Indik** an Ihre persönlichen Bedürfnisse anpassen.

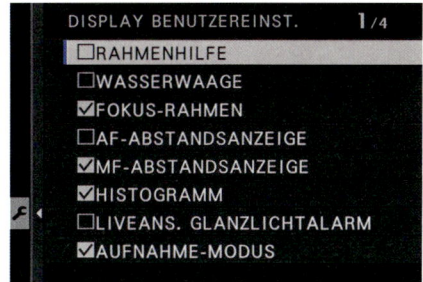

Abbildung 6.17 *Hier wählen Sie aus, was auf dem Display oder im Sucher angezeigt werden soll.*

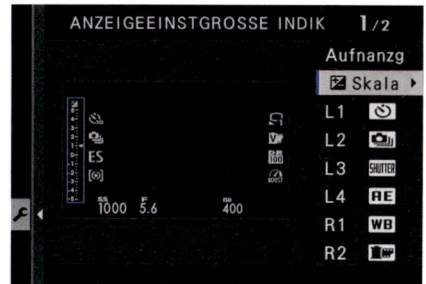

Abbildung 6.18 *Auch die vergrößerte Ansicht von Display und/oder Sucher können Sie den persönlichen Bedürfnissen anpassen.*

Auch wenn die X-T3 viele Anpassungen für das Display oder den Sucher bietet, so empfehle ich Ihnen, die Anzeige auf das Nötigste zu beschränken, damit Sie sich ausschließlich auf das Fotografieren konzentrieren können. Ein überladenes Display oder ein zu voller Sucher mit zu vielen Informationen lenkt Sie nur von der Motivgestaltung ab. Verwenden Sie daher wirklich nur, was Sie auch benötigen.

Kapitel 7
Blitzen mit der X-T3

Ein externer Blitz ist ein sehr hilfreiches Zubehör, wenn es um das Aufhellen einzelner Motivbereiche geht. Und das nicht nur, wenn es dunkel ist. Zwar besitzt die X-T3 keinen eingebauten Blitz, aber im Lieferumfang ist ein kleines Blitzgerät enthalten, mit dem Sie zumindest bei schwachen Lichtverhältnissen für mehr Licht sorgen können. Für ernsthaftere Arbeiten oder für das entfesselte Blitzen benötigen Sie in der Regel leistungsfähigere Geräte. In diesem Kapitel erfahren Sie, wie Sie die verschiedenen Blitzoptionen der X-T3 sinnvoll verwenden können.

7.1 Der mitgelieferte EF-X8 im Einsatz

Die Verwendung des mitgelieferten Blitzgerätes *Fujifilm EF-X8* ist einfach. Im Grunde müssen Sie es nur auf die Kamera schieben, aufklappen und können loslegen. Die Blitzautomatik macht das Blitzen hier zum Kinderspiel. Allerdings sollten Sie sich bewusst sein, dass Sie mit diesem Blitz nur frontal blitzen können; Dreh- und Schwenkmöglichkeiten gibt es nicht. Im Sucher oder auf dem Display erkennen Sie links über der Belichtungsskala den Blitzmodus.

Abbildung 7.1 *Der mitgelieferte Aufsteckblitz EF-X8 auf der X-T3*

Abbildung 7.2 *Links oben über der Belichtungsskala wird der Blitzmodus (hier: TTL) angezeigt.*

Die Leitzahl

Die Leitzahl ist bei Blitzsystemen so etwas wie der Stärkeindikator: die Blitzreichweite. Je höher dieser Wert ist, umso mehr Leistung kann der Blitz bringen. Mit Hilfe dieser Zahl lässt sich auch berechnen, aus welcher Entfernung ein Motiv bei ISO 100 aufgehellt werden kann. Hierbei wird die Leitzahl (8 beim mitgelieferten EF-X8) durch die eingestellte Blende dividiert. Haben Sie also beim EF-X8 die Blende ƒ5,6 eingestellt, reicht der Blitz bei ISO 100 gerade einmal 1,40 Meter weit. Der Abstand verkürzt sich mit steigendem Blendenwert. Gegensteuern können Sie aber wieder mit steigendem ISO-Wert. Die Leitzahl ist allerdings selten das Maß aller Dinge, da in der Praxis ohnehin selten mit voller Blitzleistung gefeuert wird.

Sie sind bei der Verwendung des mitgelieferten Blitzes natürlich nicht auf die Standardeinstellungen der Blitzautomatik beschränkt. Über das Kameramenü **Blitz-Einstellung > Einstellung Blitzfunktion** können Sie, abhängig vom Aufnahmemodus **P**, **S**, **A** oder **M**, die Blitzsteuerung, Blitzleistung, den Blitzmodus und die Synchronisation ändern.

Abbildung 7.3 *Einstellungen der Blitzfunktionen. Hier wird zudem **Mitgelieferter Blitz** angezeigt, wenn sich der EF-X8 auf der Kamera befindet.*

Abbildung 7.4 *Stellen Sie den **TTL-Mode** auf **Autoblitz**, entscheidet die Kamera, ob geblitzt wird oder nicht.*

Wer bisher nicht viel mit Blitzen zu tun hatte, dem empfehle ich, zunächst die Programmautomatik (**P**) zu verwenden, den ISO-Wert auf maximal 3 200 einzuschränken und den Weißabgleich auf 5000–5300 Kelvin zu stellen. Wollen Sie zudem die Kamera entscheiden lassen, ob der Blitz gezündet werden soll oder nicht, können Sie den **TTL-Mode** auf **Autoblitz** stellen. Jetzt regelt die Kamera mit Hilfe des gemessenen Umgebungslichtes und der eingebauten TTL-Blitzlichtmessung alles von selbst.

> **Situationen, in denen der Blitz nicht zündet**
> Der Blitz funktioniert nicht mit dem elektronischen Auslöser, weil hier ja zeilenweise ausgelesen wird. Auch bei verschiedenen Aufnahmebetriebsarten wie **BKT**, **CH**, **CL** oder **Panorama** lässt sich der Blitz nicht verwenden.

Abbildung 7.5 *Diese Aufnahme ohne Blitz wirkt recht flach und dunkel.*

Abbildung 7.6 *Hier habe ich den mitgelieferten Blitz als Aufheller verwendet. Das Ergebnis kann sich sehen lassen, auch wenn frontal geblitzt wurde.*

> **TTL-Blitzmessung**
> Mit der TTL-Blitzmessung wird das Licht gemessen, das durch das Objektiv auf den Sensor der Kamera fällt. TTL steht daher auch für *Through The Lens*. Dank dieser Messung kann die Kamera das Blitzgerät mit der passenden Blitzstärke auslösen. Hierbei werden auch die Brennweite und die Lichtstärke des Objektivs berücksichtigt. Vor der Aufnahme sendet der Blitz noch kurze Messblitze, um auch die Reflexionseigenschaften des Motivbereiches zu ermitteln. Auch die eingestellte Belichtungsmessung spielt eine Rolle. Da die TTL-Blitzmessung sich von Hersteller zu Hersteller ein wenig unterscheidet, muss die TTL-Blitzmessung auf das Kamerasystem abgestimmt sein. Daher funktioniert die TTL-Blitzmessung z. B. nicht so ohne weiteres, wenn Sie ein Blitzgerät für ein anderes System (beispielsweise Canon) auf die X-T3 stecken.

7.2 Systemblitze für die X-T3

Neben dem mitgelieferten Blitz gibt es natürlich auch leistungsfähigere externe Blitze. Einen passenden Systemblitz zu finden, ist allerdings nicht immer leicht. Theoretisch können Sie jedes Blitzgerät verwenden, das auf den Blitzschuh passt. Allerdings gilt für Blitzgeräte, die nicht für das Fujifilm-System vorgesehen sind, dass sie nur im manuellen Modus verwendet werden können. Hierbei müssen Sie die Einstellungen am Blitzgerät selbst vornehmen, die Kamera hilft Ihnen nicht – also kein TTL.

In eigener Sache

Auch wenn Sie praktisch jedes Blitzgerät auf den Blitzschuh der X-T3 stecken können, das darauf passt, will ich hier auf keinen Fall eine Empfehlung für diese Vorgehensweise aussprechen. Zwar hatte ich mit meinem Canon Speedlite 600EX keine Probleme, es im manuellen Modus auf der X-T3 zu betreiben, aber ich habe es auch auf eigene Gefahr gemacht. Die kleinen Kontakte auf dem Blitzschuh und dem Systemblitz werden von Hersteller zu Hersteller unterschiedlich verwendet. Da kann es durchaus passieren, dass diese Kontakte eine zu hohe Spannung an die Kamera abgeben – mit unvorhersehbaren Folgen für die Elektronik.

Eine mögliche Lösung, die ich persönlich verwende, ist der Cactus V6 II, ein kabelloser Blitzauslöser. Mit ihm können Sie auch fremde Blitzgeräte mitsamt TTL (Through The Lens) und HSS (High-Speed-Synchronisation) auf der X-T3 verwenden; ich habe so mein Canon Speedlite 600EX auf der X-T3 mitsamt TTL und HSS genutzt. Für Umsteiger von anderen Systemen kann daher das Cactus V6 II eine interessante Lösung sein, um »alte« Blitzgeräte auch auf der X-T3 zu betreiben. Allerdings sollten Sie dann auch genügend Motivation mitbringen, sich damit etwas ausgiebiger zu befassen. Mehr Informationen dazu finden Sie auf der offiziellen Website *www.cactus-image.com/v6ii.html*.

Abbildung 7.7 *Das Canon Speedlite 600EX habe ich hier mit allen Funktionen wie TTL und HSS auf der X-T3 mit Hilfe eines Cactus V6 II betrieben.*

Häufig fällt der erste Blick für kompatible Blitzgeräte auf den Hersteller selbst. Und in der Tat kann Fujifilm mit einigen interessanten Geräten aufwarten. Aber auch Fremdhersteller bieten mittlerweile interessante Alternativen an, die nichts vermissen lassen.

7.2.1 Fujifilm EF-20

Anfangen will ich mit dem *Fujifilm EF-20* (ca. 80 Euro), einem einfachen TTL-Blitz, der eine Leitzahl von 20 aufzuweisen hat. Der Blitzkopf ist um 90° in den Schritten 45°, 60° und 75° nach oben schwenkbar und erlaubt so ein indirektes Blitzen beispielsweise über die Zimmerdecke (wenn diese nicht zu hoch ist). Eine integrierte Streuscheibe kann ausgeklappt werden, um für eine weichere Beleuchtung zu sorgen und um harte Schlagschatten zu vermeiden. Das Gerät ist natürlich super kompakt und ideal für das kleine Gepäck. Der EF-20 eignet sich sehr gut, um mal ein Porträt bei Gegenlicht zu machen oder den Raum über das Nach-oben-Richten aufzuhellen.

Abbildung 7.8 *Der Fujifilm EF-20 zeichnet sich durch seine kompakte Bauweise aus. (Bild: Fujifilm)*

7.2.2 Fujifilm EF-X20

Ein weiteres interessantes Gerät ist der *Fujifilm EF-X20* (ca. 160 Euro), der sich auch durch seine Retro-Optik visuell in das Fujifilm-System einfügt. Er kann als TTL-Blitz, aber auch manuell direkt am Gerät eingestellt werden. Die Bauweise ist sehr robust, und die Leitzahl liegt ebenfalls bei 20. Für eine weichere Ausleuchtung ist eine Streublende an Bord. Allerdings können Sie damit nur direkt blitzen. Der EF-X20 kann auch als Remote- oder Slave-Blitz genutzt werden, allerdings ohne die automatische TTL-Steuerung.

Abbildung 7.9 *Der kompakte Fujifilm EF-X20 kommt im klassischen Retrolook daher. (Bild: Fujifilm)*

7.2.3 Fujifilm EF-42

Nach den beiden kompakten Blitzgeräten von Fujifilm folgt jetzt der TTL-Blitz *Fujifilm EF-42* (150–200 Euro), der eine Leitzahl von 42 hat und am Display mit einer Reichweitenanzeige ausgestattet ist. Der Schwenkreflektor kann bis auf 90° nach oben gestellt, um 180° nach links und 120° nach rechts gedreht werden. Leider kann dieser Blitz nicht mit anderen Geräten im Verbund verwendet werden, und auch die Streuscheibe bedeckt den Reflektor nicht vollständig.

Abbildung 7.10 *Beim Fujifilm EF-42 handelt es sich um einen typischen Systemblitz mit ordentlicher Blitzleistung. (Bild: Fujifilm)*

7.2.4 Fujifilm EF-X500

Als letztes Blitzgerät von Fujifilm sei hier der *Fujifilm EF-X500* (ca. 450 Euro) erwähnt. Der EF-X500 ist der leistungsstärkste Systemblitz von Fujifilm mit einer Leitzahl von 50. Er bietet die drahtlose TTL-Steuerung von mehreren Blitzgeräten, Stroboskop-Blitzen sowie einen LED-Reflektor als Aufhelllicht. Hiermit ist auch HSS (High-Speed-Synchronisation) für Belichtungszeiten von bis zu 1/8 000 s möglich. Wenn Sie allerdings damit entfesselt blitzen müssen, benötigen Sie schon zwei von diesen Blitzgeräten. Das dürfte aufgrund der höheren Kosten nicht jedem gefallen.

Abbildung 7.11 *Das beste und leistungsstärkste Blitzgerät von Fujifilm: der EF-X500 (Bild: Fujifilm)*

7.2.5 Blitze von Metz, Godox und Nissin

Wer nicht unbedingt ein Blitzgerät von Fujifilm haben will, der findet mittlerweile auch einige gute Alternativen bei Drittanbietern. Eine Option wäre der *Metz mecablitz M400* für Fujifilm. Dieser TTL-Blitz hat eine Leitzahl von 40, ist um 90° vertikal und um 360° horizontal schwenkbar. Enthalten ist auch ein integriertes Videolicht. Außerdem beherrscht dieser Blitz auch HSS und kann im Verbund verwendet werden. Da der Einzelpreis bei 200 Euro liegt, dürfte ein Verbund aus zwei oder drei solcher Geräte für den einen oder anderen recht interessant sein.

Abbildung 7.12 *Sehr beliebt aufgrund des guten Preis-Leistungs-Verhältnisses: Systemblitze von Godox*

Wenn Sie ein TTL-System suchen, das ein gutes Preis-Leistungs-Verhältnis hat, HSS bietet und zudem ein Funk-Blitzsystem ist, dann werfen Sie einen Blick auf den *Godox TT685F* für Fujifilm. Ich verwende das Gerät zusammen mit dem kleineren *Godox TT350F* im Verbund. Beide können sowohl als Sender wie auch Empfänger verwendet werden. Zusätzlich gibt es mit dem *X1T-F* einen Funksender, mit dem Sie entfesselt blitzen können. Der Preis für alle drei Geräte zusammen liegt bei ungefähr 260 Euro.

Weitere Geräte

Das waren natürlich noch lange nicht alle Systemblitze für die X-T3, und die hier erwähnten sollen nur der Übersicht dienen. So gibt es zum Beispiel von Nissin mit dem *Nissin i40* und dem *Nissin i60* zwei Geräte für das Fujifilm-System. Ich will an dieser Stelle keine generelle Empfehlung aussprechen. Denn die Entscheidung hängt auch immer davon ab, was Sie mit dem Blitz machen wollen. Hinterfragen Sie sich selbst, beispielsweise: Wie häufig benötigen Sie einen Blitz, und wozu? Wollen Sie entfesselt blitzen? Benötigen Sie HSS?

7.3 Die Blitzeinstellungen der X-T3

Wenn Sie einen Fujifilm-kompatiblen Blitz haben, dann können Sie in der Regel damit auch die Blitzautomatik, die TTL-Blitzlichtmessung verwenden, bei der die Kamera die Blitzleistung bestimmt. TTL bedeutet *Through The Lens*. Damit wird sichergestellt, dass der Blitz nicht nur einfach die volle bzw. die manuell eingestellte Leistung abfeuert, sondern die Leistung an das Umgebungslicht anpasst – mit dem Ziel einer ausgewogenen Belichtung. Sobald Sie den Auslöser halb herunterdrücken, misst die Kamera das Umgebungslicht wie gehabt. Wenn Sie den Auslöser durchdrücken, wird ein Vorblitz ausgelöst, der das Motiv aufhellt. Anhand dieser Daten kann die Kamera in etwa abschätzen, wie hell es ohne Blitz ist und mit wie viel Leistung der Blitz die Szene aufhellen muss. Aus einer Mischung von Umgebungslicht und Blitzlicht wird somit die aus Sicht der Kamera optimale Blitzleistung ermittelt. Diese Vorgänge laufen so schnell ab, dass Sie den Vorblitz in der Regel gar nicht wahrnehmen.

7.3.1 Die Blitzsteuerung

Ob Ihr Blitz auch wirklich TTL verwendet, erkennen Sie im Sucher oder auf dem Display links oben am **TTL**-Zeichen über der Belichtungsskala. Haben Sie einen Blitz aufgesteckt, der nicht kompatibel mit der Kamera ist, steht hier **M** für manuell, und der Blitz zündet in dem Fall mit der am Blitz eingestellten Stärke. Sie können auch einen Fujifilm-kompatiblen Blitz im manuellen Modus betreiben. Hierzu finden Sie einen Eintrag im Schnellmenü über die **Q**-Taste, oder Sie nutzen das Kameramenü über **Blitz-Einstellung > Einstellung Blitzfunktion**. Wählen Sie den quadratischen hellgrauen Eintrag links oben aus (siehe Abbildung 7.14), und drehen Sie das hintere Einstellrad, um die Blitzsteuerung zu ändern. Abhängig vom Blitzgerät stehen Ihnen verschiedene Steuerungen zur Verfügung.

Abbildung 7.13 *Blitzsteuerung per Schnellmenü ändern (hier: Multi)*

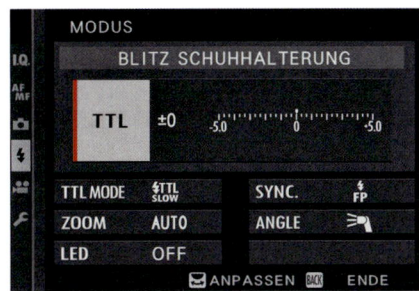

Abbildung 7.14 *Blitzsteuerung über das Kameramenü ändern (hier: TTL)*

Blitzsteuerung	Beschreibung
TTL	Die Blitzautomatik **TTL** wird gewöhnlich bei Fujifilm-kompatiblen Blitzgeräten automatisch gleich nach dem Aufstecken des Blitzgerätes verwendet.
M	Im Modus **M** regeln Sie die Blitzleistung selbst. Die Blitzstärke wird als Bruchteil der vollen Leistung 1/1 bis 1/512 (abhängig vom Blitzgerät) angegeben. Die manuelle Einstellung ist sinnvoll, wenn Sie mit konstanter Blitzmenge arbeiten wollen.
MULTI	Wenn es unterstützt wird, können Sie mit **MULTI** die Stroboskopblitz-Steuerung (Serienblitz) aktivieren, um kurze Lichtblitze in schneller Folge zu senden. Damit frieren Sie zum Beispiel Bewegungsfolgen innerhalb eines Bildes ein.

Tabelle 7.1 *Verschiedene Blitzsteuerungen mit der X-T3*

Blitzsteuerung	Beschreibung
Commander	Mit **Commander** stellen Sie den Master-Modus ein und steuern Blitzgeräte fern.
OFF	Mit **OFF** deaktivieren Sie den Blitz.

Tabelle 7.1 Verschiedene Blitzsteuerungen mit der X-T3 (Forts.)

Mitgelieferten Blitz per Remote-Funktion verwenden

Der EF-X8 (und auch der EF-X500) kann über eine eingebaute Remote-Funktion (über Synchronmesszellen) kabellos einen oder mehrere Blitzgeräte über den Servo-Betrieb auslösen, sofern das Blitzgerät diese Betriebsart unterstützt. Das Prinzip basiert darauf, dass der EF-X8 ein wenig Licht an das entfernte Remote-Blitzgerät im Servo-Betrieb sendet, das ihn dann auslöst. Damit dies auch funktioniert, müssen Sie die Blitzsteuerung vom EF-X8 auf **Commander** stellen, und der entfernte Blitz muss servofähig sein. Hier können Sie bei Bedarf mit einem kleinen Servo-Blitzauslöser (siehe Abbildung 7.16) nachhelfen. Auf eine TTL-Steuerung müssen Sie hierbei allerdings verzichten und stattdessen im manuellen Modus fotografieren.

*Abbildung 7.15 Der **Commander**-Modus. Jetzt kann das Blitzgerät externe Blitzgeräte fernsteuern.*

Abbildung 7.16 Ein Servo-Blitzauslöser zum entfesselten Auslösen. Er reagiert auf Anblitzen und löst den angeschlossenen Blitz auf dem Blitzschuh aus.

7.3.2 Blitzleistung einstellen

Wie jede andere Kameraautomatik liegt auch das TTL-System nicht immer richtig oder liefert vielleicht nicht das zurück, was Sie wollen. So fällt der Blitz für Ihr Empfinden vielleicht zu hell oder zu dunkel aus. Daher können Sie hier die Leistung über **Blitz-Einstellung > Einstellung Blitzfunktion** mit der Skala rechts neben der Blitzsteuerung mit dem hinteren Einstellrad nach oben oder unten korrigieren. Diese Option unterscheidet sich von der ausgewählten Blitzsteuerung. So finden Sie in der TTL-Blitzmessung eine ähnliche Belichtungsskala vor, wie Sie sie auch vom Display oder Sucher der Kamera her kennen.

Abbildung 7.17 *Die Blitzleistung der TTL-Steuerung anpassen*

Abbildung 7.18 *Hier wird die Blitzleistung für den manuellen Modus angepasst.*

Beim manuellen Modus in der ungesteuerten Blitzabgabe können Sie die Leistung hingegen in Drittelstufen von 1/1 (= volle Leistung) bis auf 1/64 oder auch 1/128 reduzieren.

Abbildung 7.19 *Hier habe ich mit TTL ohne weitere Anpassungen gegen die Decke geblitzt. Für mein Empfinden wurde das Motiv dadurch recht schwach belichtet.*

Abbildung 7.20 *Hier habe ich die Blitzleistung um +1 erhöht, und das Ergebnis entspricht meinen Erwartungen.*

7.3.3 Den TTL-Modus anpassen

Abhängig vom ausgewählten Aufnahmemodus **P**, **S**, **A** oder **M** stehen Ihnen über **Blitz-Einstellung > Einstellung Blitzfunktion** verschiedene Modi für die TTL-Blitzsteuerung zur Verfügung. Entsprechend der Auswahl wird auch hier der gewählte TTL-Modus rechts oben über der Belichtungsskala angezeigt.

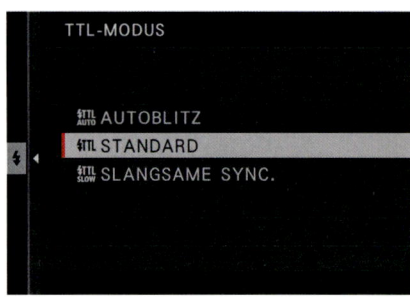

Abbildung 7.21 Den TTL-Modus anpassen

TTL-Modus	Beschreibung
Autoblitz TTL-Auto	Diese Option steht nur im Aufnahmemodus **P** zur Verfügung. Hierbei entscheidet die Kamera, ob der Blitz gezündet wird. Wenn Sie den Auslöser halb herunterdrücken, wird das Blitzsymbol über der Belichtungsskala angezeigt, wenn der Blitz zünden wird.
Standard TTL	Bei dieser Einstellung zündet der Blitz immer. Die Blitzleistung passt sich dank TTL dem Umgebungslicht an. Der Modus eignet sich perfekt zum Aufhellen dunkler Schatten wie beispielsweise bei Gegenlichtaufnahmen.
Slangsame Sync. TTL-Slow	Die Option steht nur in den Aufnahmemodi **P** und **A** zur Verfügung. Hier wird versucht, mit einer längeren Belichtungszeit zu blitzen. Damit wird beispielsweise bei einer nächtlichen Porträtaufnahme der Hintergrund länger beleuchtet und verschwindet somit nicht komplett in Schwarz.

Tabelle 7.2 Optionen für die TTL-Blitzsteuerung

7.3.4 Synchronisation

Mit der Synchronisation können Sie auswählen, ob der Blitz sofort nach dem Öffnen des Verschlusses zündet (**1.Vorhang**/**Front**), was auch die Standardeinstellung ist. Alternativ können Sie den Blitz auch nach dem Schließen des Verschlusses zünden (**2.Vorhang**/**Rear**). Diese Einstellung macht sich vor allem bei langen Belichtungszeiten und bewegten Motiven bemerkbar. Bei unbewegten Motiven hat diese Einstellung keinen Einfluss auf das Bild. In den folgenden Abbildungen habe ich ein LED-Licht von unten nach oben bewegt und dabei eine längere Belichtungszeit (1 Sekunde) verwendet. Hierbei können Sie entscheiden, ob das sich bewegende Objekt am Anfang (**Rear/2.Vorhang**) der Belichtung oder am Ende (**Front/1.Vorhang**) der Belichtung eingefroren werden soll. Das müssen Sie berücksichtigen, weil ein sich bewegendes Objekt am Anfang der Belichtung eine andere Position hat als am Ende. In der Praxis eignen sich daher die beiden Programmmodi **S** und **M** am besten dafür, eine längere Belichtungszeit einzustellen, um den gewünschten Effekt zu erzielen.

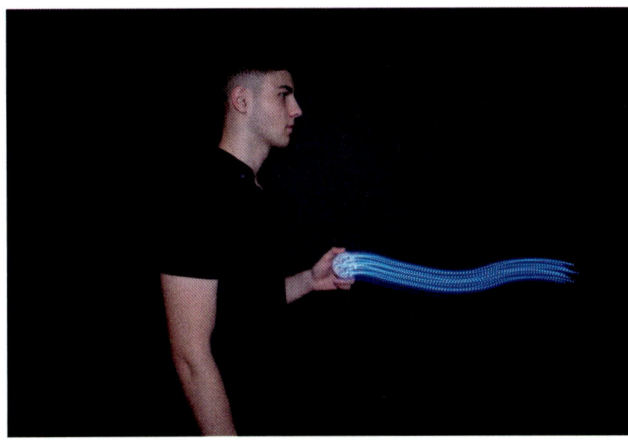

Abbildung 7.22 *Die Person mit der LED-Lampe ist hier von links nach rechts gelaufen bei einer Sekunde Belichtungszeit. Den Blitz habe ich mit dem* **1.Vorhang/Front** *gezündet. Es scheint so, als ginge die Person rückwärts.*

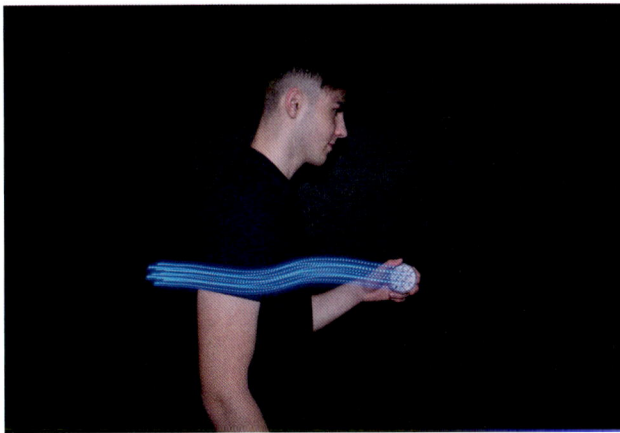

Abbildung 7.23 *Dasselbe Motiv. Die Person mit der LED-Lampe lief von links nach rechts bei einer Sekunde Belichtungszeit. Hier habe ich den* **2.Vorhang/Rear** *für die Blitzsynchronisation verwendet. Die Bildbewegung hat nun eine komplett andere Wirkung bekommen.*

7.3.5 Rote-Augen-Korrektur

Wenn das Blitzgerät recht nah an optischen Achse des Objektiv liegt, kommt es schnell zu roten Pupillen in den Augen von Personen. Gerade bei den Blitzgeräten EF-20 und EF-X20 von Fujifilm ist eben genau dieser geringe Abstand vorhanden. Hier bietet die X-T3 im Menü **Blitz-Einstellung > Rote-Augen-Korr.** einige Optionen an. Mit **Blitz** und **Blitz+Entfernung** wird ein Vorblitz abgefeuert, der die Pupillen verkleinern soll, um den Effekt zu reduzieren. Mit der Option **Entfernung** wird bei Bedarf nachträglich eine automatische Retusche in der Kamera durchgeführt und der Vorblitz nicht ausgelöst. Die Entfernung via Retusche mit den beiden Versionen **Entfernung** und **Blitz+Entfernung** setzt allerdings voraus, dass Sie (auch) im JPEG-Format fotografieren. Die Retuschen werden nicht auf die Raw-Datei angewendet. Wenn Sie trotzdem ausschließlich im Raw-Format fotografieren, können Sie diese Entfernung auch nachträglich im internen Raw-Konverter der X-T3 durchführen. Natürlich ist auch hier das Ergebnis wiederum eine JPEG-Datei.

Abbildung 7.24 *Rote-Augen-Korrektur bei den Blitz-Einstellungen*

Abbildung 7.25 *Die vorhandenen Optionen, um gegen rote Augen vorzugehen*

Die Funktion der Rote-Augen-Korrektur ist vielleicht für den einen oder anderen ganz hilfreich und nützlich, aber bei mir ist die Funktion immer auf **Aus**. Ich behelfe mir in der Regel damit, dass ich die Person kurz in eine helle Lichtquelle blicken lasse. Auch hilft es, für mehr Umgebungslicht zu sorgen, wenn dies möglich ist. Bei einem höheren Aufsteckblitz treten diese roten Augen ohnehin extrem selten auf. Und wenn doch: Sie lassen sich leicht mit einer nachträglichen Bildbearbeitung korrigieren.

7.3.6 TTL-Sperre

Mit **TTL-LOCK Modus** im Kameramenü **Blitz-Einstellung** können Sie ähnlich wie bei der Belichtungsmessung mit **AE-L** die zuletzt gemessene Blitzlichtmessung speichern und somit mit derselben Blitzmenge weiterfotografieren. Verwenden Sie so Sie zum Beispiel bei einem Porträtshooting dieselbe Blitzleistung, auch wenn die Person die Position wechselt. Um diese Funktion allerdings nutzen zu können, müssen Sie eine Funktionstaste damit belegen. Dies können Sie über das Kameramenü **Einrichtung > Tasten/Rad-Einstellung > Funktion (Fn)** machen. Ich habe hier für das Beispiel die Auswahltaste nach unten verwendet. Im Menü **Blitz-Einstellungen > TTL-Lock Modus** stehen Ihnen zwei Optionen zur Verfügung. Mit der Standardeinstellung **Mit letzt Blitz sperr.** können Sie nach einer Aufnahme die vom Blitzgerät abgefeuerte Lichtstärke mit Hilfe der Funktionstaste speichern und für die weitere Aufnahmen verwenden.

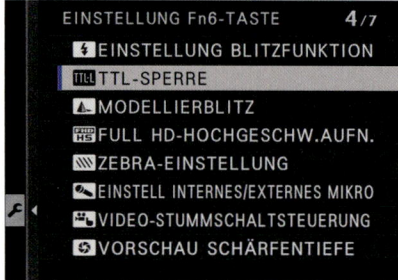

Abbildung 7.26 *Für die Verwendung von TTL-Lock müssen Sie eine Funktionstaste einrichten.*

Abbildung 7.27 *Wenn Sie die Blitzmessung mit der neu zugewiesenen Taste gespeichert haben, wird dies im Sucher oder auf dem Display mit dem blauen TL unten links neben der Belichtungszeit angezeigt.*

Mit der zweiten Option **Mit Messbl. sperren** wird – sobald Sie die Funktionstaste drücken – ein Messblitz auf das Objekt gefeuert, der auf diese Weise die Lichtstärke misst und für die folgenden Aufnahmen speichert und verwendet. Im Sucher oder auf dem Display erkennen Sie einen gespeicherten TTL-Wert am blauen **TL** links neben der Belichtungszeit.

7.3.7 Weitere Funktionen

Abhängig vom verwendeten Blitzsystem und vom Programmmodus der Kamera finden Sie noch weitere Funktionen im Kameramenü **Blitz-Einstellung > Einstellung Blitzfunktion** vor. Dazu gehören Funktionen wie **Zoom**, mit der Sie den Lichtkegel des Zoomreflektors in festen Brennweitenstufen verändern. Mit **Angle** legen Sie den Leuchtwinkel fest, und mit **LED** schalten Sie, wenn vorhanden, die LED-Videoleuchte am Blitzgerät hinzu.

Abbildung 7.28 *Abhängig vom Blitzgerät finden Sie weitere Funktionen vor.*

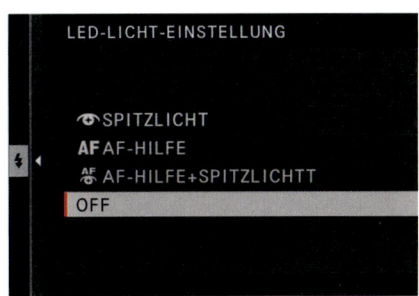

Abbildung 7.29 *Wenn der Blitz es unterstützt, können Sie bei der **LED-Licht-Einstellung** dieses Licht als Spitzlicht zum Erzeugen von Lichtreflexen für die Augen, als AF-Hilfslicht oder als eine Mischung aus beidem einrichten. Natürlich können Sie es auch mit **OFF** deaktivieren.*

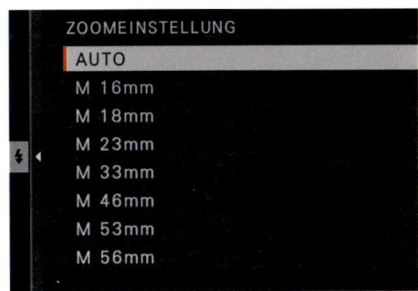

Abbildung 7.30 *Mit der Zoomeinstellung verändern Sie den Lichtkegel für den Blitz.*

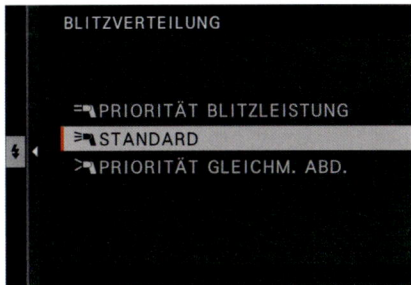

Abbildung 7.31 *Bei **Blitzverteilung** (**Angle**) können Sie neben der Standardeinstellung nach **Priorität Blitzleistung** auswählen, womit die Reichweite durch eine Verkleinerung des Leuchtwinkels erhöht wird. **Gleichm. Abd.** hingegen vergrößert diesen Winkel, wodurch ein Objekt zwar gleichmäßiger ausgeleuchtet, allerdings die Reichweite verringert wird.*

7.4 Blitzen in der Praxis

Auch beim Blitzen steuern Sie mit der Blende die Schärfentiefe, und mit der Belichtungszeit haben Sie das Verwacklungsrisiko im Griff. Allerdings gelten hierbei andere Regeln, wenn es zum Beispiel völlig dunkel ist. In der Dunkelheit können Sie problemlos mit einer Belichtungszeit von mehr als einer Sekunde noch ein perfektes Bild aus der Hand von sich bewegenden Motiven fotografieren. Der Grund ist einfach, wenn man bedenkt, dass die Blitzleuchtdauer häufig nur etwa 1/20000 s bis 1/800 s beträgt. Bei so kurzen Zeiten spielt es kaum eine Rolle, wie lange die Belichtungszeit der Kamera eingestellt ist. Dies gilt natürlich nur dann, wenn ein Motiv in der Dunkelheit angeblitzt wird.

In der Praxis werden aber wohl eher selten Bilder in der dunkelsten Nacht gemacht, daher gilt auch beim Fotografieren mit Blitz: Ist die Belichtungszeit zu lang, besteht die Gefahr der Verwacklung. Bei verwackelten Blitzfotos machen sich Verwackler in Form eines Schleiers bemerkbar.

Abbildung 7.32 *Verwackler ohne Blitz*

Abbildung 7.33 *Verwackler mit Blitz*

Für ein ordentliches Blitz-Ergebnis bei normalem Umgebungslicht (also nicht in der völligen Dunkelheit) steuern Sie einfach wie gewohnt die Belichtung mit Belichtungszeit, Blende und ISO. Je mehr Umgebungslicht Sie hierbei zulassen, umso weniger hart wird das Motiv angeblitzt oder »verblitzt«, weil die TTL-Steuerung immer versuchen wird, ein korrekt belichtetes Ergebnis zu erzeugen. Mit der Belichtungszeit beeinflussen Sie hierbei häufig entscheidend, wie viel des vorhandenen Umgebungslichts beim Blitzen im Bild sichtbar gemacht wird.

Der ISO-Wert beim Blitzen
Natürlich spielt der ISO-Wert beim Blitzen eine wichtige Rolle. Auch hier können Sie mit einem höheren ISO-Wert mehr Umgebungslicht hinzufügen. Ebenso muss bei einem höheren ISO-Wert der Blitz weniger stark arbeiten und hat bei der gleichen Kraft eine größere Reichweite. So können Sie auch mit einer ISO-Erhöhung zum selben Ergebnis kommen wie mit der Verlängerung der Belichtungszeit.

Generell gilt: Wenn Sie einen Fujifilm-kompatiblen Blitz mit der TTL-Funktion verwenden und die TTL-Funktion aktiv ist, dürften Sie mit den Programmmodi **P**, **S** und **A** selten ein Problem mit der Blitzautomatik haben. Gewöhnlich kümmert sich TTL gemäß den eingestellten Werten für ISO, Blende und Belichtungszeit um eine passende Blitzleistung und somit auch eine ordentliche Belichtung. Natürlich kommen hier weitere Dinge hinzu wie der Abstand zum Objekt, die Tageszeit, das Umgebungslicht und die Leistung des Blitzes selbst.

Zudem muss klar sein, dass das Ergebnis beim Blitzen, bei dem die Kamera und der TTL-Blitz immer versuchen, eine normale Belichtung zu erreichen, nicht dem entsprechen kann, wie die Situation im Augenblick der Aufnahme tatsächlich ist. Dennoch: Die X-T3 leistet in Zusammenarbeit mit einem TTL-Blitz eine großartige Arbeit, und die Ergebnisse wirken relativ selten »verblitzt«. Und ist die Blitzleistung doch einmal zu stark oder zu schwach, können Sie die TTL-Blitzleistung in der Kamera in 1/3-Stufen anpassen. Die Anpassung der Leistung wird im Sucher bzw. auf dem Display gleich neben dem TTL-Symbol über der Belichtungsskala angezeigt.

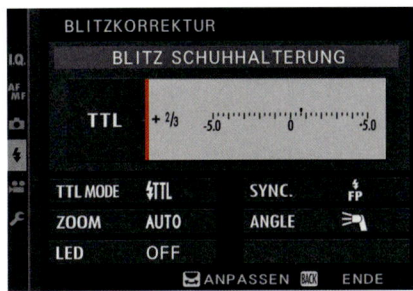

Abbildung 7.34 *Die Blitzleistung bei TTL-Blitzen können Sie in 1/3-Stufen anpassen.*

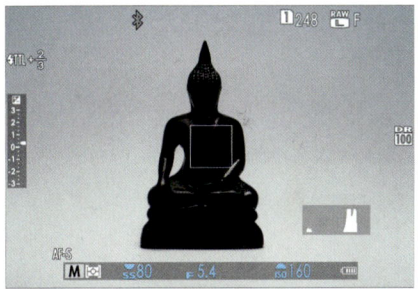

Abbildung 7.35 *Die Anpassung der Blitzleistung wird gleich neben dem TTL-Symbol über der Belichtungsskala angezeigt.*

7.4.1 Indirektes Blitzen

Gerade Einsteiger machen gerne den Fehler, ein Objekt oder eine Person direkt anzublitzen. Mit einem indirektem Blitz, beispielsweise über die Decke und Wand, sorgen Sie hingegen für ein viel gleichmäßigeres und durch Schattensetzung auch interessanteres Licht. Voraussetzung hierfür ist allerdings ein Blitzgerät, bei dem Sie den Blitzkopf drehen können.

Ist keine Wand vorhanden, hilft auch ein faltbarer Reflektor oder eine einfache Styroporwand. Generell sollten Sie darauf achten, dass die Farbe des Reflektors (Decke, Wand, Styropor etc.) Einfluss auf das Ergebnis hat. Ist die Wand grün, wird auch das reflektierte Licht grün sein. Da beim indirekten Blitzen das Licht einen längeren Weg zurücklegen muss, kommt abhängig von der Höhe der Decke möglicherweise zu wenig Licht beim Motiv an. In dem Fall können Sie sich behelfen, indem Sie die Blitzleistung über das Kameramenü erhöhen.

Abbildung 7.36 *Hier wurde direkt geblitzt. Zwar ist die Person ordentlich belichtet, aber insgesamt wird alles relativ flach, weil es keinerlei Schatten mehr im Gesicht gibt.*

Abbildung 7.37 *Hier habe ich indirekt gegen die Decke geblitzt. Das Gesicht bekommt nun mehr Schatten und wirkt wesentlich interessanter. Das Bild wirkt auch nicht mehr so »verblitzt«.*

Abbildung 7.38 *Hier habe ich den Blitz indirekt auf die Wand an der rechten Seite gerichtet, und auch dieses Bild wirkt wesentlich interessanter als bei direktem Blitzlicht.*

7.4.2 Blitzen im Programmmodus S

Wenn Sie im Programmmodus **S** blitzen, versucht die Kamera, zur eingestellten Belichtungszeit die passende Blende zu ermitteln, und dient somit als Aufhelllicht. In diesem Modus haben Sie zudem eine gute Kontrolle darüber, wie das Motiv und das Umgebungslicht erfasst werden sollen. Bei einer kürzeren Belichtungszeit wird weniger vom natürlichen Umgebungslicht mit aufgenommen. Hierbei können Sie sogar den Hintergrund komplett ins Schwarz abtauchen lassen, was bei einigen Aufnahmen durchaus ein interessanter Effekt ist.

Bei längeren Belichtungszeiten kommt natürlich mehr vom vorhandenen Umgebungslicht mit ins Bild. Natürlich bedeutet eine längere Belichtungszeit auch, dass sich bewegende Motive verwackelt werden. Oftmals ist diese Verwacklung der Umgebung sogar gewollt, um den Fokus mehr auf das Motiv zu lenken.

Abbildung 7.39 *Das Licht kommt von hinten, daher benötigen wir einen Blitz, um die Schatten im Gesicht aufzuhellen. Eine klassische Gegenlichtsituation also.*

Abbildung 7.40 *Zuvor sollten Sie aber noch die Spotmessung aktivieren, damit nicht das gesamte Bild bei der Messung berücksichtigt wird, sondern nur die anvisierte Person auf dem Bild. Allerdings säuft hierbei jetzt der Hintergrund ohne Blitz komplett ins Weiß ab.*

Abbildung 7.41 *Nun habe ich direkt geblitzt und mit einer Belichtungszeit von 1/30 s fotografiert. Durch die längere Belichtungszeit ist das Umgebungslicht immer noch sehr hell geraten.*

Abbildung 7.42 *Dasselbe nochmals, nur habe ich jetzt die Belichtungszeit deutlich verkürzt (1/250 s), wodurch weniger Umgebungslicht (bzw. hier das Licht von hinten) im Bild enthalten ist und das Bild wesentlich stimmiger und der Hintergrund wesentlich realistischer geworden ist.*

7.4.3 Langzeit-Synchronisation in den Modi A und P

In den Programmmodi **A** und **P** wird die Belichtungszeit automatisch eingestellt, um ohne Verwacklung fotografieren zu können. Das Ergebnis hängt stark von der Lichtumgebung ab. Wie Sie im Abschnitt zuvor erfahren haben, entscheidet die Belichtungszeit darüber, wie viel Umgebungslicht mit aufgenommen wird.

Die X-T3 versucht in den Programmmodi **P** und **A**, möglichst den Kehrwert der Brennweite zu erzielen. Nach Tests mit verschiedenen Objektiven scheint es hier mit 1/60 s ein hartes Limit zu geben, das unabhängig von der verwendeten Brennweite nicht unterschritten wird. Wenn Sie längere Belichtungszeiten benötigen, sollten Sie im Modus **S** oder **M** fotografieren. Oder Sie verwenden die Langzeitsynchronisation mit dem TTL-Modus **Slangsame Sync.**.

Der TTL-Modus **Slangsame Sync.** sorgt dafür, dass die Belichtungszeit lang genug ist, damit auch der Hintergrund ordentlich belichtet wird. Diese Methode eignet sich perfekt, um eine Lichtstimmung mit Blitzlicht zu erhalten. Allerdings kann es dabei auch passieren, dass die Belichtungszeit recht lang wird und es dadurch wieder etwas schwerer wird, aus der Hand ohne Verwacklungen zu fotografieren. Aber auch hier kann dieser Effekt der schwebenden Verwacklung durchaus gewollt sein.

Sollte die Belichtungszeit zu lang werden, können Sie mit dem Einstellrad für die Belichtungskorrektur unterbelichten. Der Blitz zündet dann mit mehr Leistung, aber in der Entfernung fällt das Licht stärker ab, wodurch wiederum ein dunklerer Hintergrund entsteht. Sie können aber auch die Entfernung zum Motiv vergrößern, um diesen Effekt zu erzielen.

Abbildung 7.43 *Das Bild wurde mit einer Belichtungszeit von 1/60 s geblitzt. Man erkennt hier sofort, dass geblitzt wurde. Das Motiv ist zu hart belichtet, und die Lichtstimmung des Umgebungslichtes passt überhaupt nicht mehr. Es war eigentlich recht dunkel beim Fotografieren.*

Abbildung 7.44 *Nochmals dasselbe, nur jetzt mit dem TTL-Modus **Slangsame Sync.** und 1/8 s Belichtungszeit, wodurch der Hintergrund wesentlich »echter« belichtet und das Gesamtergebnis nicht mehr so »verblitzt« aussieht.*

7.4.4 Blitzen im Programmmodus M

Beim Blitzen im Programmmodus **M** haben Sie die meiste Freiheit. Sie können die Blende beliebig einstellen und auch eine lange Belichtungszeit im Modus **T** (oder auch mit **B**(ulb) bis hoch zur Synchronzeit von 1/250 s wählen. Wenn der Blitz HSS unterstützt, wird diese Funktion bei kürzeren Belichtungszeiten automatisch aktiviert. Eine gute Hilfe ist dabei die Belichtungsanzeige im Sucher oder auf dem Display, die Sie über **Einrichtung > Display-Einstellung > Display Einstell.** durch das Setzen eines Häkchens vor **Aufn.Komp. (Ziffer)** aktivieren. Bei einem negativen Wert versucht der Blitz, die fehlende Belichtung durch stärkeres Blitzen auszugleichen, was wiederum zu den verblitzten Ergebnissen führen kann, die Sie vermutlich nicht wollen. Gute Ergebnisse erzielen Sie in der Regel, wenn Sie möglichst um den Wert 0 belichten.

Abbildung 7.45 *Belichtungsanzeige aktivieren*

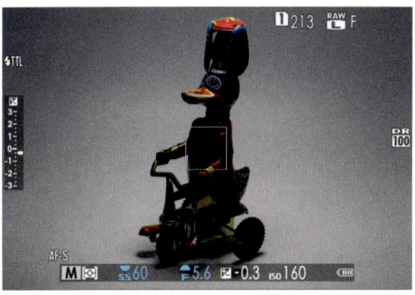

Abbildung 7.46 *Die Belichtungsskala ist ein gutes Hilfsmittel, wenn Sie im Programmmodus M blitzen.*

7.4.5 Grenzen der Belichtungssynchronzeit und HSS

Ich habe bereits die *Blitzsynchronzeit* erwähnt, die kürzestmögliche Belichtungszeit beim Blitzen, die bei der X-T3 1/250 s beträgt. In den Programmmodi **P** und **A** wird daher die X-T3 niemals eine kürzere Belichtungszeit anbieten. Wenn Sie entsprechend der Lichtsituation in den Modi **P** oder **A** eine noch kürzere Belichtungszeit benötigen, können Sie die Blendenzahl erhöhen (Blende schließen), den ISO-Wert reduzieren oder einen ND-Filter auf das Objektiv schrauben.

> **Graufilter (ND-Filter)**
> Wenn mit 1/250 s die Blitzsynchronzeit erreicht wurde, der ISO-Wert auf ein Minimum von 160 gestellt ist und Sie trotzdem mit offener Blende fotografieren wollen, um eine geringere Schärfentiefe bei einer Porträtaufnahme zu erzielen, dann kann die Verwendung eines neutralen Graufilters (ND-Filter) eine Lösung sein. Je nach Stärke des ND-Filters schluckt dieser einige Blendenstufen an Licht, und Sie können damit am Tag trotzdem mit offener Blende und einer Blitzsynchronzeit von 1/250 s fotografieren, ohne überzubelichten. Graufilter können Sie natürlich auch ohne Blitz einsetzen, um z. B. Wasser oder Personen verwischen zu lassen.

Zwar können Sie in den Programmmodi **S** und **M** durchaus eine kürzere Belichtungszeit als 1/250 s einstellen und verwenden, dies führt zu Abschattungen im Bild. Die Blitzsynchronzeit von 1/250 s ist die kürzeste Belichtungszeit, mit der Sie ein Foto mit Blitzeinsatz ohne Hilfe von HSS machen können.

 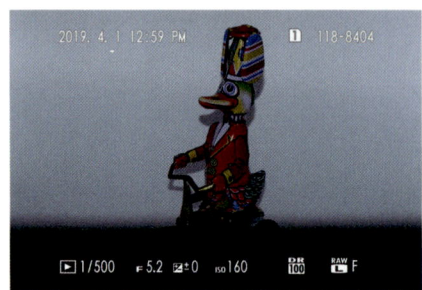

Abbildung 7.47 *Hier wird mit 1/500 s geblitzt …*

Abbildung 7.48 *… was zu Abschattungen im Bild geführt hat, da der Blitz kein HSS kann.*

Die Abschattungen lassen sich einfach erklären: Bei einer kürzeren Belichtungszeit als 1/250 s ist das Auslesen der einzelnen Zeilen des Sensors noch gar nicht beendet, während schon der Schließvorgang des Verschlusses startet. Daher liegt der Sensor bei solch kurzen Belichtungszeiten niemals komplett frei.

Abhilfe schafft die High-Speed-Synchronisation (kurz: HSS), die auch von der X-T3 unterstützt wird. Damit können Belichtungszeiten von bis zu 1/8 000 s mit Blitz realisiert werden. Allerdings hängt diese Unterstützung auch vom verwendeten Blitzgerät ab. Der mitgelieferte Blitz EF-X8 zum Beispiel kann kein HSS. Hier müssen Sie bei Fujifilm schon zum EF-X500 greifen. Aber auch Drittanbieter wie Metz, Godox und Nissin unterstützen HSS. Um bei HSS-fähigen Blitzgeräten diese Funktion zu (de-)aktivieren, stellen Sie diese im Kameramenü **Blitz-Einstellung > Einstellung Blitzfunktion** bei **Sync.** auf **Auto-FP (HSS)**.

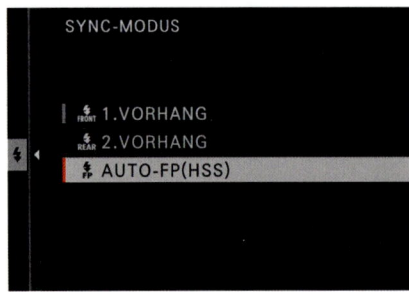 

Abbildung 7.49 *Mit Hilfe des Sync-Modus Auto-FP(HSS) können Sie mit sehr kurzen Belichtungszeiten (bis zu 1/8 000s) blitzen und somit den Blitz auch noch mit sehr weit geöffneter Blende bei Tageslicht verwenden.*

Abbildung 7.50 *Mit Hilfe von HSS sind kurze Belichtungszeiten beim Blitzen möglich, womit es beispielsweise kein Problem mehr ist, am hellen Tag mit offener Blende und ohne ND-Filter zu fotografieren.*

Der Trick beim HSS ist, dass der Blitz hierbei permanent, während des gesamten Verschlussvorgangs, kurze Impulse abfeuert. Dadurch wird während dieser Zeit das Motiv konstant beleuchtet, und das Problem mit zu kurzen Belichtungszeiten ist behoben. Der einzige Nachteil beim

HSS ist, dass Sie hiermit nicht mit der vollen Blitzleistung arbeiten können, weshalb sich Reichweite und Blitzstärke beim HSS etwas verringern.

7.4.6 Die Farben beim Blitzen steuern

Während man im Studio beim Blitzen den Weißabgleich noch ganz gezielt manuell über den Kelvin-Wert oder mit einer Graukarte einstellen kann, ist dies in den meisten anderen Situationen häufig gar nicht so leicht. Die Schwierigkeit hierbei ist, dass das Blitzlicht gewöhnlich eine andere Farbtemperatur hat als das Umgebungslicht. Ein Blitzlicht hat (ohne Farbgels) eine neutrale Farbtemperatur von 5000–5500 Kelvin, ähnlich wie das Tageslicht.

Solch einem Mischlichtverhältnis ist es gewöhnlich sehr schwer gegenzusteuern. Hier können Sie lediglich versuchen, das Hauptmotiv mit Hilfe einer Graukarte mit der richtigen Farbtemperatur zu versehen. Wer im Raw-Modus fotografiert, der kann die Farbtemperatur aber auch nachträglich mit dem Raw-Konverter anpassen; gute Konverter können das auch nur für ausgewählte Bereiche. So oder so müssen Sie sich hierbei für eine Farbtemperatur entscheiden. Ich würde mich daher immer, wenn möglich, für die korrekte Farbtemperatur beim Hauptmotiv entscheiden.

Eine weitere Option ist eine Farbfolie, die Sie vor den Blitz spannen. Mit einer solchen Farbfolie können Sie, neben kreativen Zwecken, auch die Farbtemperatur des Blitzes ändern. So wird häufig eine orangefarbene Folie (CTO-Folie) vor den Blitz gespannt, um ein gelbliches und damit wärmeres Blitzlicht zu erzeugen.

7.4.7 Manuell blitzen

Das manuelle Blitzen funktioniert mit fast jedem Blitzgerät, wenn Sie im Kameramenü **Blitz-Einstellung > Einstellung Blitzfunktion** mit dem hinteren Einstellrad den entsprechenden Modus wählen. Ebenfalls mit dem hinteren Einstellrad können Sie auch gleich die Blitzleistung einstellen. Im Schnellmenü über die **Q**-Taste finden Sie ebenfalls die entsprechende Option, von TTL auf manuell zu stellen.

Blitzgeräte von Drittherstellern, die nicht Fujifilm-kompatibel sind, müssen von Haus aus manuell am Blitzgerät eingestellt werden. Um hier die richtige Blitzleistung zu ermitteln, kann ein Blitzbelichtungsmesser hilfreich sein. Ansonsten können Sie auch durch Ausprobieren und Betrachten des Histogramms die richtige Blitzleistung ermitteln.

Abbildung 7.51 *Die Möglichkeiten, einen Fujifilm-kompatiblen Blitz manuell zu steuern*

Abbildung 7.52 *Bei einem nicht kompatiblen Blitzgerät können Sie keine Einstellungen innerhalb des Kameramenüs treffen, sondern müssen die Leistung direkt am Blitz einstellen.*

7.5 Entfesselt blitzen

Neben dem direkten und indirekten Blitzen, bei dem Sie den Blitz auf den Blitzschuh der Kamera setzen, können Sie mit der X-T3 auch den Blitz von der Kamera nehmen, um entfesselt zu blitzen. Beim entfesselten Blitzen haben Sie den Vorteil, dass Sie besser kontrollieren können, von wo das Licht kommt. Es gibt mehrere Wege, den Blitz von der Kamera zu bekommen, um entfesselt zu blitzen.

7.5.1 »Commander«-Modus

Wenn Sie die Blitzsteuerung auf Commander setzen, können Sie zum Beispiel mit dem mitgelieferten EF-X8 oder dem EF-X500 kabellos andere Servo-Blitzgeräte auslösen. Der Commander-Modus funktioniert über Lichtsignale und ist der älteste Modus bei Fujifilm-Blitzen, der seit der ersten X-Kamera an Bord ist. Diese Form des entfesselten Blitzens ist allerdings auch eine rein manuelle Lösung, und auf TTL müssen Sie hierbei verzichten. Diese Option funktioniert am besten, wenn Master- und Remote-Blitz in direkter Linie zueinander stehen, damit das Lichtsignal, das gesendet wird, den anderen Blitz ohne Hindernis erreicht. Im Raum selbst funktioniert es aber auch über die Reflexion der Wand oder Decke. Bei hellem Tageslicht ist diese Methode allerdings nicht so zuverlässig wie Indoor oder im Studio.

7.5.2 Funk ohne TTL

Eine weitere günstige Lösung ist es, einen Funkauslöser zu verwenden, um den Blitz fernauszulösen. Hierbei wird ein Sender auf dem Blitzschuh angebracht, und für jeden Blitz benötigen Sie einen Empfänger. Auch hierbei lassen sich theoretisch Fremdhersteller-Sender und -Empfänger verwenden, die nicht Fujifilm-kompatibel sind. Dies klappt allerdings nicht mit jedem nichtkompatiblen Funkauslöser, und ich kann es auch nicht empfehlen. Wenn Sie es auf eigenes Risiko dennoch probieren möchten, müssen Sie in jedem Fall die Blitzleistung manuell einstellen. Wenn das kein Problem darstellt, können Sie hiermit ein beliebiges Blitzgerät remote auslösen.

Abbildung 7.53 *Hier habe ich ein günstiges JJC-Funkauslöser-Set im Einsatz, mit dem ich entfesselt einen Blitz von Canon auslöse. Die Blitzleistung muss in diesem Fall allerdings manuell am Blitz eingestellt werden.*

7.5.3 Funk mit TTL

Es gibt mittlerweile Fujifilm-kompatible Funksysteme, die das TTL-Signal der X-T3 verstehen und es dann in das TTL-Protokoll des Transmitters umwandeln, um es dem Empfänger zum Auslösen zu senden, der dieses TTL-Protokoll versteht. So verwende ich zum Beispiel den Godox X1T-F, der das TTL-Protokoll der X-T3 in das TTL-Protokoll für Godox-kompatible Geräte umwandelt, zusammen mit den beiden Godox-Blitzgeräten TT685F und TT350F. Der Transmitter dient hierbei als Master, und die beiden Blitze werden als Slave eingerichtet. Bei Godox ist es aber auch möglich, einen der beiden Blitze als Master und den anderen als Remote einzurichten, ohne den X1T-F-Transmitter zu verwenden. Eines der beiden Blitzgeräte muss aber dann auf dem Blitzschuh bleiben.

Die Einstellungen der Master-Remote-Geräte können Sie dann allerdings ausschließlich an der Kamera vornehmen. Die Option, dies über die **Master-Einstellung** und den Kanal über **CH Einstellung** einzurichten, steht nicht zur Verfügung.

Abbildung 7.54 *Der X1T-F-Transmitter von Godox ...*

Abbildung 7.55 *... dient hier als Master für die beiden Blitzgeräte TT685F und TT350F.*

Ein weiteres System, das hier sehr gute Dienste tut, ist der *Nissin Air 1 Transmitter* zusammen mit den Nissin-Blitzgeräten i40 oder i60. Auch der Metz mecablitz M400 hat sich hierbei bewährt. Allerdings müssen Sie beim M400 wieder mindestens zwei Geräte kaufen.

7.5.4 TTL-Blitzkabel

Eine weitere Lösung ist es, ein Fujifilm-kompatibles TTL-Kabel und ein Fujifilm-kompatibles Blitzgerät zu verwenden. Auf diese Weise können Sie allerdings nicht so frei entfesselt blitzen wie mit Funk. Diese Methode ist zum Beispiel bei den kleinen Geräten wie dem EF-X20 sehr beliebt. Gerade in der Streetfotografie wird diese Methode gerne verwendet. Wer Bruce Gilden kennt und sich ein Video von ihm angesehen hat, der weiß, worauf ich hinauswill. Aber auch bei einfachen Porträtaufnahmen ist dieser Kabelverbund recht nützlich, weil Sie ganz einfach mit dem Blitz von links oder rechts oben in einem 45°-Winkel tolle Porträtaufnahmen machen können.

7.5.5 Fujifilm-TTL

Wer den kompletten Umfang der Blitz-Einstellungen im Kameramenü verwenden will, der kommt nicht um den EF-X500 herum. Damit können Sie auch die Master-Einstellung und CH Einstellung direkt im Kameramenü von Blitz-Einstellung vornehmen. Allerdings verläuft hier die Kommunikation über Lichtsignale anstelle von Funk. Nicht jedem schmeckt dieser Umstand, dass Fujifilm zur TTL-Kommunikation das veraltete Lichtprotokoll und nicht die Funktechnik verwendet. Ein Vorteil dieser Lichtsteuerung ist natürlich, dass es hiermit nicht wie bei der Funktechnik zu Verzögerungen beim Auslösen kommen kann, was gerade bei Hochgeschwindigkeitsaufnahmen wichtig ist. Aber man hat dann eben die Beschränkung, dass die Blitzgeräte in Sichtweite sein müssen. Draußen bei hellstem Tageslicht wird es mit dem optischen System auch schwierig, und die Reichweite ist ebenfalls etwas eingeschränkter als bei einem Funksystem. Leider kommt hinzu, dass zwei EF-X500 zum entfesselten Blitzen nötig sind. Es wäre schön, wenn Fujifilm hier in Zukunft zumindest die Option bieten würde, den mitgelieferten EF-X8 als Master einzurichten.

7.5.6 Weitere Hilfsmittel

Um beim entfesselten Blitzen harte Schatten und Reflexionen zu vermeiden, bieten sich viele kleinere Hilfsmittel an. Ich verwende zum Beispiel gerne eine kleinere Softbox (z. B. von Firefly) mit 60 cm Durchmesser für Porträtaufnahmen. Es gibt auch kleinere Diffusoren, die man über den Blitz spannen kann. Solche Diffusoren sorgen für ein weicheres Licht und weichere Schattenübergänge.

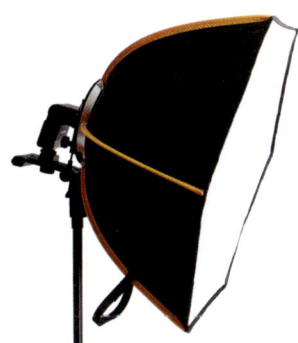

Abbildung 7.56 *Ich verwende beim entfesselten Blitzen gerne kleinere Softboxen. Die sind schnell aufgebaut und können auch überallhin mitgenommen werden.*

Abbildung 7.57 *Aber auch solche kleinen Bouncer können helfen, das Licht weicher zu machen. Zwar ist das Ergebnis nicht mehr ganz so weich wie bei einer Softbox, aber immer noch besser als harsches Blitzlicht.*

Abbildung 7.58 *Hier wurde ohne eine Softbox geblitzt.*

Abbildung 7.59 *Und hier mit einer Softbox. Die Unterschiede gerade in dunkleren Umgebungen sind deutlich.*

Beim Blitzen mit direktem Licht für eine Porträtaufnahme ist es zudem empfehlenswert, die Streuscheibe herauszuziehen und den weißen Catchlight-Reflektor zu verwenden. Wenn Sie jetzt den Reflektorkopf um 45 bis 60 Grad nach oben neigen, wird ein Teil des Lichtes nach vorn gelenkt, um Spitzlichter zu setzen.

Abbildung 7.60 *Indirektes Blitzen mit ausgeklappter Catchlight- und Streuscheibe*

7.6 Blitzen im Studio

Bei der Verwendung der X-T3 im Studio gilt im Prinzip dasselbe, was ich schon beim (entfesselten) Blitzen erwähnt habe: Sie benötigen einen Funk-Transmitter auf dem Blitzschuh, um das Blitzsystem zu zünden. Auf eine Automatik wie das TTL-System können Sie sich im Studio nicht mehr verlassen. In der Regel fotografiert man hier im Programmmodus **M** mit einem niedrigen ISO-Wert von 160 und einer Belichtungszeit von maximal 1/250 s. Auch im Studio müssen Sie die Blitzsynchronzeit (1/250 s bei der X-T3) berücksichtigen, um einen »Jalousien-Effekt« zu vermeiden. Um bei günstigeren Blitzgeräten etwas schneller hintereinander abfeuern zu können,

können Sie den ISO-Wert etwas erhöhen und so die erforderliche Blitzleistung reduzieren, damit das Blitzsystem schneller nachladen kann.

Es gibt auch Blitzsysteme mitsamt Transmitter, die HSS beherrschen und somit auch bis zu 1/8 000 s auslösen können. Ich habe hierfür z. B. einen speziellen Transmitter von Elinchrome im Einsatz, der meine Anlage auch mit HSS auslösen kann.

Abbildung 7.61 *Die X-T3 im Studio mit einem Skyport-Transmitter von Elinchrome*

Abbildung 7.62 *Wie beim entfesselten Blitzen gibt es leistungsfähige Transmitter (hier: Skyport-Transmitter plus HS von Elinchrome), mit denen Sie alle Blitzeinheiten steuern und in diesem Beispiel auch noch mit HSS zünden können.*

Dunkler Sucher und Display im Studio

Im Studio ist es häufig etwas dunkler, und man arbeitet oft mit einer größeren Blendenzahl, einem niedrigen ISO-Wert und der kürzesten Synchronzeit 1/250 s (oder kürzer, wenn HSS unterstützt wird). Bei solchen Einstellungen ist allerdings kaum etwas im Sucher oder auf dem Display zu sehen. Daher müssen Sie im Kameramenü **Einrichtung > Display-Einstellung > Bel.-Vorschau/Weissabgleich man.** auf **Aus** stellen. Sie haben dann die Vorschau der eingestellten Belichtung (und des Weißabgleichs) deaktiviert und sehen im Sucher oder Display keine Livevorschau. Dafür sehen Sie überhaupt wieder etwas. Vergessen Sie nach dem Fotografieren im Studio nicht, diese Einstellung wieder auf **Vorschau Bel./WA** zu stellen.

Die einzustellende Blitzstärke ermittle ich mit einem Blitzbelichtungsmessgerät, indem ich dieses vor mein zu fotografierendes Motiv halte und darauf blitze. Vorher habe ich die gewünschte Belichtungszeit und den ISO-Wert eingestellt. Zeigt mir das Messgerät jetzt Blende f5,6 an, will ich das Bild aber mit Blende f8 aufnehmen, was ja ein typischer Wert bei der Studiofotografie ist, muss ich die Leistung des Blitzgerätes erhöhen und erneut den Blitzwert mit dem Messgerät messen. Dies wiederhole ich so lange, bis ich die richtige Belichtung für meine eingestellten Werte an der Kamera auch auf dem Blitzbelichtungsmessgerät habe.

Abbildung 7.63 *Belichtung messen und dann die Blende einstellen*

Abbildung 7.64 *Bereit zum Fotografieren*

EXKURS
Tethered-Aufnahmen

Gerade wer im Studio fotografiert, der wird auch gerne die Aufnahmen gleich am großen Monitor betrachten und begutachten wollen. Für solche Zwecke bietet es sich an, direkt bei der Aufnahme über ein USB-Kabel oder mit einer WLAN-Verbindung die Bilder an den Computer zu senden. Dafür benötigen Sie die Software *Fujifilm X Acquire*. Sie können Sie diese Software von der Fujifilm-Website https://fujifilm-x.com/global/stories/fujifilm-x-acquire-features-users-guide/ für Windows oder macOS herunterladen.

Haben Sie die Software installiert und gestartet, erscheint in der Taskleiste (Windows) oder der Menüleiste (macOS) ein Symbol für diese Software. Wenn Sie das Symbol anklicken, erscheinen weitere Befehle. Besonders wichtig ist der Befehl **Zielordner Auswählen**, wo Sie vorgeben, wohin die übertragenen Dateien auf dem Computer gespeichert werden sollen.

Abbildung 7.65 *Die Funktionen für Fujifilm X Acquire*

Bei **Einstellungen** legen Sie außerdem gleich fest, welche Dateitypen Sie auf dem Computer und der Speicherkarte sichern wollen. Mit der Funktion **Funktionsleiste Öffnen** wird eine Leiste mit den wichtigsten Kameraeinstellungen auf dem Computer angezeigt. Diese Leiste dient allerdings nur für die Anzeige und hat keine weitere Funktion.

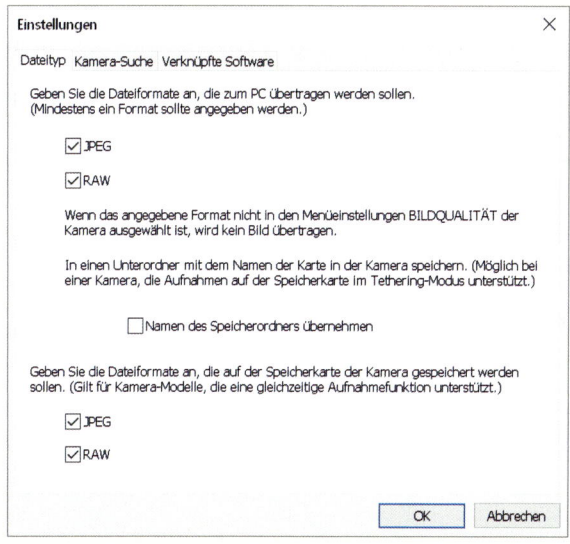

Abbildung 7.66 *Legen Sie fest, ob Sie JPEG und/oder Raw auf dem Computer und/oder der Speicherkarte gleichzeitig sichern wollen.*

Wie bereits erwähnt, können Sie die Aufnahmen nun via USB oder WLAN von der X-T3 auf dem Computer übertragen. Hierzu müssen Sie auf der X-T3 vorher noch Einstellungen vornehmen.

- **USB-Tethering**: Für das USB-Tethering benötigen Sie natürlich zunächst ein passendes USB-Typ-C-auf-USB-Typ-A-Verbindungskabel. Bevor Sie die Kamera mit dem Computer verbinden, müssen Sie im Kameramenü **Einrichtung > Verbindungs-Einstellung > PC-Anschluss-Modus** auf **USB-Tethering Aufnahme Automatik** einstellen. Das war es schon. Jetzt können Sie den Computer mit der X-T3 via USB-Kabel verbinden und anfangen zu fotografieren. Die Bilder werden von der Software Fujifilm X Acquire im zuvor ausgewählten Zielordner gespeichert.

- **WLAN-Tethering**: Um die Aufnahmen via WLAN an den Computer zu übertragen, müssen Sie im Kameramenü **Einrichtung > Verbindungs-Einstellung > Netzwerk-Einstellung > Einst Drahtlos.Zugangspkt.** und im folgenden Menü **Einfaches Setup** auswählen. Jetzt wartet die X-T3 darauf, dass Sie die WPS-Taste am WiFi-Router drücken, bis die WiFi-Leuchte blinkt. Wenn Sie die Verbindung mit der X-T3 aufgebaut haben, müssen Sie nur noch im Kameramenü **Einrichtung > Verbindungs-Einstellung > PC-Anschluss-Modus** auf **USB-Tethering Aufnahme Fest** einstellen, und schon werden die Bilder bei der Aufnahme von der Software Fujifilm X Acquire via WLAN in den eingestellten Zielordner auf dem Computer übertragen.

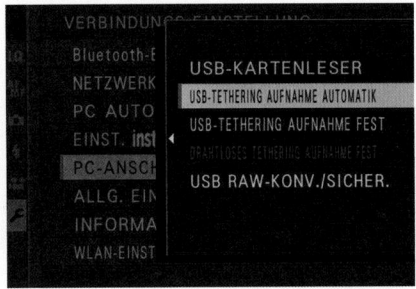

Abbildung 7.67 *Hier aktivieren Sie das USB- bzw. WLAN-Tethering.*

Kapitel 8
Der Alltag mit der Fujifilm X-T3

In diesem Kapitel gehe ich etwas genauer auf die einzelnen Anwendungsmöglichkeiten mit der X-T3 ein. Ziel ist es nicht, Ihnen eine Anleitung zu geben, wie Sie z. B. Porträts erstellen. Eher möchte ich zeigen, wie Sie sich mit den Funktionen der X-T3 das Leben in verschiedenen Fotografiesituationen erleichtern können.

8.1 Porträtfotografie

Die Porträtfotografie ist sicher eines der beliebtesten Genres. Das können Bilder aus dem Alltag sein, wo Sie Ihre Familie, Freunde oder Bekannte in schönen Momenten festhalten. Aber auch inszenierte Modelshootings an großartigen Locations gehören dazu. Bei einer Porträtaufnahme versucht man in der Regel, die zu fotografierende Person möglichst interessant und schön abzulichten. Die X-T3 ist bestens für die Porträtfotografie geeignet und bietet mit der Gesichts- und Augenerkennung eine großartige Komfortfunktion an.

Typische Einstellungen für die Porträtaufnahme
- Programmmodus **A**
- Brennweite ab 35 mm bis 140 mm
- kleine Blendenzahl (offene Blende) für eine geringe Schärfentiefe
- Fokusmodus: AF-S
- Aufnahmebetriebsart: **S** (Einzelbild) oder **CL** bzw. **CH**

8.1.1 Geeignete Brennweiten

Bei Porträtaufnahmen werden gerne lichtstarke Festbrennweiten ab 35 mm bis 140 mm verwendet. Mein Favorit ist das XF 56 mm mit ƒ1,2. Die genannten Brennweiten haben den Vorteil, dass keine starken Verzerrungen der Proportionen von Gesicht und Körper auftreten und man auch einen gewissen Aufnahmeabstand einhalten kann. Bei geringeren Brennweiten ist schon mal die Nase zu groß, das Gesicht zu rund oder sind die Beine zu lang. Wobei Letzteres ja auch durchaus interessant sein kann. Die folgenden beiden Abbildungen zeigen deutlich den Unterschied in der Bildwirkung, wenn mit 56 mm und einem Weitwinkel wie 14 mm eine Porträtaufnahme gemacht wird.

Abbildung 8.1 *Porträtaufnahme mit 56 mm*
56 mm | f4 | 1/250 s | ISO 160

Abbildung 8.2 *Porträtaufnahme mit 14 mm*
14 mm | f4 | 1/250 s | ISO 160

8.1.2 Geringe Schärfentiefe

Eine geringe Blendenzahl (weit geöffnete Blende) wird sehr gerne bei Porträtaufnahmen verwendet, um den Hintergrund verschwimmen zu lassen und nur die Person scharf abzubilden, damit sie im wahrsten Sinne des Wortes im Fokus steht. Allerdings hat es durchaus seine Tücken, mit einem 56-mm-Objektiv und einer Blende von f1,2 zu fotografieren. Manch einer hat hier schon seine böse Überraschung erlebt, wenn er die Bilder zu Hause auf einem großen Bildschirm betrachtet hat: die Augen unscharf, dafür der Haaransatz oder die Nasenspitze scharf. Sie müssen immer bedenken, dass sich der Schärfebereich bei einem kurzen Abstand zum Motiv von zwei bis drei Metern und einer weit geöffneten Blende häufig nur auf ein paar Zentimeter beschränkt.

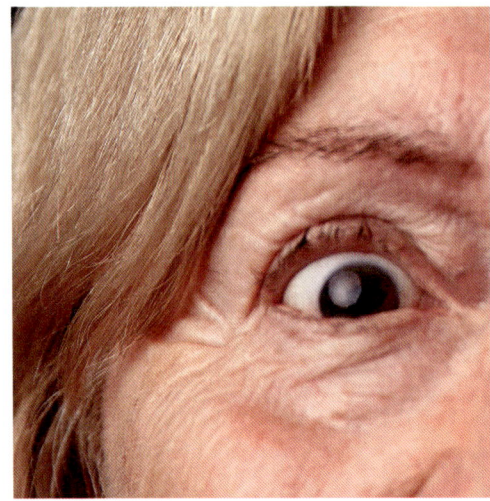

Abbildung 8.3 *Auf den ersten Blick sieht die Aufnahme sehr gut aus. Erst bei einem genaueren Blick fällt auf, dass der Fokus gar nicht auf einem Auge, sondern auf den Haaren liegt, weil sich die Person während der Aufnahme leicht um ein bis zwei Zentimeter nach hinten bewegt hat.*

Bewegt sich das Modell oder bewegen Sie sich selbst während der Aufnahme nur um einen kleinen Bereich, dann liegt die Schärfe nicht mehr da, wo Sie sie eigentlich haben wollen. Wenn Sie mit einer solch offenen Blende fotografieren wollen, kann es hilfreich sein, dies mit einer Serienaufnahme wie **CH** oder **CL** zu tun. So besteht eine bessere Chance, ein scharfes Bild zu erhalten. Bei solch einem kleinen Spielraum ist es daher auch häufig sicherer, ein wenig abzublenden. Wenn Sie ein lichtstarkes Objektiv haben, dann wird auch mit ƒ2,8 der Hintergrund immer noch schön unscharf. Dafür haben Sie im Gesicht aber mehr Spielraum. Dies hängt natürlich wiederum von der Brennweite und dem Abstand zum Modell ab.

Es gibt aber auch noch andere Möglichkeiten, eine gute Hintergrundschärfe bei Porträtaufnahmen zu erzielen:

- Verwenden Sie eine längere Brennweite. Bei einer Brennweite mit beispielsweise 90 mm und Blende ƒ2,8 werden Sie einen größeren Aufnahmeabstand verwenden müssen, damit sich auch die Schärfentiefe erweitert. Statt einigen Zentimetern erhalten Sie schon einen größeren Spielraum von ein bis zwei Metern (je nach Abstand). Damit ist es natürlich wesentlich leichter, das Model scharfzustellen, weil Sie mehr Spielraum haben.

- Wenn Sie kein lichtstarkes Objektiv haben, können Sie auch einfach nur den Abstand zwischen Modell und Kamera reduzieren. So erzielen Sie auch mit dem günstigen XC 50–230 mm bei einer Brennweite von 70 mm und einer Blende von ƒ5,6 noch eine schöne Hintergrundunschärfe.

- Wenn möglich, erhöhen Sie außerdem den Abstand zwischen Modell und Hintergrund. Ist der Hintergrund nicht so nah am Modell, können Sie ihn auch stärker verschwimmen lassen.

8.1.3 Gezielt fokussieren

Die größte Herausforderung bei Porträtaufnahmen dürfte das Fokussieren sein. Gewöhnlich fokussiert man bei Porträtaufnahme auf das Auge, das sich näher an der Kamera befindet. Die Augenerkennung der X-T3 ist hier ein großartiges Hilfsmittel. Sie können sie über die Funktionstaste **Fn1** rechts oben auf der Kamera aktivieren.

Bei extremen Offenblenden kann es allerdings passieren, dass der Fokus auf die Augenbrauen oder Wimpern gelenkt wird. Dann ist es empfehlenswert, zum klassischen Einzelpunkt-Fokus zu wechseln. Damit können Sie dann den Fokusrahmen direkt auf die Pupille legen. Zusätzlich können Sie das Feld durch das Drücken des Fokushebels und mit dem hinteren Einstellrad bei Bedarf verkleinern. Eventuell lohnt es sich in diesem Fall auch, **AF-on** mit der Backfokus-Taste zu verwenden, wie in Abschnitt 6.1, »Die Tastenbelegung ändern«, beschrieben. Je nach Abstand zum Modell und der Blendenöffnung dürfte wohl auch das klassische Fokussieren auf das Auge und ein dann ein Schwenk zum gewünschten Bildausschnitt zum Einsatz kommen.

Wenn Sie den Fokus über den Einzelpunkt festlegen und beim Fotografieren häufiger zwischen dem Hoch- und Querformat wechseln, dann werden Sie wohl auch gerne die Funktion **AF/MF-Einstellung > AF-Modus d. Ausr. speich.** auf **An** stellen wollen, womit der über den Fokushebel eingestellte Fokusbereich in der gehaltenen Kameraausrichtung gespeichert bleibt.

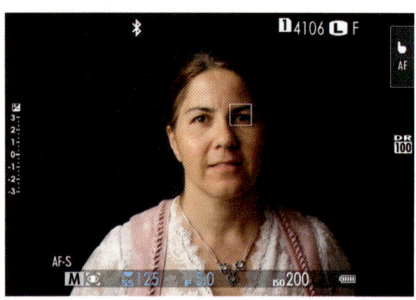

Abbildung 8.4 *Fokussieren mit Augenerkennung ...*

Abbildung 8.5 *... oder mit dem Fokushebel und dem Autofokusfeld – Sie haben die Wahl.*

Generell stelle ich bei Porträtaufnahmen immer die minimale Belichtungszeit über **Aufnahme-Einstellung > Autom. ISO-Einst.** ein, damit mir garantiert verwacklungsfreie Aufnahmen gelingen. Je nach Brennweite wähle ich hier häufig bis zu 1/160 s, um sicherzugehen, dass ich eine scharfe Aufnahme bekomme. Als maximalen ISO-Wert wähle ich 1600, aber dies dürfte auch vom Umgebungslicht abhängen. Lieber riskiere ich etwas mehr Bildrauschen als verwackelte Bilder.

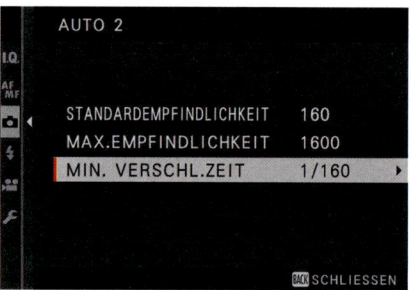

Abbildung 8.6 *Den eingestellten Fokuspunkt sowohl im Hoch- als auch im Querformat separat sichern und wiederverwenden*

Abbildung 8.7 *Um aus der Hand immer scharfe Bilder zu machen, stelle ich die minimale Belichtungszeit (**Min. Verschl.zeit**) auf großzügige 1/160 s. Allerdings ist das meine persönliche Präferenz.*

8.2 Naturfotografie

Die Naturfotografie steht der Porträtfotografie in ihrer Beliebtheit nicht nach und umfasst mehrere Teilgebiete, die in der Regel auch unterschiedliche Brennweiten erfordern. Während in der Landschaftsfotografie bevorzugt mit (Ultra-)Weitwinkelobjektiven fotografiert wird, greifen Tierfotografen gerne auf längere Brennweiten ab 140 mm zurück, um ihre Motive auch aus weiter Entfernung aufnehmen zu können. Wollen Sie hingegen Pflanzen oder Insekten aufnehmen, dann wird gewöhnlich ein Makroobjektiv verwendet. In diesem Abschnitt will ich die Landschaftsfotografie mit der X-T3 etwas genauer erläutern.

8.2.1 Große Schärfentiefe

Bei Landschaftsaufnahmen will man gewöhnlich eine große Schärfentiefe erzielen. Dies erreichen Sie zum einen mit einer geschlossenen Blende (höhere Blendenzahl) wie *f*8 oder *f*11 und zum anderen, wenn der Punkt, auf den Sie fokussieren, weiter entfernt ist. Befindet sich im Vordergrund dazwischen kein Objekt, reicht es oft aus, etwas in der Ferne zu fokussieren, und das Bild ist fast durchgehend scharf.

Hier bediene ich mich häufig eines Tricks mit der digitalen Entfernungsanzeige im manuellen Fokusmodus: Ich stelle die Belichtungszeit und den ISO-Wert ein und drehe den Blendenwert auf *f*8. Unabhängig vom fokussierten Bereich erkennen Sie in der Entfernungsanzeige die blaue Skala mit dem Schärfentiefenbereich. Alles, was sich innerhalb dieses Bereichs befindet, wird scharf abgebildet. Als Nächstes drehe ich am Fokusring, bis der rechte Rand der blauen Skala am Unendlichkeitssymbol mit der liegenden 8 anstößt. Jetzt habe ich die bestmögliche Schärfentiefe zwischen dem Nahbereich und Unendlich eingestellt und kann auch gleich fotografieren. Mit dieser Einstellung können Sie im Grunde jede Landschaftsaufnahme fotografieren, ohne sich mit dem Fokussieren auseinandersetzen zu müssen.

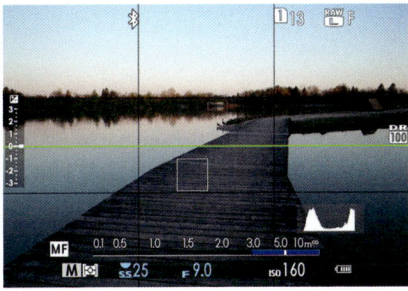

Abbildung 8.8 *Die Schärfentiefe-Skala ist ein großartiges Hilfsmittel für Landschaftsfotografen.*

Abbildung 8.9 *Das Ergebnis der Aufnahme*
14 mm | *f*9 | 1/25 s | ISO 160

8.2.2 Landschaftsaufnahmen belichten

Die Belichtung hängt natürlich vom jeweiligen Tageslicht ab. Bei viel Licht dürfte es schwierig sein, durch die Spiegelung auf dem Display etwas zu erkennen, weshalb der Sucher hier häufig die bessere Lösung ist. Auch das Histogramm ist ein sehr gutes Hilfsmittel beim Kontrollieren der Belichtung. Wenn starke Schatten und Lichter zusammenkommen, werden Sie entweder unter- oder überbelichten und sich für eine Bildwirkung entscheiden müssen. Oder aber Sie erstellen eine Belichtungsreihe und entscheiden am Computer, welches Bild Ihnen besser gefällt, oder fügen die Aufnahmen zu einem HDR-Bild zusammen.

Abbildung 8.10 *Schwierige Aufnahmesituation: Hier kommen dunkle Schatten und der helle Himmel zusammen. Die Sonne kommt von hinten. Das Bild ist zwar korrekt belichtet, zeigt für mich aber nicht das gewünschte Ergebnis.*
18 mm | f11 | 10 s | ISO 160

Abbildung 8.11 *Hier habe ich leicht überbelichtet, um die dunklen Schatten etwas aufzuhellen. Durch die Überbelichtung sind allerdings einige Bereiche in den Wolken verlorengegangen.*
18 mm | f11 | 10 s | ISO 160 | +2/3

8.2.3 Graufilter und Verlaufsfilter

Um zum Beispiel fließenden Bachläufen eine mystische Stimmung zu verleihen oder heranziehende Wolken verschwimmen zu lassen, müssen Sie eine Langzeitbelichtung durchführen. Für eine Langzeitbelichtung an einem hellen Tag benötigen Sie einen Graufilter. Abhängig von der Stärke des Graufilters können Sie auch tagsüber Belichtungszeiten von mehreren Sekunden einstellen.

Für die Langzeitbelichtung eignet sich zwar der Programmmodus **S**, aber in der Praxis will ich hier auch gerne die anderen Werte selbst bestimmen und verwende dafür meistens den Programmmodus **M**. Auch hier wollen Sie gewöhnlich eine große Schärfentiefe und stellen eine etwas kleinere Blende von f8 bis f11 ein. Als ISO nehme ich mit 160 den kleinsten »natürlichen« Wert. Das Einstellrad für die Belichtungszeit drehe ich auf **T** und stelle dann am hinteren Einstellrad die passende Belichtungszeit ein. Mit **T** können bis zu 15 Minuten Belichtungszeit eingestellt werden, für das »glattgebügelte« Wasser sind häufig nur wenige Sekunden nötig. Das Histogramm und auch die Belichtungsskala helfen mir, hier die richtige Belichtung einzustellen.

Abbildung 8.12 *Mit Hilfe eines aufgeschraubten Graufilters (hier: ND 1000) ...*

Abbildung 8.13 *... sind solche glattgebügelten Wasseroberflächen kein Problem.*
14 mm | f11 | 8 s | ISO 160 | Graufilter

> **Timer für Selbstauslöser einstellen**
>
> Damit Sie durch das Drücken des Auslösers die Kamera nicht mehr verwackeln, empfiehlt es sich für eine solche Langzeitbelichtung, einen Fernauslöser zu verwenden. Sie können aber auch einfach nur einen 2-Sekunden-Selbstauslöser einstellen. Drücken Sie dafür die **Q**-Taste, wählen Sie das Feld mit dem Selbstauslöser aus, und drehen Sie am hinteren Rad, bis Sie die Zahl 2 sehen.

Landschaftsfotografen verwenden auch gerne einen Grauverlaufsfilter, um den Kontrast zwischen Himmel und Landschaft anzugleichen.

Abbildung 8.14 *Ein Grauverlaufsfilter hilft Ihnen, den Kontrast zwischen Himmel und Landschaft zu reduzieren. Der Filterhalter hier ist von SIOTI, die Filter sind von Hitech.*

8.3 Makrofotografie

Bei der Makrofotografie können Sie kleine Dinge wie Pflanzen, Tiere oder Insekten ganz groß abbilden, um so dem Betrachter eine nicht ganz alltägliche Sicht auf solche Motive zu ermöglichen. Sie können sogar Dinge sichtbar machen, die mit dem bloßen Auge nicht zu erkennen sind. Für solche Aufnahmen müssen Sie möglichst nah ans Motiv heran. Wenn Sie das mit einem herkömmlichen Objektiv versuchen, werden Sie feststellen, dass es ab einem bestimmten Abstand nicht mehr möglich ist, scharfzustellen. Alle Objektive haben eine sogenannte *Naheinstellungsgrenze*, womit der Abstand von der Sensorebene zum Motiv gemeint ist. Wo sich die Sensorebene in der X-T3 befindet, erkennen Sie an dem Symbol neben dem ISO-Einstellrad.

Ebenfalls von Bedeutung bei einem passenden Objektiv für die Makrofotografie ist der Abbildungsmaßstab, der angibt, in welcher Größe das Motiv auf dem Sensor abgebildet werden kann. Ein echtes Makroobjektiv sollte mit einem Abbildungsmaßstab von mindestens 1:1 aufwarten. Damit wird das Motiv auf dem Sensor genauso groß abgebildet, wie es in Wirklichkeit ist.

Ob Sie ein Makroobjektiv benötigen, hängt natürlich auch vom Anwendungszweck ab. Wer gelegentlich ein paar Nahaufnahmen macht, kann es auch mit sogenannten *Nahlinsen* (*Achro-*

maten) probieren, mit denen Sie den Abstand zwischen der Kamera und dem Motiv verringern, also näher herankommen.

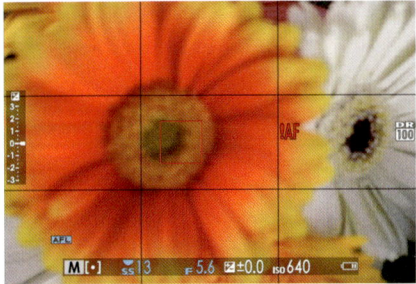

Abbildung 8.15 *Hier wurde die Naheinstellungsgrenze des Objektivs unterschritten. Daher kann die Kamera nicht mehr scharfstellen.*

Abbildung 8.16 *Das Symbol markiert die Sensorebene der Naheinstellungsgrenze.*

Auch Teleobjektive sind für Nahaufnahmen geeignet. Zwar kommen Sie damit nicht so nah an das Motiv heran, aber dennoch können Sie große Abbildungsmaßstäbe erzielen. Oftmals ist ein Teleobjektiv sogar die einzige Möglichkeit, eine Nahaufnahme von beispielsweise einem Frosch am Teich zu machen. Mit einem Makro kämen Sie nicht so nah heran, ohne dass Ihnen der Frosch weghüpft. Und selbst mit Weitwinkelobjektiven können Sie unter Umständen interessante Nahaufnahmen produzieren. Probieren Sie also die vorhandene Ausrüstung aus, bevor Sie sich gleich ein Makroobjektiv kaufen.

8.3.1 Geringe Schärfentiefe

Die größte Schwierigkeit bei der Makrofotografie ist die geringe Schärfentiefe, wenn sich das Motiv nur wenige Zentimeter vor der Linse befindet. Auf der Webseite *www.dofmaster.com* können Sie sich die Schärfentiefe ausrechnen lassen. Als Beispiel dient hier ein Makro mit 50 mm Brennweite und Blende $f8$, womit ich auf 15 cm Abstand zum Motiv gehe. Die Schärfentiefe liegt in diesem Fall bei lediglich 14,9 cm bis 15,1 cm, also gerade einmal 2 mm. In diesem Umfang verwackeln Sie auch schon die Kamera, wenn Sie auslösen. Wenn Sie die Blende auf $f13$ schließen, dann erweitern Sie den Bereich auf 4 mm, riskieren aber eben auch die Beugungsunschärfe. Trotzdem bleibt es immer noch ein sehr kleiner Bereich, den Sie wirklich scharfstellen können. Wenn Sie damit ein Insekt oder eine Blume fotografieren, können Sie das Motiv in der Regel nicht durchgehend scharf abbilden. Sie stellen also einen bestimmten Bereich scharf, und der Rest verschwindet in Unschärfe, was auch sehr malerisch wirken kann.

Bei solch kleinen Schärfentiefebereichen wird es schwierig, mit einer offenen Blende wie $f2,8$ zu fotografieren. Zudem erschwert sich das Ganze noch, wenn Sie die Blende schließen, weil sich dadurch die Belichtungszeit verlängert. Dann hängt einiges davon ab, ob Sie aus der Hand fotografieren oder ein Stativ verwenden. Wenn Sie aus der Hand fotografieren, sollten Sie schon mit 1/100 s oder 1/200 s belichten. Bei schnellen Motiven wie einer fliegenden Biene werden noch kürzere Belichtungszeiten notwendig. Hier müssen Sie mit der Blende oder dem ISO-Wert gegensteuern, bis die Belichtungszeit passt.

Abbildung 8.17 *Die Blume wurde mittig fokussiert. Die leicht nach oben steigenden Blütenblätter zum Rand hin sind unscharf. Selbst die Staubblätter um die Fruchtblätter sind unscharf. Allerdings ist dies eher in der 1:1-Ansicht zu sehen.*
50 mm | f8 | 1/40 s | ISO 640

Bei der Makrofotografie ist ein Stativ empfehlenswert, um nicht zu verwackeln. Weil es sich häufig um Millimeter handelt, die bei der Makrofotografie von Bedeutung sind, kann sich auch die Anschaffung eines Einstellschlittens für das Stativ lohnen, den man über Einstellschrauben millimeterweise verschieben kann. Zusätzlich ist ein Fernauslöser empfehlenswert, um nicht beim Drücken des Auslösers zu verwackeln. Alternativ behelfen Sie sich wieder mit dem 2-Sekunden-Selbstauslöser. Dieser eignet sich aber natürlich nicht für heranfliegende Bienen oder andere sich bewegende Insekten.

Wenn Sie den Autofokus verwenden wollen, empfiehlt es sich, mit AF-S und einem Einzelfokuspunkt zu fokussieren und ein kleines Fokusfeld zu verwenden. Mit dem Fokushebel wählen Sie dabei den Bereich an, den Sie scharfstellen wollen. Einfacher ist es allerdings, mit dem manuellen Fokus und den Hilfsfunktionen wie Focus Peaking zu arbeiten. Auch das duale Display (siehe Abschnitt 4.4.2, »Fokuskontrolle«) mit der vergrößerten Ansicht oder die Zoomfunktion selbst sind eine große Hilfe in der Makrofotografie. Dass Sie mit der X-T3 im manuellen Fokus über die **AF-L**-Taste schnell scharfstellen können, ist hier auch sehr hilfreich. Die Feineinstellung können Sie wieder am Fokusring durchführen. Die vielen Hilfen der X-T3 im manuellen Modus habe ich bereits im gerade erwähnten Abschnitt 4.4.2, »Fokuskontrolle«, ausführlich beschrieben.

Abbildung 8.18 *Ein Stativ ist sehr hilfreich in der Makrofotografie.*

Abbildung 8.19 *Auch die Scharfstellhilfen, hier das Focus Peaking mit der Lupe, erleichtern die Scharfstellung ungemein.*

8.3.2 Durchgehende Schärfe mit Focus Stacking

Bestimmt haben Sie schon Makroaufnahmen von Insekten gesehen, die durchgehend scharf waren, und haben sich gefragt, wie das geht? Das Prinzip ist einfach: Sie müssen »nur« mehrere Bilder vom selben Motiv von derselben Position machen, wobei sich der Fokuspunkt bei jedem Bild unterscheidet. Auf diese Weise haben Sie viele Einzelbilder, die einen bestimmten Bildbereich des Motivs scharf zeigen. Diese Bilder können Sie dann am Computer, mit einer Software wie Photoshop oder einer Spezialsoftware wie Helicon Focus weitestgehend automatisch zusammensetzen. Bei diesem Focus Stacking werden die scharfen Bereiche in einer Aufnahme kombiniert, die einen großen Schärfebereich hat.

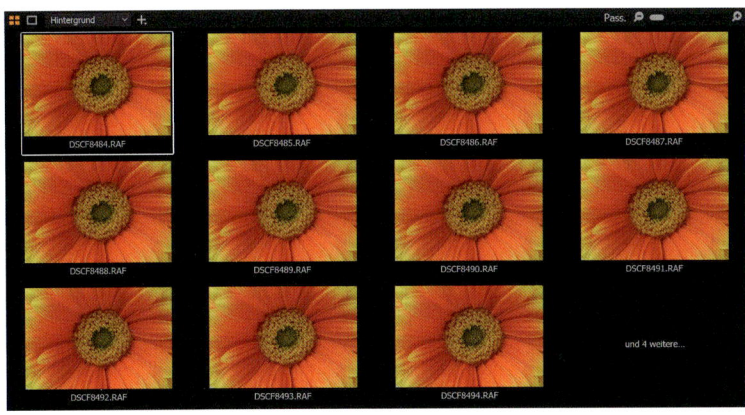

Abbildung 8.20 *Eine Serie von 15 Aufnahmen, bei denen der Fokuspunkt jeweils an einer anderen Stelle gesetzt wurde.*

Abbildung 8.21 *Die 15 Einzelbilder habe ich in Photoshop zu einem Bild zusammengesetzt. Das Ergebnis ist fast durchgehend scharf.*

Um solche Fokusreihen zu erstellen, müssen Sie nicht manuell den Fokuspunkt nach jeder Aufnahme verschieben, sondern können auf eine Funktion der X-T3 zurückgreifen. Dafür stellen Sie die Aufnahmebetriebsart am linken Einstellrad auf **BKT** ein. Im Kameramenü **Aufnahme-Einstellung > Drive-Einstellung > BKT Auswahl** wählen Sie dann den Eintrag **Fokus-BKT** aus.

Abbildung 8.22 *Aufnahmebetriebsart auf BKT stellen*

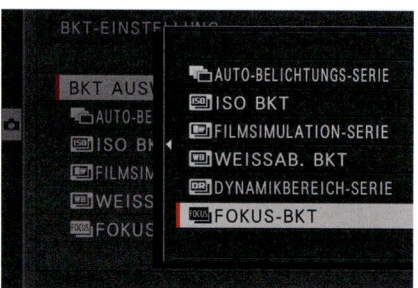

Abbildung 8.23 *Bei der Bracketing-Auswahl wählen Sie Fokus-BKT.*

Nachdem Sie den Bracketing-Modus auf Fokus-Bracketing gestellt haben, müssen Sie noch die Einstellungen dafür vornehmen. Dies können Sie über **Aufnahme-Einstellung > Drive-Einstellung > Fokus-BKT** tun oder indem Sie die Funktionstaste vorn an der Kamera drücken. Zunächst stellen Sie die Anzahl der **Bilder** ein. Mit **Schritt** legen Sie den Fokusabstand von einem zum nächsten Bild fest. Je kleiner dieser Wert ist, umso kürzer sind die Schritte, und Sie benötigen eventuell mehr Bilder, um den Fokuspunkt von vorn bis hinten am Motiv entlangwandern zu lassen. Mit **Intervall** können Sie zudem eine Pause zwischen den einzelnen Aufnahmen definieren.

Jetzt ist das Fokus-Bracketing bereit. Ich wähle hier beim Fokussieren zunächst den Bereich, der dem Objektiv am nächsten ist. Für die Blende stelle ich in der Regel f8 ein. Selbstredend, dass Sie eine solche Serienaufnahme mit der Kamera auf dem Stativ machen sollten. Wenn Sie jetzt den Auslöser durchdrücken oder per Fernauslöser auslösen, fängt die Kamera an, vom ersten Fokusbereich an die Anzahl der eingestellten Bilder aufzunehmen, wobei sich jedes Mal der Fokuspunkt um den eingestellten **Schritt** verschiebt. Den Vorgang, wie sich die Schärfeebene verschiebt, können Sie live auf dem Display verfolgen. Fokus-Bracketing ist übrigens nicht auf den Autofokus mit AF-S beschränkt, sondern kann auch bei manueller Fokussierung verwendet werden.

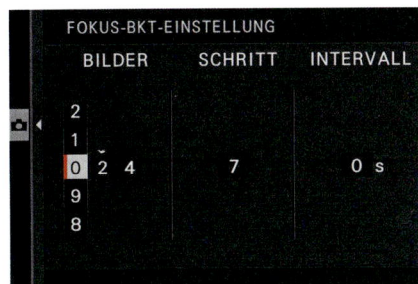

Abbildung 8.24 *Einstellungen für das Fokus-Bracketing*

Abbildung 8.25 *Als ersten Fokuspunkt wähle ich für das Fokus-Bracketing den Bereich, der der Kamera am nächsten ist. Links unten in der Belichtungsskala am linken Rand erkennen Sie außerdem, dass Fokus-Bracketing aktiv ist.*

Abbildung 8.26 *In diesem Beispiel habe ich das Ergebnis aus 20 Einzelbildern zusammengesetzt.*

8.4 Timelapse mit Intervallaufnahmen erstellen

Auch Timelapse-Videos sind ein spezieller Bereich der Fotografie. Hierbei werden in bestimmten Zeitabständen einzelne Fotos aufgenommen, die dann am Computer zu einem Video zusammengefügt werden. Damit können zum Beispiel imposante Sonnenuntergänge oder das Öffnen einer Blume am Morgen in einem Zeitraffer von wenigen Sekunden zusammengefasst werden. Im einfachsten Fall suchen Sie sich einen interessanten Platz und stellen dort die Kamera auf ein Stativ. Ich verwende hierfür gewöhnlich den Programmmodus **M**, dann wirkt sich eine unterschiedliche Motivhelligkeit wie beispielsweise beim Übergang von Tag zu Nacht nicht auf die Belichtung aus. Auch den Fokusschalter stelle ich auf **M**, damit nicht bei jedem Bild der Fokus neu eingestellt und gegebenenfalls verändert wird.

Abbildung 8.27 *Der Bildausschnitt wurde gewählt, und die Kameraeinstellungen sind vorgenommen.*

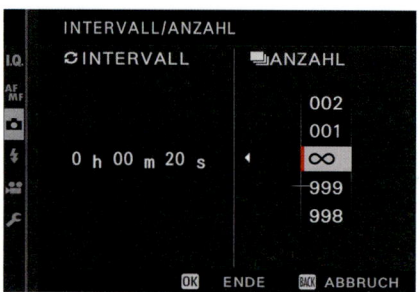
Abbildung 8.28 *Die Anzahl der Bilder und das Intervall einstellen*

Die Funktion für Intervallaufnahmen finden Sie im Kameramenü **Aufnahme-Einstellung > Intervallaufn. mit Timer**. Mit **Intervall** legen Sie die Pausen zwischen den einzelnen Aufnahmen fest. Mit **Anzahl** geben Sie an, wie viele Bilder Sie aufnehmen wollen. Sie können hier von 1 bis 999 oder, mit der liegenden Acht, unendlich viele Bilder aufnehmen, bis die Speicherkarte voll ist oder Sie die Intervallaufnahme mit der **MENU/OK**-Taste beenden. Bei der Anzahl der Bilder sollten Sie bedenken, dass bei einem flüssigen Timelapse-Video etwa 25 Einzelbilder pro Sekunde abgespielt werden. Für ein ordentliches Timelapse-Video von 10 Sekunden benötigen Sie daher in etwa 250 Bilder.

Haben Sie das **Intervall** und die **Anzahl** der Bilder festgelegt, folgt ein weiterer Dialog, in dem Sie eine Wartezeit von 1 Minute bis zu 24 Stunden einrichten können, ab wann die Intervallaufnahme gestartet werden soll. Wenn Sie die **MENU/OK**-Taste drücken, wird die Intervallaufnahme gestartet. Während der Intervallaufnahme zeigt ein Countdown die Zeit bis zur nächsten Aufnahme an, und ein Zähler zeigt an, die wievielte Aufnahme von der gewählten Anzahl bereits gemacht wurde. Den Intervallvorgang können Sie jederzeit mit der **MENU/OK**-Taste (vorzeitig) beenden.

Abbildung 8.29 *Die Startzeit der Intervallaufnahme festlegen*

Abbildung 8.30 *Die Intervallaufnahme bei der Ausführung*

> **Display wird schwarz**
>
> Bei längeren Intervallen (ab 13 Sekunden) schaltet sich der LCD-Bildschirm zwischen den einzelnen Aufnahmen aus, um Strom zu sparen. Der Bildschirm schaltet sich für das nächste Bild automatisch wieder ein. Trotzdem kann dies zunächst etwas irritierend sein, wenn die Kamera eine Aufnahme macht und der Bildschirm schwarz wird.

Um aus der Bilderserie ein Timelapse-Video zu machen, müssen Sie eine Software auf dem Computer verwenden. Zum Beispiel ist *LRTimelapse*, das kompatibel mit Adobe Camera Raw und Lightroom ist, sehr gut geeignet, weil diese Software auch mit Raw-Dateien umgehen kann. Weitere bekannte Tools für Windows sind das *Time-Lapse Tool* oder *Hyperlapse von Microsoft*; für Mac können Sie *Zeitraffer* nehmen.

8.5 Serienaufnahmen (Actionaufnahmen)

Wenn es Ihnen um eine schnelle Serie von Aufnahmen geht, bietet Ihnen die X-T3 einige interessante Funktionen. Wie Sie bereits wissen, aktivieren Sie die Serienaufnahme, indem Sie die Aufnahmebetriebsart am Einstellrad unter dem ISO-Wert auf **CH** (Continuous High, schnelle Serienaufnahme) oder **CL** (Continuous Low, langsame Serienaufnahme) stellen. In der Standardeinstellung können Sie in der Einstellung **CH** bereits 11 Bilder pro Sekunde mit mechanischem Verschluss machen. Wie lange Sie hierbei mit durchgedrücktem Auslöser und (sinnvollerweise) kontinuierlichem Autofokus (AF-C) eine Serienaufnahme durchführen können, hängt davon ab, ob Sie JPEG, Raw, Raw komprimiert oder JPEG und Raw aufnehmen. Die entsprechende Anzahl finden bei **Aufnahme-Einstellung > Drive-Einstellung > CH Sequenz hohe Gesch.** unterhalb der jeweils ausgewählten Option. So können Sie im Standardmodus von **CH** mit 11 Bildern pro Sekunde 145 JPEG-, 36 Raw- oder 35 JPEG- und Raw-Dateien fotografieren. Ab dann wird es langsamer, weil die Daten vom internen Puffer auf die Speicherkarte übertragen werden müssen. Sie erkennen das daran, dass die Kontrollleuchte abwechselnd rot und grün blinkt. Je schneller Ihre Speicherkarte ist, umso eher können Sie weiterfotografieren. Des Weiteren gibt es eine langsamere Version mit 8 Bildern pro Sekunde für den mechanischen Verschluss, womit immerhin maximal 200 JPEG-, 39 Raw- oder 37 JPEG- und Raw-Aufnahmen fotografiert werden können.

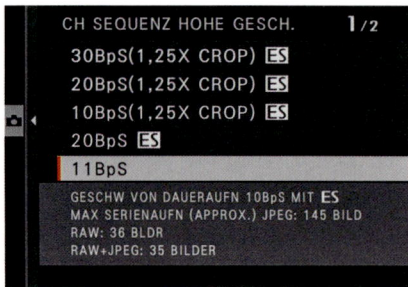 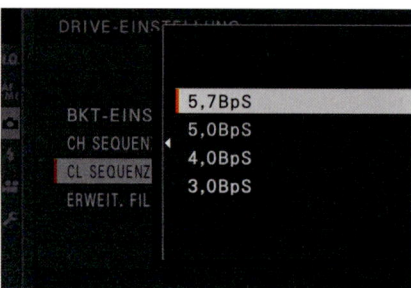

Abbildung 8.31 *In diesem Menü können Sie die Geschwindigkeit in der Aufnahmebetriebsart CH einstellen. Sie finden auch eine Angabe zur maximalen Anzahl von Bildern, die Sie bei dauerhaft durchgedrückter Auslösetaste machen können – bis der Puffer voll ist.*

Abbildung 8.32 *Auch für die Aufnahmebetriebsart für CL können Sie die Anzahl der Bilder in der Sekunde anpassen.*

In der Standardeinstellung mit mechanischem Verschluss stehen Ihnen 8 und 11 Bilder pro Sekunde in Aufnahmebetriebsart **CH** zur Verfügung. Schnellere Serienaufnahmen mit 20 Bildern in der Sekunde stehen Ihnen erst mit dem elektronischen Verschluss (ES) zur Verfügung. Diesen müssen Sie allerdings erst im Kameramenü über **Aufnahme-Einstellung > Auslösertyp** mit **ES Elektronischer Auslöser** aktivieren. Natürlich können Sie nicht lange auf Dauerfeuer auslösen, wenn Sie 20 Bilder pro Sekunde machen. Die Angaben sind hier 79 JPEG-, 34 Raw- oder 33 JPEG- und Raw-Dateien. Reicht Ihnen das nicht aus, können Sie die Seriengeschwindigkeit mit einem Cropfaktor von 1,25 erhöhen. Da das Bild um den Faktor 1,25 kleiner wird (ca. 16,6 Millionen Pixel), können Sie aufgrund der reduzierten Datenmenge mehr Bilder aufnehmen. So können Sie mit 10 Bildern pro Sekunde (1,25×) bis zu 500 JPEGs bei 10 Bildern pro Sekunde im Dauerfeuer aufnehmen. Mit diesem Cropfaktor sind Sie sogar in der Lage, bis zu 30 Bilder pro Sekunde mit elektronischem Auslöser aufzunehmen.

Abbildung 8.33 *Motiv in der normalen Ansicht*

Abbildung 8.34 *Hier wird der Cropfaktor 1,25× verwendet, womit sich der Bildausschnitt verkleinert.*

8.5.1 Pre-Aufnahmen

Eine interessante Funktion in Verbindung mit der Serienaufnahme per elektronischem Verschluss ist die Pre-Aufnahme, bei der die Kamera bereits in den Puffer fotografiert, wenn Sie den Auslöser nur halb herunterdrücken. Aktivieren können Sie diese Funktion über **Aufnahme-Einstellung > Pre-Aufnahme ES > An**. Die Bilder werden allerdings nur dann gespeichert, wenn Sie den Auslöser anschließend auch vollständig herunterdrücken. Dies ist bei so mancher Aufnahme hilfreich, bei der Sie nach dem Fokussieren erst etwas zu spät den Auslöser durchdrücken. Gerade in der Action- oder Tierfotografie, wo es oft um den Bruchteil einer Sekunde geht, kann es sehr hilfreich sein, wenn bereits einige Voraufnahmen im Puffer sind. Die Funktion ist natürlich keine Revolution und auch bereits in vielen Smartphones enthalten, aber in der Verbindung mit der Serienaufnahme ist es durchaus hilfreich, mal eben maximal 10–20 Bilder mehr vor den eigentlichen Aufnahmen auf der Speicherkarte zu haben. Wie viele Bilder es genau sind, hängt wiederum davon ab, welche Sequenz Sie bei **Aufnahme-Einstellung > Drive-Einstellung > CH Sequenz hohe Gesch.** eingestellt haben. Bei eingestellten 10 Bildern pro Sekunde sind es maximal 10 Bilder und bei 20 oder 30 Bilder in der Sekunde maximal 20 Bilder. Im Sucher und auf dem Display wird der Modus mit **PRE** unterhalb der Belichtungsskala angezeigt.

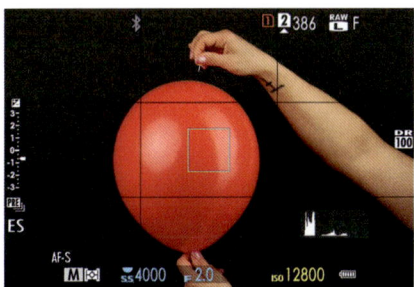

Abbildung 8.35 *Mit Hilfe der Pre-Aufnahme können bereits Aufnahmen in den Puffer gesichert werden, bevor Sie den Auslöser durchdrücken. Die Funktion gibt es allerdings nur für den elektronischen Verschluss.*

Abbildung 8.36 *Dank der Pre-Aufnahme sind auch solche Bilder eines platzenden Luftballons problemlos möglich.*

8.5.2 Sport-Sucher-Modus

Der **Sport-Sucher-Modus** im Kameramenü **Aufnahme-Einstellung** macht den Eindruck, etwas Besonderes zu sein, aber letztendlich ist es auch nur eine Cropfaktor-Option, die die Brennweitenwirkung um den Faktor 1,25 erweitert. Bei einem 56-mm-Objektiv erhalten Sie eine Brennweitenwirkung von 70 mm (56 × 1,25 = 70). Allerdings wird hierbei auch die Auflösung auf 16,6 Megapixel reduziert. Diese Funktion steht nur bei manuellem Verschluss zur Verfügung. Trotz des Cropfaktors wird bei der Aufnahme, im Gegensatz zum elektronischen Verschluss und der Option 1,25× Crop, der komplette Bildschirm angezeigt. Also Achtung: Der tatsächlich aufgenommene Bereich wird durch einen Rahmen markiert (siehe Abbildung 8.38).

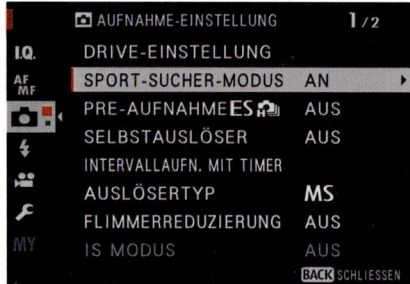

Abbildung 8.37 *Sport-Sucher-Modus* im Kameramenü

Abbildung 8.38 *Der Rahmen zeigt das tatsächlich aufgenommene Bild mit dem Cropfaktor 1,25 an.*

Sicherlich werden Sie sich fragen, was der Vorteil dieser Methode in der Sportfotografie ist. Besitzer von Sucherkameras kennen diesen überlagerten Rahmen vielleicht ebenfalls: Alles innerhalb des Rahmens wird aufgenommen, alles außerhalb nicht. Das kann hilfreich sein, weil Sie so mehr Übersicht haben, da sich in das Bild bewegende Objekte schneller vom Auge bemerkt werden und Sie sich darauf vorbereiten können, rechtzeitig abzudrücken. Das ist ein wenig den Sportfotografen nachempfunden, die häufig mit einem Auge durch den Sucher schauen und mit dem anderen Auge die Action im Umfeld beobachten. Dieses Prinzip könnten Sie natürlich mit der X-T3 ebenfalls verwenden und erhalten so dasselbe Ergebnis – nur können Sie dann die volle Sensorgröße ohne einen Crop dafür verwenden.

Bei kurzen Brennweiten mag der **Sport-Sucher-Modus** recht bedeutungslos sein, aber wenn Sie Brennweiten jenseits von 200 mm auf einem Einbeinstativ bei der Sportfotografie verwenden, dann bedeutet ein Kameraschwenk von ein paar Zentimetern schon mal ein paar Meter und dass das herankommende Motiv nicht mehr im Sucher zu sehen ist. Bei einer langen Brennweite mit dem AF-Modus **Weit/Verfolgung** und dem Fokusmodus AF-C auf einem Stativ dürfte dieser **Sport-Sucher-Modus** vielleicht doch für den einen oder anderen interessant sein – man sieht das Motiv ins Bild kommen und löst aus.

8.6 Langzeitbelichtung

Im Unterschied zu den vorherigen Abschnitten, in denen es vorrangig darum ging, möglichst schnell und viel auszulösen, geht es bei der Langzeitbelichtung darum, durch eine möglichst lange Belichtungszeit zur gewünschten Aufnahme zu kommen. Mit der Langzeitbelichtung können Sie z. B. kreative und spektakuläre Aufnahmen von glatten Wasserflächen, mystisch wirkenden Wasserfällen, Feuerwerk, Wolkenbewegungen oder vom Sternenhimmel machen. Unter einer langen Belichtungszeit versteht man eine Belichtungszeit von mehreren Sekunden bis hin zu Minuten. Voraussetzung dafür ist in der Regel eine feste und unbewegliche Unterlage für die Kamera wie ein Stativ. Für die Langzeitbelichtung mit der X-T3 haben Sie zwei Optionen:

- **Belichtungswahlrad auf T (Time)**
  Wenn Sie das Belichtungswahlrad auf **T** stellen, können Sie die gewünschte Belichtungszeit mit dem hinteren Einstellrad auf bis zu 15 Minuten stellen. Zum Auslösen empfehle ich Ihnen den Selbstauslöser oder einen Fernauslöser, um Verwacklungen durch das Drücken des Auslösers zu vermeiden.

Abbildung 8.39 *Belichtungswahlrad auf T für Time*

Abbildung 8.40 *Nach dem Auslösen wird die eingestellte Belichtungszeit sekundenweise heruntergezählt.*

- **Belichtungswahlrad auf B (Bulb)**
  Wenn Sie das Belichtungswahlrad auf **B** stellen, belichten Sie so lange, wie Sie den Auslöser gedrückt halten. Alternativ funktioniert das per Touchscreen, wenn Sie diesen aktiviert haben und in den Shot-Modus stellen. Dann wird so lange belichtet, wie Sie den Finger darauf halten. Beide Optionen sind wegen der Verwacklungsgefahr nicht ideal, und daher würde ich auch hier einen Fernauslöser mit einer Feststelltaste empfehlen. (Oder blättern Sie zu Abschnitt 8.8, »Die Kamera mit mobilen Geräten fernsteuern«, vor, und lesen Sie, wie Sie ein Smartphone oder Tablet dafür nutzen können.) Beachten Sie außerdem, dass im Gegensatz zum mechanischen Verschluss mit **B**(ulb) der elektronische Verschluss auf eine Sekunde beschränkt ist. Daher können Sie bei **B**(ulb) unter **Aufnahme-Einstellung > Auslösertyp** nicht die Vorgabe **ES** verwenden. Alle anderen Vorgaben sind aber möglich.

Abbildung 8.41 *Belichtungswahlrad auf B für Bulb*

Abbildung 8.42 *Im Modus Bulb wird die Dauer der Belichtungszeit also hochgezählt.*

»In Arbeit« nach einer langen Belichtung

Wenn Sie sich darüber wundern, warum nach einer Langzeitbelichtung die Kamera häufig noch mit **In Arbeit** blockiert, dann liegt dies an der Option **Bildqualitäts-Einstellung > NR Langz. Belicht.**, die standardmäßig auf **An** steht. Hierbei erstellt die X-T3 nach der Aufnahme ein Dunkelbild (engl. *darkframe*) mit gleicher Belichtungszeit und Betriebstemperatur wie das eigentliche Bild. Dies dient bei Langzeitaufnahmen dazu, Bildrauschen oder Hotpixel zu reduzieren. Die Länge der Belichtungsdauer für das Dunkelbild hängt wiederum vom verwendeten ISO-Wert ab. Somit kann es eben sein, dass Sie nach einer 30-Sekunden-Langzeitbelichtung nochmals dieselbe Zeit abwarten müssen, bis die Kamera wieder einsatzbereit ist. Wollen Sie dies nicht, schalten Sie die Option ab. Zwar ist es auch möglich, Hotpixel in der Nachbearbeitung herauszurechnen, aber das ist aufwendiger und nicht so zuverlässig, weil damit möglicherweise auch helle Lichtpunkte als Hotpixel erkannt werden, die gar keine sind. Es gibt auch spezielle Software wie *BlackFrame NR*, mit der man nachträglich solche Dunkelfeldsubtraktionen durchführen kann. Ich lasse daher die Option in der Regel an, auch wenn es ein wenig Geduld erfordert. Einzige Ausnahme natürlich: Sie machen mehrere Langzeitbelichtungen in kurzer Zeit.

Abbildung 8.43 *Hier wird nach einer Langzeitbelichtung noch das Dunkelbild erstellt.*

Abbildung 8.44 *Wenn Sie diese Option deaktivieren, müssen Sie nicht mehr warten, aber es wird auch nicht das Dunkelbild erstellt und damit automatisch das Bildrauschen reduziert.*

8.6.1 Langzeitbelichtung in der Nacht

Die Schwierigkeit bei der Langzeitbelichtung ist es, nicht zu lange und nicht zu kurz das Licht auf den Sensor fallen zu lassen. Die ISO-Einstellung können Sie hier auf den geringsten Wert mit 160 setzen. Die Blende sollten Sie für eine große Schärfentiefe schließen. Ein Wert von ƒ8 bis maximal ƒ11 dürfte gut geeignet sein, weil Sie dadurch auch die Beugungsunschärfe im Griff haben. Ich gehe immer auf Nummer sicher und verwende meistens ƒ8. Haben Sie den ISO-Wert und die Blende eingestellt, ist es nun ein leichtes Unterfangen, die Belichtungszeit mit dem Belichtungszeitwahlrad auf **T** über das hintere Rad einzustellen, bis Sie mit dem Balken auf der Belichtungsskala auf 0 kommen. Das Histogramm und die Entfernungsskala mit der Schärfentiefeanzeige können Sie als Hilfe einblenden. Das Scharfstellen kann manuell oder mit AF-S erfolgen. Für das Auslösen empfehle ich, wie schon erwähnt, den Selbstauslöser oder gleich einen Fernauslöser.

Abbildung 8.45 *Eine klassische Langzeitbelichtungsaufnahme*
14 mm | ƒ8 | 2 s | ISO 160

8.6.2 Langzeitbelichtung am Tag

Mit einer Langzeitbelichtung am Tag können Sie Personen auf belebten Plätzen verschwinden lassen, fließendes Wasser und Wasseroberflächen glätten oder ziehenden Wolken eine gewisse Dynamik verleihen.

Um am Tag eine Langzeitbelichtung durchführen zu können, müssen Sie gewöhnlich einen passenden Graufilter (ND-Filter) auf das Objektiv schrauben, der möglichst viel Licht »schluckt«. Zwar können Sie mit manchen Objektiven bis auf ƒ22 abblenden, aber die Beugungsunschärfe ist dann häufig schon relativ stark. Ich verwende zum Beispiel gerne einen Graufilter mit der Stärke 3,0 (Faktor 1000), der 10 Blendenstufen an Licht »schluckt«. Aus einer Tageslichtaufnahme mit 1/60 s ohne Filter wird so mit Filter eine Tageslichtaufnahme von 15

Sekunden. Das reicht, um gehende Personen »unsichtbar« zu machen. In manchen Fällen ist daher ein Graufilter mit 3,0 schon zu stark, weswegen es häufig sinnvoll ist, auch Graufilter mit der Stärke 1,8 (Faktor 64) oder 0,9 (Faktor 8) im Gepäck zu haben.

Ansonsten gilt für die Langzeitbelichtung am Tag, was auch für Nachtaufnahmen: Verwenden Sie die niedrigste ISO-Zahl und einen Blendenwert von *f*8 bis *f*11, um Beugungsunschärfe zu vermeiden. Auch hier sind Sie mit dem Modus **T** am Belichtungswahlrad ausreichend versorgt und können die Belichtungszeit über das hintere Einstellrad anpassen, bis der Balken an der Belichtungsskala auf 0 kommt.

Abbildung 8.46 *Graufilter der Stärken 1,8 (ND 64) und 3,0 (ND 1000) habe ich immer dabei.*

Abbildung 8.47 *Um eine längere Belichtungszeit für einen weichen Flussverlauf zu ermöglichen, habe ich einen Graufilter der Stärke 1,8 verwendet.*

14 mm | *f*9 | 1/6 s | ISO 160 | Graufilter

> **Graufilter**
> Die Preise bei Graufiltern variieren stark und so auch die Qualität dieser Filter. Teuer heißt nicht unbedingt besser, aber allzu billige Graufilter erzeugen leider häufig einen Farbstich. Nicht weil sie sind, sondern vielmehr, weil sie mehr Licht aus dem infraroten Bereich auf den Sensor lassen. Zwar besitzt die X-T3 einen Infrarot-Sperrfilter vor dem Bildsensor, doch er ist relativ schwach. Bei Aufnahmen im Raw-Format können Sie einen Farbstich durch den Weißabgleich jederzeit nachträglich korrigieren, im JPEG-Format lässt er sich aber selten ordentlich beheben.

8.7 Den Selbstauslöser verwenden

Es gibt immer wieder Gründe, die Kamera zeitversetzt auszulösen: ein Selbstporträt zum Beispiel oder ein Gruppenfoto, wo man gerne alle, auch den Fotografen, im Bild haben will. Aber auch bei längeren Belichtungszeiten, wo die Kamera auf einem Stativ steht, will man nicht gerne den Auslöser drücken und die Gefahr einer Verwacklung eingehen. Dasselbe gilt natürlich bei Makroaufnahmen vom Stativ.

Wenn Sie gerade keinen Fernauslöser zur Hand haben, ist der Selbstauslöser eine gute Wahl, um zeitversetzt auszulösen. Für eine Aufnahme vom Stativ ist die 2-Sekunden-Option ganz praktisch. Für die Aufnahme eines Selbstporträts oder Gruppenfotos sind 10 Sekunden besser geeignet. Leider gibt es keine Möglichkeit, eine benutzerdefinierte Zeitspanne festzulegen. Hier böte sich als Workaround eine Intervallaufnahme an, bei der Sie über ein längeres Intervall mehrere Bilder aufnehmen. Diese Funktion habe ich in Abschnitt 8.4, »Timelapse mit Intervallaufnahmen erstellen«, ausführlich beschrieben. Die Einstellungen für den Selbstauslöser treffen Sie über das Schnellmenü mit der **Q**-Taste, indem Sie das entsprechende Feld auswählen und das hintere Einstellrad drehen. Alternativ finden Sie diese Einstellung im Kameramenü über **Aufnahme-Einstellung > Selbstauslöser** wieder.

Abbildung 8.48 *So rufen Sie den* **Selbstauslöser** *über das Schnellmenü auf.*

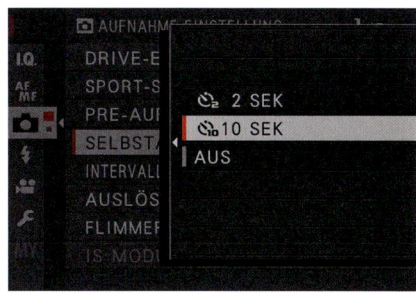

Abbildung 8.49 *Sie können den* **Selbstauslöser** *auch über das Kameramenü auswählen.*

Wenn Sie den Timer ausgewählt haben und den Auslöser betätigen, stellt die Kamera das Motiv scharf, wenn Sie nicht schon vorher scharfgestellt haben. Dann blinkt das Autofokuslicht-Hilfslicht, und ein Signalton ertönt, der kurz vor dem Auslösen länger wiederholt wird. Den Signalton können Sie über **Einrichtung > Ton-Einstellung > Selbstausl Signaltonlautst** ausschalten, das AF-Hilfslicht hingegen nicht.

Abbildung 8.50 *Ob Sie den Selbstauslöser aktiviert haben oder nicht, erkennen Sie links oben über der Belichtungsskala. Hier ist er in der 10-Sekunden-Variante aktiv.*

Abbildung 8.51 *Wenn der Selbstauslöser aktiviert wurde, wird auch hier ein Countdown angezeigt.*

> **Selbstauslöser deaktivieren**
>
> Den Selbstauslöser deaktivieren Sie, wie Sie ihn aktiviert haben: über das Schnellmenü oder das Kameramenü. Ebenfalls deaktiviert wird der Selbstauslöser, wenn die X-T3 in den Ruhezustand fährt und wenn Sie die Kamera ausschalten.

8.8 Die Kamera mit mobilen Geräten fernsteuern

Dank vorhandener WiFi- und Bluetooth-Funktionalität können Sie die X-T3 auch via App (Fujifilm Camera Remote) mit einem Smartphone oder Tablet verbinden und kabellos fernsteuern. Auch die Übertragung und Weitergabe von Bildern wird hiermit möglich. Das ist besonders praktisch, wenn Sie jemandem mal schnell ein Bild zuschicken wollen. Auch Geotagging lässt sich hierüber verwenden, wenn Sie Positionsdaten zu den Aufnahmen speichern wollen. Ich habe für dieses Buch die App für iOS verwendet, weil dafür zur Drucklegung bereits die Version 4.0 erhältlich war. Die Android-Version ist angekündigt und soll laut Fujifilm genauso funktionieren. Natürlich können Sie bis dahin auch noch die erhältliche Version 3 für Android verwenden, die vom Funktionsumfang her ähnlich ist.

SCHRITT FÜR SCHRITT
Die Kamera mit dem mobilen Gerät verbinden

1 Fujifilm-App installieren und starten
Um die X-T3 mit einem mobilen Gerät zu verbinden, benötigen Sie die App *Fujifilm Camera Remote*, die Sie für mobile Apple-Geräte über den App Store und für Android-Geräte über den

Google Play Store herunterladen können. Schalten Sie dann auf Ihrem Smartphone oder Tablet gleich Bluetooth ein, damit eine Verbindung zur Kamera aufgebaut werden kann. Starten Sie die App, und wählen Sie bei den Kamerasystemen **X-System** aus. Im nächsten Bildschirm wählen Sie **Wechselobjektiv-Kamera**, und dann finden Sie auch schon die **X-T3** zur Auswahl. Hier berühren Sie nun die Schaltfläche **Einstellung fortsetzen**, und es folgt ein Hinweis, wie Sie weiter vorgehen müssen. Bevor Sie auf **Fortfahren** tippen, führen Sie Schritt 2 aus.

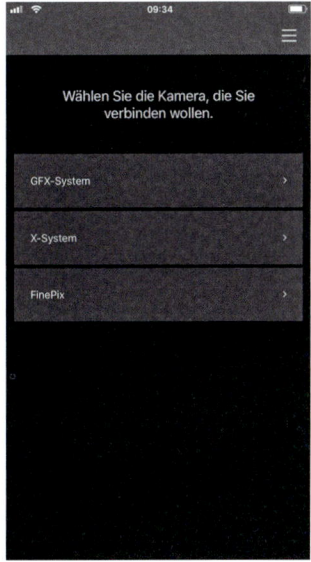

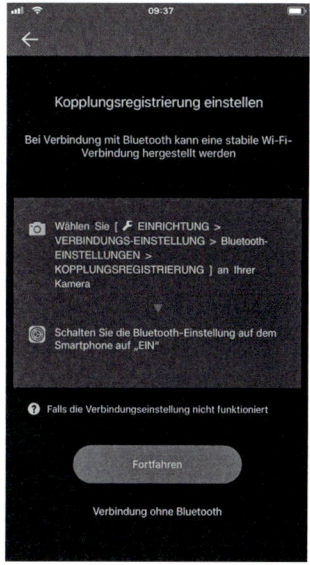

Abbildung 8.52 *X-System auswählen*

Abbildung 8.53 *Die X-T3 auswählen*

Abbildung 8.54 *Letzte Anweisungen zur Kopplungsregistrierung*

2 Kopplungsregistrierung starten

Wählen Sie jetzt im Kameramenü der X-T3 (hier nicht im Bild gezeigt) **Einrichtung > Verbindungs-Einstellung > Bluetooth-Einstellungen > Kopplungsregistrierung** aus. Sollte Bluetooth in der Kamera nicht aktiviert sein, aktivieren Sie es über **Einrichtung > Verbindungs-Einstellung > Bluetooth-Einstellungen > Bluetooth Ein/Aus**. Die X-T3 müsste nun bereit sein, und Sie können auf dem Smartphone **Fortfahren** auswählen. Nun wählen Sie auf dem mobilen Gerät Ihre X-T3 durch Antippen aus. Auf der Kamera können Sie nun auch gleich das Datum und die Zeit des mobilen Gerätes mit der **MENU/OK**-Taste übernehmen. Und auf dem mobilen Gerät tippen Sie auf **Start**. Die X-T3 ist nun bereit für die Fernsteuerung über die mobile App.

Kameraname ändern

Beim Aktivieren der drahtlosen Kommunikation wird auch der vom Werk vergebene Kameraname angezeigt, den Sie dann auf dem mobilen Gerät vorfinden. Wollen Sie diesen Namen ändern, können Sie dies im Kameramenü über **Einrichtung > Verbindungs-Einstellung > Allg. Einstellungen** mit der Option **Name** tun.

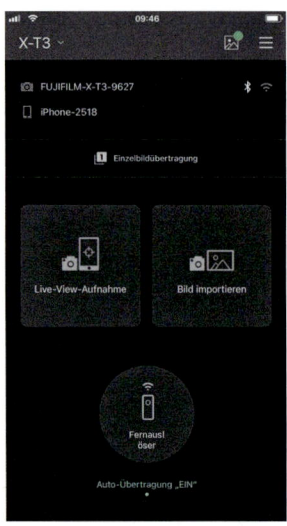

Abbildung 8.55 *Die Kamera auswählen*

Abbildung 8.56 *Kopplungsregistrierung abschließen*

Abbildung 8.57 *Die X-T3 ist bereit für die Fernsteuerung.*

3 Verbindung herstellen

Wenn Sie künftig die Verbindung herstellen wollen, dann reicht es für gewöhnlich aus, die Fujifilm-App auf dem mobilen Gerät zu starten, wenn Bluetooth sowohl in der Kamera als auch im mobilen Gerät aktiv ist. Im Sucher und auf dem Display der X-T3 sehen Sie links oben ein Bluetooth-Symbol. Dies ist ausgegraut, wenn keine Verbindung zum mobilen Gerät besteht. Dasselbe Symbol sehen Sie in der App, rechts neben dem Kameranamen.

Abbildung 8.58 *Das Bluetooth-Symbol in den Anzeigen der X-T3 sehen Sie hier links oben.*

Abbildung 8.59 *Auch in der App wird das Bluetooth-Symbol angezeigt.*

8.8.1 Fernauslöser für Bulb via Bluetooth

Für die Fernauslöser-Funktion der App reicht die reine Bluetooth-Verbindung aus, und es wird keine WiFi-Funktion benötigt. Tippen Sie **Fernauslöser** in der App an, und lösen Sie die Kamera auf diesem Weg ferngesteuert aus. Wenn Sie die Aufnahmebetriebsart der Kamera auf Filmen gestellt haben, funktioniert hier auch der Fernauslöser, um eine Filmaufnahme zu starten und wieder zu stoppen.

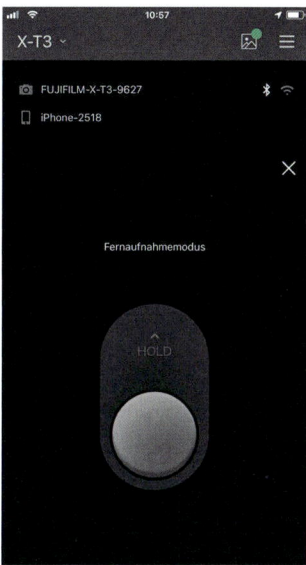
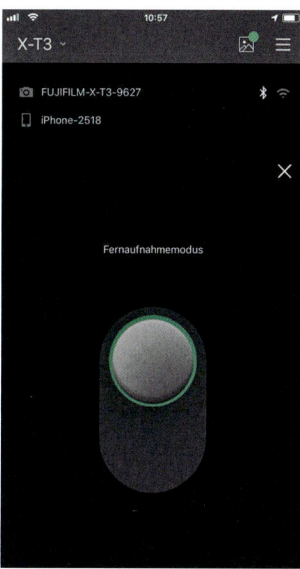

Abbildung 8.60 *Wählen Sie zunächst die* **Fernauslöser**-*Funktion durch Tippen auf das runde Bedienfeld aus*

Abbildung 8.61 *Das ist die aktivierte Fernauslöser-Funktion. Durch Tippen auf den Auslöser lösen Sie die X-T3 ferngesteuert aus.*

Abbildung 8.62 *Der Fernauslöser kann auch Bulb, solange Sie den Finger auf den Auslöser lassen, oder Sie schieben den Knopf nach vorn, und es wird so lange belichtet, bis Sie den Knopf wieder nach hinten schieben.*

Bluetooth und/oder WiFi

Es sorgt häufig für Verwirrung, dass es zwei Möglichkeiten gibt, die Kamera mit einem Smartphone oder Tablet zu verbinden. Abgesehen vom eben beschriebenen Fernauslöser sind die anderen Funktionen der Fujifilm-App ohne WiFi nicht realisierbar. Bluetooth sorgt aber dafür, dass immer eine Verbindung zwischen der Kamera und dem mobilen Gerät besteht, und ruft im Bedarfsfall auch die WiFi-Funktion der Kamera auf. Wenn ich daher die Fujifilm-App häufiger verwende, lasse ich Bluetooth an der Kamera und am mobilen Gerät an, weil damit reibungslos eine WiFi-Verbindung hergestellt wird, falls eine benötigt wird. **Tipp**: Achten Sie einfach darauf, dass Ihr mobiles Gerät und die Kamera mit Bluetooth verbunden sind. Dann klappt es mit den anderen Funktionen auch.

8.8.2 Fernsteuerung der Kamera mit WiFi

Wenn Sie die Funktion **Live-View-Aufnahme** in der Fujifilm-App auswählen, benötigen Sie eine WiFi-Verbindung. Wenn Sie auf Ihrem mobilen Gerät die WiFi-Funktion aktiviert haben oder die Bluetooth-Verbindung zwischen der Kamera und dem mobilen Gerät via App steht, dann sollte es ausreichen, in der App die Schaltfläche **Live-View-Aufnahme** zu drücken und den Anweisungen auf dem Bildschirm zu folgen. Bestätigen Sie hierbei einmal, um auf dem mobilen Gerät die Verbindung aufzubauen, und einmal, um diese an der Kamera anzunehmen.

Jetzt können Sie mit dem mobilen Gerät (in Grenzen) die Kontrolle über die Kamera übernehmen. Um zu fokussieren, tippen Sie doppelt auf den gewünschten Teil der Liveansicht, den die Kamera daraufhin scharfstellt und mit einem grünen Fokusfeldrahmen bestätigt. Kann die Kamera nicht scharfstellen, wird der Rahmen rot angezeigt.

Entsprechend dem eingestellten Programmmodus **P**, **S**, **A** oder **M** an der Kamera können Sie jetzt die Aufnahmeparameter wie Blende, Belichtungszeit, ISO-Wert oder Belichtungskorrektur bestimmen. Des Weiteren steht die Auswahl von Filmsimulation, Weißabgleich, Blitzmodus und dem Selbstauslöser zur Verfügung. Links neben dem Auslöser finden Sie einen Wiedergabemodus in Form eines Vorschaubildes der letzten Aufnahme vor, über den Sie Bilder von der Kamera auf das mobile Gerät importieren können, und rechts ein Icon, über das Sie vom Foto- in den Filmmodus wechseln. Ein Bild aufnehmen können Sie über die Taste mit dem weißen Kreis. Beenden können Sie die **Live-View-Aufnahme** auf dem mobilen Gerät über das x-Symbol rechts oben.

Abbildung 8.63 *Hier rufen Sie die Live-View-Aufnahme auf, wozu eine WiFi-Verbindung benötigt wird.*

Abbildung 8.64 *Hier wird mit der Live-View-Aufnahme über das mobile Gerät die Kamera ferngesteuert.*

Beachten Sie, dass Sie einen der Programmmodi **P**, **S**, **A** oder **M** vor der Drahtloskommunikation an der Kamera einstellen müssen, weil ein Wechseln der Programmmodi über die App nicht möglich ist. Hilfsfunktionen wie ein Histogramm, eine Bildvergrößerung oder die Wasserwaage suchen Sie leider auch vergeblich.

Trotzdem, auch wenn die Fujifilm-App nicht perfekt ist, ermöglicht diese Art der Fernsteuerung schon die eine oder andere Aufnahme, die Sie ohne sie nicht hätten realisieren können. So können Sie die Kamera an Positionen wie einem Balkon, einem fahrenden Auto, oberhalb einer Straßenlaterne, an Ästen auf Bäumen und noch einigen ungewöhnlichen Stellen mehr befestigen und mit dem Smartphone bequem auslösen. So eröffnen sich ganz neue Perspektiven.

Geotagging aktivieren

Zum Zeitpunkt der Drucklegung konnte in der Version 4.0 der App die Funktion zum Geotagging nicht verwendet werden, anders als dies noch in der Vorgängerversion der Fall war. Hierbei wurden die Standortdaten der Aufnahme (Foto und Film) vom mobilen Gerät zur Kamera übertragen und in den Exif-Daten gespeichert. Sofern diese Funktion wieder hinzugefügt werden sollte, müssen Sie sicherstellen, dass auf der X-T3 im Kameramenü **Einrichtung > Verbindungs-Einstellung > Allg Einstellungen > Geotagging** auf **An** steht. Ein Symbol in der Kamera zeigt dann an, wenn eine GPS-Aufzeichnung stattfindet.

8.8.3 Bilder auf das mobile Gerät übertragen

Die Möglichkeit, Bilder auf ein mobiles Gerät zu übertragen, verwende ich sehr gerne vor Ort, wenn ich schnell ein paar Bilder im JPEG-Format weitergeben will. Zwar funktioniert diese Möglichkeit ausschließlich über die Fujifilm-App, aber für die Weitergabe von Bildern an andere mobile Geräte gibt es ja genügend andere Wege. Wenn eine Verbindung zwischen dem mobilen Gerät und der Kamera besteht, finden Sie in der Fujifilm-App mit **Einzelbildübertragung** und **Bild importieren** zwei Möglichkeiten, Bilder an das mobile Gerät zu senden.

Nur JPEGs können übertragen werden

Mit der Funktion **Einzelbildübertragung** können keine Raw-Bilder oder Filme auf das mobile Gerät übertragen werden. Die Funktion ist auf JPEG-Bilder beschränkt. Bei Filmen und Raw-Bildern wird hier **Keine Übertragung** angezeigt. Die Funktion **Bild importieren** hingegen erlaubt es, Filme an das mobile Gerät zu senden – aber leider immer noch keine Raw-Bilder.

Wenn Sie **Einzelbildübertragung** bei der App verwenden, finden Sie auf dem Display der X-T3 eine Wiedergabeansicht vor, in der Sie mit der linken und rechten Auswahltaste durch die Aufnahmen navigieren können. Wollen Sie eine Aufnahme zum mobilen Gerät übertragen, drücken Sie die **MENU/OK**-Taste. Auf dem mobilen Gerät zeigt eine Animation an, wenn das Bild dorthin übertragen wurde. Auf diese Weise können Sie beliebig viele einzelne Bilder an das mobile Gerät übertragen, bis Sie den Vorgang mit der **DISP/BACK**-Taste abbrechen.

Mit der zweiten Funktion, **Bild importieren**, hingegen werden die Bilder, die sich auf der Speicherkarte der Kamera befinden, auf dem mobilen Gerät als Miniatur angezeigt. Durch das Setzen eines Häkchens markieren Sie einzelne Bilder für die Übertragung auf das mobile Gerät. Mit **Importieren** starten Sie die Übertragung.

Abbildung 8.65 *Die Bilder werden bei der Einzelübertragung erst nach einer erfolgreichen Übertragung an das mobile Gerät dort auf einem visuellen Stapel angezeigt.*

Abbildung 8.66 *Mit Bild importieren können Sie Bilder (und Videos) für den Import auf das mobile Gerät auswählen. Sie können also Bilder sehen, die sich bis dato nur auf der Speicherkarte der Kamera befinden.*

Maximale Dateigröße übertragen

Beachten Sie, dass die X-T3 die Daten standardmäßig verkleinert auf 3 Megapixel überträgt. Dies ist zwar hilfreich und häufig völlig ausreichend, wenn man die Bilder via Messenger oder in den sozialen Medien teilt. Wollen Sie trotzdem die volle Dateigröße von der Kamera auf das mobile Gerät übertragen, stellen Sie die Option **Einrichtung > Verbindungs-Einstellung > Allg. Einstellungen > Verkleinern 3M** auf **Aus**.

Kapitel 9
Filmen mit der X-T3

Die Fujifilm X-T3 ist eine sehr gute Kamera zum Filmen; das Thema gehört einfach in dieses Buch. Ein Blick in das entsprechende Kameramenü macht deutlich, dass Ihre Kamera viele Optionen für das Filmen anbietet. In diesem Kapitel beschreibe ich Ihnen die wichtigsten Funktionen der X-T3 bezüglich des Filmens. Allerdings dürfen Sie hier keine Einführung in das Thema an sich erwarten. Sofern Sie keinerlei Erfahrung mit dem Filmen haben und sich damit tiefgründiger auseinandersetzen wollen, empfehle ich Ihnen, sich weitere Literatur zu beschaffen. Mein Tipp wäre das Standardwerk von Jörg Jovy: »Digital filmen – Das umfassende Handbuch«, ebenfalls im Rheinwerk Verlag erschienen.

9.1 Filmaufnahmen starten

Zum Filmen stellen Sie zunächst die Kamera am Einstellrad für die Aufnahmebetriebsart auf Film. Daraufhin finden Sie im Sucher oder auf dem Display ein ähnliches Bild vor wie schon beim Fotografieren. Anders sind selbstverständlich die für das Filmen typischen Einstellwerte und Anzeigen wie Videomodus, Videocodec oder Tonwertpegel und mit 16:9 auch das Seitenverhältnis (siehe Abbildung 9.2).

Entsprechend den gewählten Einstellungen und dem Programmmodus **Auto**, **A**, **S** oder **M**, ähnlich wie schon beim Fotografieren, können Sie die Filmaufnahme sofort starten, indem Sie den Auslöser herunterdrücken. Während der Filmaufnahme wird im Sucher oder Display ein roter Punkt angezeigt. Drücken Sie den Auslöser erneut, wird die Filmaufnahme gestoppt.

Wenn Sie schnell einen Film aufnehmen wollen, ohne sich mit den weiteren Einstellungen an dieser Stelle zu befassen, stellen Sie einfach die Blende und Belichtungszeit auf **A**, wie Sie es vom Programmmodus **P** vom Fotografieren her kennen, und den Fokusmodus auf AF-C. Anstelle von **P**, wie beim Fotografieren, wird hier allerdings **Auto** als Programmmodus links unten angezeigt.

Abbildung 9.1 *Aufnahmebetriebsart auf Film stellen*

Abbildung 9.2 *Eine laufende Filmaufnahme; oben sehen Sie den roten Punkt.*

Kontrollleuchte für das Filmen einstellen

Beim Filmen leuchtet die Kontrollleuchte rechts hinten in Orange dauerhaft auf. Das Verhalten können Sie über das Kameramenü **Film-Einstellung > Kontrollleuchte** ändern. Neben der Option der Kontrollleuchte hinten können Sie auch das Autofokuslicht vorn aktivieren, wenn Sie filmen. Dies kann zum Beispiel hilfreich sein, wenn Sie sich selbst filmen. Sie finden hier verschiedene Kombinationen vor, wo Sie jeweils beide Lichter vorn (Autofokuslicht) und hinten (Kontrollleuchte) aktivieren oder auch alles komplett deaktivieren können.

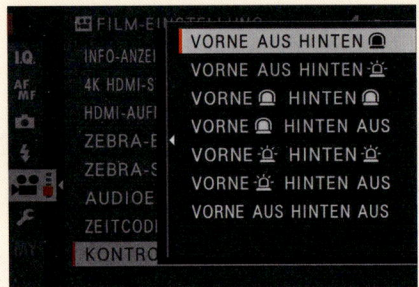

Abbildung 9.3 *Im Menü* **Film-Einstellung > Kontrollleuchte** *können Sie die Kontrollleuchten während der Aufnahme einstellen.*

9.2 So fokussieren Sie beim Filmen

Zum Filmen stehen Ihnen zwei Fokusmodi zur Verfügung: **Mehrfeld** und **Vario AF**. Sie finden sie, indem Sie die Auswahltaste nach oben drücken. Alternativ können Sie den Video-AF-Modus auch im Kameramenü unter **Film-Einstellung > Video AF Modus** einstellen.

- **Mehrfeld**: Bei dieser Methode sucht sich die X-T3 den Fokussierpunkt selbst. Sie beschränkt sich in der Regel auf Punkte, die in der Nähe der Kamera oder in der Bildmitte liegen. Wenn Sie den Touchscreen für das Filmen verwenden sollten, wird der Modus zu **Vario AF**, auch wenn Sie **Mehrfeld** ausgewählt haben. Den **Mehrfeld**-Modus sehen Sie in Abbildung 9.5.

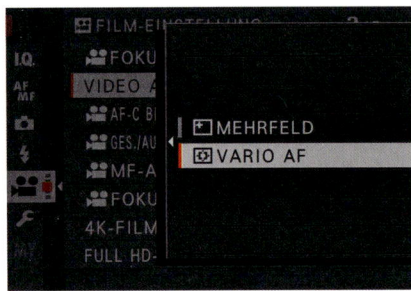

Abbildung 9.4 *Video AF Modus auswählen*

Abbildung 9.5 *Im* **Mehrfeld**-*Modus gibt es keinen Indikator oder einen Rahmen, der den ausgewählten Fokusbereich anzeigt.*

- **Vario AF**: Hiermit positionieren Sie den Fokusbereich über den Fokushebel selbst, wie Sie dies vom Fotografieren mit dem Einzelpunkt-AF her kennen. Allerdings können Sie beim Filmen nicht die Größe des Fokusbereiches ändern – er ist auf eine Größe beschränkt. Trotzdem können Sie den Fokusbereich beliebig in einem 13×9-Raster platzieren. Der **Vario AF**-Modus wurde in Abbildung 9.2 verwendet.

9.2.1 Automatisches Fokussieren mit AF-C

Für ein dauerhaftes automatisches Fokussieren beim Filmen schalten Sie die Kamera vorn am Fokusmodusschalter auf den kontinuierlichen Fokusmodus AF-C. Wenn Sie diese Einstellung mit dem Video-Autofokusmodus **Mehrfeld** kombinieren, wählt die Kamera fortlaufend den Fokus aus. In der Regel setzt die X-T3 hierbei auf naheliegende oder mittige Punkte. Ich habe einige Tests gemacht, bei denen eine Person von rechts nach links durch das Bild gelaufen ist. Die Kamera hat das gut gemeistert. Trotzdem gab es wiederum Tests, wo es nicht so geklappt hat wie erhofft. Wenn das Motiv mittig platziert ist, sollte es gut gelingen.

Mit der Option **Vario AF** hingegen legen Sie über den Fokushebel den Fokussierbereich fest, den Sie mit AF-C dauerhaft beim Filmen scharfstellen wollen. Sie können den Fokusbereich jederzeit während des Filmens verschieben. Hierbei können Sie auch den Touchscreen (im Modus **Area**) anstelle des Fokushebels verwenden, um den Fokusbereich während des Filmens zu verschieben.

AF-C: Empfindlichkeit und Geschwindigkeit anpassen

Im Menü **Film-Einstellung > AF-C Benutzerdef.Einst.** finden Sie mit **Verfolgungs-Empfindlichk.** und **AF-Geschwindigkeit** zwei Optionen, den kontinuierlichen Autofokus anzupassen.

Beachten Sie hierbei bitte, dass, sobald Sie die Aufnahmebetriebsart über das Einstellrad auf Film gestellt haben, Sie im Fokusmodus AF-C automatisch und dauerhaft fokussieren. Dies gilt sowohl im Video-AF-Modus **Mehrfeld** als auch mit **Vario AF** und auch, wenn Sie gerade nicht filmen, aber die Kamera angelassen haben. Dieses ständige Fokussieren saugt den Akku förmlich leer, und Sie sollten daher die Kamera ausschalten, wenn Sie gerade nicht filmen.

Es gibt noch eine dritte Option, die Sie in Verbindung mit AF-C zum Fokussieren verwenden können. Und zwar können Sie die Gesichts- und Augenerkennung einschalten. Auf diese Weise wird immer auf das Gesicht oder das Auge fokussiert, sofern eines zu sehen ist. Bei mehreren Gesichtern wird dann allerdings häufig das Gesicht fokussiert, das der Kamera am nächsten ist oder das zentraler zur Bildmitte liegt.

AF-S beim Filmen

Natürlich können Sie auch mit AF-S einmalig beim Filmen fokussieren, indem Sie den Auslöser halb herunterdrücken. Aber hierbei bleibt der Fokus in der einmal eingestellten Distanz. Bei aktiver Gesichtserkennung allerdings wird aus dem Fokusmodus AF-S automatisch ein AF-C-Modus.

Abbildung 9.6 *Mit **Vario AF** legen Sie fest, wo der Fokus beim Filmen liegt.*

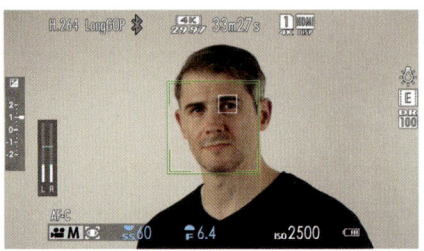
Abbildung 9.7 *Auch die Gesichtserkennung zusammen mit AF-C ist eine gute Möglichkeit, beim Filmen zu fokussieren.*

9.2.2 Fokussieren mit dem Touchscreen

Auch das Fokussieren mit dem Touchscreen ist beim Filmen möglich. Den Touchscreen-Modus habe ich bereits in Abschnitt 4.5, »Fokussieren mit dem Touchscreen«, beschrieben; er verhält sich beim Filmen recht ähnlich wie beim Fotografieren. Im Modus **Shoot** können Sie hierbei die Aufnahme fokussieren und starten. Zum Stoppen der Aufnahme müssen Sie allerdings wieder den Auslöser betätigen. Mit den Touchmodi **AF** und **Area** können Sie den Fokusrahmen an der gewünschten Stelle positionieren, und in Verbindung mit AF-C wird darauf auch gleich fokussiert. Verwenden Sie hingegen AF-S, wird mit **AF** an der Stelle, auf die Sie tippen, einmalig scharfgestellt. Mit **Area** hingegen wird mit AF-S nur der weiße Rahmen verschoben, ohne zu fokussieren. Wenn Ihnen die Fokussierung beim Wechsel des Fokusrahmens zu abrupt vorgeht, können Sie dies über **Film-Einstellung > AF-C Benutzerdef.Einstl. > AF-Geschwindigkeit** anpassen. Wenn Sie hier einen Wert von –5 einstellen, ist der Übergang beim Wechsel der Fokusrahmen sehr sanft. Bei einem Wert von +5 geschieht der Vorgang eben möglichst schnell.

9.2.3 Manuell fokussieren

Wenn Sie eine stark belebte Szene mit AF-C automatisch fokussieren, kann es unruhig im Bild werden, weil entweder immer ein anderes Motiv scharfgestellt wird oder nicht das gewünschte Motiv fokussiert werden kann. Auch gibt es Situationen, wo der Autofokus nicht richtig oder nicht sofort scharfstellt. Der Autofokus pumpt dann hin und her.

Wollen Sie wie in professionellen Produktionen mehr cineastische Effekte beim Fokussieren haben (Stichwort: Hollywood), dann müssen Sie den Fokusschalter auf **M** stellen und manuell fokussieren. Allerdings bedarf es schon einiges an Übung und Erfahrung, manuell mit Hilfe des Displays und einer Hand am Fokusring zu fokussieren. Auch hier ist Focus Peaking hilfreich und funktioniert beim Filmen genauso wie beim Fotografieren. Sie können es im Kameramenü über **Film-Einstellung > MF-Assistent > Focus Peaking** aktivieren. Ebenso kann hierbei die digitale Entfernungsmessung mit der Schärfentiefe-Skala sehr nützlich sein. Auch die aktive **Fokuskontrolle** ist hilfreich, indem der Bereich mit dem ausgewählten Fokusrahmen vergrößert angezeigt wird, wenn Sie am Fokusring drehen.

Abbildung 9.8 *Fokussieren im manuellen Modus ist mit Hilfe von Focus Peaking und der Schärfentiefe-Skala problemlos möglich.*

Vom Fotografieren wissen Sie ja bereits, dass eine weit geöffnete Blende eine geringe Schärfentiefe hat. Dasselbe gilt beim Filmen, weshalb es beim manuellen Fokussieren häufig einfacher ist, die Blende etwas mehr zu schließen (hoher Blendenwert), um etwas mehr Schärfentiefe und Spielraum zu haben, gerade wenn Sie vorhaben sollten, aus der Hand zu filmen.

Ausrüstung zum Filmen

Wem es ernster ist mit dem Filmen, der kann sich auch Gedanken über einen externen Monitor machen, der dann ein größeres Displaybild bietet. Auch ein Stativ oder sogenannte *Rigs* zur Montage von Zubehör haben sich bewährt, um ordentliche Filme ohne große Verwacklungen aufzunehmen. Außerdem gibt es sogenannte *Slider* (auch mit Motor), mit denen Sie den statischen Aufnahmen noch eine schöne und sanfte Bewegung geben können. Ebenfalls häufig im Einsatz sind Schulterstative.

9.3 Filmen in den verschiedenen Programmmodi

Wie auch beim Fotografieren stehen Ihnen beim Filmen die verschiedenen Programmmodi **P**, **S**, **A** und **M** zur Verfügung, und auch hier können Sie die Einstellungen mit einer Kombination aus Blende, Belichtungszeit oder dem ISO-Wert anpassen. Dementsprechend funktionieren auch beim Filmen die von der Fotografie bekannten Automatiken auf dieselbe Weise. Im Sucher und auf dem Display finden Sie daher auch hier die bekannten Werte und Anzeigen des verwendeten Programmmodus, der Belichtungszeit, der Blende und des ISO-Wertes wieder.

9.3.1 Filmen in der Programmautomatik

Wollen Sie Belichtungszeit und Blende automatisch wählen lassen, dann können Sie auch hier den Programmmodus auf **P** stellen, indem Sie das Einstellrad für die Belichtungszeit und den Blendenring bzw. das Objektiv auf **A** stellen. Damit filmen Sie in einer Automatik, wie dies in der Kamera mit dem Symbol **Auto** links unten angezeigt wird. Für jemanden, der (noch) nicht viel mit dem Filmen am Hut hat und einfach mal einen Film machen will, ist diese Option ganz gut geeignet.

Hierbei sollten Sie allerdings auf sich stark verändernde Lichtverhältnisse achten, weil die Belichtungsautomatik eben das tut, wofür Sie gedacht ist, und dem entgegensteuert. Dies führt beim Video zu unschönen und ruckartigen Hell-Dunkel-Effekten, bis die Belichtung wieder angepasst wurde. Drehen Sie daher immer besser eine Szene mit einer fixen Helligkeit, und erstellen Sie bei einer Aufnahme mit wechselnder Helligkeit lieber eine neue Szene.

Abbildung 9.9 *Die Programmautomatik beim Filmen erkennen Sie am Symbol **Auto**.*

Obwohl Sie in diesem Modus keine Kontrolle über die Belichtungszeit und die Blende haben, können Sie manuell den ISO-Wert ändern. Auch das Einstellrad für die Belichtungskorrektur steht Ihnen hier zur Verfügung, um die Belichtung anzupassen. Die Belichtungskorrektur können Sie jederzeit während der Aufnahme ändern. Allerdings stehen Ihnen beim Filmen nur +/−2 EV zur Korrektur zur Verfügung – beim Fotografieren sind es ja bis zu +/− 3 EV.

Keine Information über Belichtungszeit und Blende
Wenn Sie im Programmmodus **P** filmen, wird keinerlei Information über die Belichtungszeit oder Blende angezeigt. Auch der ISO-Wert wird, wenn er auf Auto gestellt ist, nur mit **ISO Auto** angezeigt. Es wird in diesem Modus also nichts angezeigt, wenn sich die Werte während der Aufnahmen ändern.

9.3.2 Filmen im Programmmodus A (Blendenvorwahl)

Auch beim Filmen können und sollten Sie die Blende als Stilmittel einsetzen. Hierzu müssen Sie nur die Kamera über das Einstellrad in den Programmmodus **A** stellen und die Blende manuell wählen. Besonders großartig sehen Filme natürlich mit einer geringen Schärfentiefe aus. Allerdings müssen Sie hierbei gegebenenfalls einen Graufilter (ND-Filter) vor das Objektiv schrauben, wenn das Umgebungslicht sehr hell ist und Sie die Blende weit geöffnet haben, um eine zu kurze Belichtungszeit zu vermeiden. Beim Filmen in der Blendenvorwahl wird links unten der Programmmodus mit dem Buchstaben **A** angezeigt. Auch hier können Sie wieder das Einstellrad für die Belichtungskorrektur zur Anpassung verwenden.

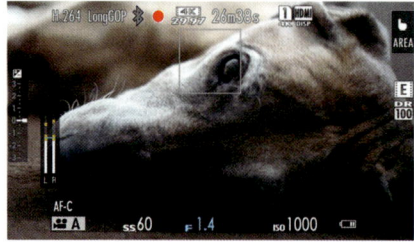

Abbildung 9.10 *Filmen mit der Blendenvorwahl*

Abbildung 9.11 *Bei hellem Tageslicht mit offener Blende wird ein Graufilter benötigt. Graufilter gibt es auch als Variofilter mit einstellbarer Stärke. Diese sind besonders beim Filmen hilfreich.*

Rote Werte

Wenn bei schwachen Lichtverhältnissen rote Buchstaben bei der Belichtungszeit und der Blende angezeigt werden, dann kann die Kamera mit den eingestellten Werten nicht richtig belichten.

9.3.3 Filmen im Programmmodus S (Zeitvorwahl)

Bei diesem Modus geben Sie die Belichtungszeit über das Einstellrad vor und stellen die Blende auf **A**(uto). Damit wird entsprechend der eingestellten Belichtungszeit die Blende angepasst. Die Belichtungszeit spielt eine besondere Rolle beim Filmen. An der Stelle gibt es eine übliche Pi-mal-Daumen-Regel für ein angenehmes Bild beim Filmen, laut der die Belichtungszeit immer das Doppelte der Bildrate des Filmes beträgt. Verwenden Sie zum Beispiel eine Bildrate von 30 Bildern pro Sekunde, dann sollten Sie als Belichtungszeit mindestens 1/60 s einstellen. Wenn Sie besonders schnelle Aufnahmen etwas schärfer abbilden wollen, können Sie auch noch kürzere Belichtungszeiten verwenden. Hierzu wird häufig eine 8fach kürzere Belichtungszeit verwendet. Für eine Bildrate von 25 Bildern pro Sekunden wäre dies somit eine Belichtungszeit von 1/200 s. Je kürzer allerdings die Belichtungszeit, umso mehr »verpasst« der Film einen Großteil der Bewegung. Bei 25 Bildern pro Sekunde und einer Belichtungszeit von 1/200 s wird praktisch nur ein Achtel der Zeit pro Bild belichtet. Der Film wirkt dadurch deutlich ruckeliger und unruhiger. Je kürzer Sie hierbei belichten, umso mehr tritt der Stakkato-Effekt auf. Es gibt aber durchaus Filme, die eine kurze Belichtungszeit als Stilmittel einsetzen. Umgekehrt – wenn Sie eine längere Belichtungszeit wählen als die empfohlene, also länger als das Doppelte der Bildrate des Filmes (beispielsweise 1/30 bei 30 Bilder pro Sekunde) – gibt es mehr Bewegungsunschärfe im Bild.

180-Grad-Regel

Noch eine Information zur Belichtungszeit beim Filmen: Filmleute sprechen in der Praxis eher selten von einer Belichtungszeit in Bruchteil von Sekunden, sondern in Prozent oder als Winkel. Dies ist allerdings eher alten Filmkameras zu verdanken, wo an einer rotierenden Scheibe der Verschluss in Prozent oder Grad eingestellt wurde. 180 Grad bedeutet hier 50 %. Bei den 25 Bildern pro Sekunde wird dann mit 1/50 s belichtet, und es entsteht der Eindruck einer fließenden Bewegung. 45 Grad hingegen macht ein Achtel der Zeit aus, und es entstehen diese abgehackten Bewegungen mit 1/200 s.

Auch hier können Sie das Einstellrad für die Belichtungskorrektur zum Anpassen verwenden.

Abbildung 9.12 *Filmen mit der Zeitvorwahl*

Keine Belichtungszeit unter der Bildrate des Films

Wenn Sie versuchen, eine Belichtungszeit »unterhalb« der eingestellten Bildrate des Films einzustellen, dann wird das nicht gehen. Beträgt die Bildrate 30 Bilder in der Sekunde, werden Sie keine längere Belichtungszeit als 1/30 s einstellen können. Beträgt die Bildrate 60 Bilder in der Sekunde, dann lässt die Kamera keine längere Belichtungszeit als 1/60 s zu. Damit ist sichergestellt, dass Sie ein ordentlich flüssig anzusehendes Video erstellen, denn sonst könnte gar nicht die gewünschte Anzahl an Bildern pro Sekunde in der gewählten Qualität erstellt werden. Die kürzestmögliche Belichtungszeit der X-T3 bei Filmen liegt bei 1/8 000 s.

Mit der Firmware 2.0 wurde eine Option hinzugefügt, langsamer als mit der eingestellten Bildrate zu filmen. Diese Option gilt allerdings nur für DCI4K und 4K. Hierzu müssen Sie dann noch die Filmkompression **All-Intra** auswählen. Damit können Sie eine Belichtungszeit von maximal 1/4 s einstellen. Natürlich treten dann deutliche Wischeffekte auf, was aber durchaus als Filmeffekt gewollt sein kann. Mit **All-Intra** ist die Bildqualität sogar noch etwas besser als mit **Long GOP**, aber **All-Intra** erzeugt auch größere Dateien.

9.3.4 Filmen im Programmmodus M (manuell)

Der manuelle Modus ist häufig die beste Option beim Filmen, da Sie gezielt die Blende und die Belichtungszeit einstellen können. Zudem können Sie filmen und die Einstellungen jederzeit während des Filmens anpassen. Mit Hilfe des hinteren Einstellrades können Sie die Belichtungszeit noch in 1/3-Stufen erhöhen oder reduzieren, sofern die Belichtungszeit nicht unter die eingestellte Bildrate des Films gelangt. Die Belichtungsskala hilft Ihnen, die Belichtung zu kontrollieren. Nützlich ist es auch, das Histogramm einzublenden. Im manuellen Programmmodus wird beim Filmen links unten ein **M** angezeigt.

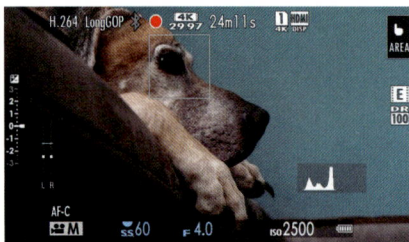

Abbildung 9.13 *Filmen im manuellen Modus ist häufig die beste Option.*

ISO-Wert beim Filmen

Auch den ISO-Wert sollten Sie im manuellen Modus über das Einstellrad auf einen fixen Wert und nicht auf Auto-ISO stellen, um Helligkeitssprünge zu vermeiden, weil Auto-ISO sonst versuchen würde, die Kamera auf eine korrekte Belichtung einzustellen.

9.3.5 Zebrastreifen für die Belichtungskontrolle

Die Gefahr von ausgebrannten Stellen durch eine Überbelichtung besteht natürlich auch beim Filmen. Hierfür können Sie bei der X-T3 die **Zebra-Einstellung** verwenden, um zu sehen, ob bestimmte Bereiche noch genügend Zeichnung enthalten, und dann entsprechend zu reagieren. Die **Zebra-Einstellung** können Sie im Kameramenü über **Film-Einstellung > Zebra-Einstellung** (de-)aktivieren. Hier finden Sie eine links- und eine rechtsausgerichtete Zebraschraffur zur Auswahl vor.

Abbildung 9.14 *Zebra-Einstellung* wählen, hier die linksgerichtete Schraffur

Abbildung 9.15 *Zebra-Stufe* anpassen. Für die Lichtsituation hier ist ein Schwellenwert von ca. 85 % eine gute Wahl.

Der Wert der **Zebra-Stufe** bei Standardeinstellung steht auf 50 %. Den Wert können Sie im Kameramenü über **Film-Einstellung > Zebra-Stufe** anpassen. Hierbei werden in der gängigen Praxis häufig mit 70 % und 100 % zwei Werte verwendet.

IRE oder Prozent

Zwar wird der Wert der **Zebra-Einstellung** in der Kamera mit Prozent angegeben, aber die genaue Einheit lautet »IRE« (für »Institute of Radio Engineers«). Aber egal, ob hier ein Prozentwert oder IRE angegeben sind, beide Werte sind identisch. Bei einem Wert von 0 IRE fällt kein Licht mehr auf den Sensor, und das Bild ist schwarz. Der Wert 100 IRE steht für die Lichtmenge, die von der Kamera aufgezeichnet werden kann. In der Regel steht entsprechen 100 IRE der Farbe Weiß.

Mit 100 (IRE) verwenden Sie das Zebramuster als klassische Überbelichtungswarnung. Hier werden nur noch Stellen schraffiert angezeigt, die komplett weiß sind und wo sich in der Regel keine Details mehr zurückholen lassen. Beim Filmen an hellen Tagen wird dieser Bereich mit dem Himmel schnell erreicht. Solch große helle Flächen wirken im Video unschön und sollten vermieden werden. Dies gilt vor allem auch für Bildbereiche, die nicht wirklich Weiß, sondern eigentlich farbig sind. Mit Hilfe dieser **Zebra-Einstellung** von 100 IRE können Sie daher diese Details beim Filmen kontrollieren und entsprechend die Belichtung anpassen. Trotzdem wird es Situationen geben, wo dies nicht möglich ist und Sie mit dem aufgefressenen Himmel leben müssen, wenn Sie nicht wollen, dass beim Anpassen der Belichtung der Vordergrund zu stark abgedunkelt wird.

Beim Filmen von Personen hingegen wird häufig der Wert auf 70 (IRE) eingestellt, um die korrekte Belichtung des Gesichtes sicherzustellen. Wenn Sie hierbei die Belichtung einstellen, sollten Sie darauf achten, dass im Gesicht das Zebra gerade so verschwindet. Der Wert für Personen variiert natürlich ein wenig, weil er auch von der Hautfarbe abhängt. Im Beispiel mit 70 IRE wird von einem mitteleuropäischem, hellem Hauttyp ausgegangen.

Abbildung 9.16 *Hier habe ich den Wert 100 (IRE) für das Zebra eingestellt. Sie erkennen, dass der Himmel in diesem Fall an einigen Stellen überbelichtet wird.*

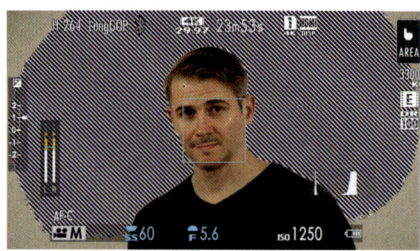
Abbildung 9.17 *Beim Filmen einer Person wird häufig ein Wert von 70 (IRE) in Abhängigkeit von der Hautfarbe verwendet. Hier sollten Sie darauf achten, dass im Gesicht keine Zebraschraffuren zu sehen sind.*

9.3.6 Bedienungsgeräusche stummschalten

Da Sie während des Filmens die Werte über die Einstellräder ändern können, führt dies zwangsläufig dazu, dass Geräusche, die dabei entstehen, mit aufgenommen werden. Idealerweise bietet die X-T3 dafür eine Option an, Werte wie ISO, Belichtungszeit, Belichtungskorrektur oder die Blende über den Touchscreen einzustellen. Diese Funktion aktivieren Sie über das Kameramenü mit **Film-Einstellung > Video-Stummschaltsteuerung**. Es dürfte offensichtlich sein, dass für diese Funktion auch die Steuerung des Touchscreens aktiviert sein sollte. Haben Sie diese Funktion aktiviert, erscheint rechts eine Touchfläche **Set**. Tippen Sie diese vor oder während der Aufnahme an, können Sie über den Touchscreen Belichtungszeit, Blende, Belichtungskorrektur, ISO-Wert, Einstellung des internen Mikrofons, Windfilter, Kopfhörerlautstärke, Filmsimulation und Weißabgleich anpassen. Zur Navigation und Anpassung der Werte können Sie neben dem Touchscreen auch den Fokushebel oder die Auswahltasten verwenden.

Weitere mögliche Geräusche der Kamera
Auch wenn Sie die Kamera in einem geräuschlosen Modus betreiben können, lässt es sich nicht vermeiden, dass eine Veränderung der Blende ein leises Geräusch macht, das vom Mikrofon der Kamera aufgenommen

wird und zu hören ist, wenn die Umgebung sehr leise ist. Dies gilt natürlich auch, wenn Sie die Blendeneinstellung auf **A** gestellt haben. Dem können Sie nur gegensteuern, indem Sie die Blende auf einen festen Wert stellen und diesen nicht mehr während der Aufnahme ändern. Dasselbe gilt für den Fokusmodus AF-C mit den Fokusgeräuschen. Auf das Thema Ton werde ich noch gesondert in Abschnitt 9.6, »Den Ton steuern«, eingehen.

Abbildung 9.18 *Wenn Sie die **Video-Stummschaltsteuerung** aktiviert haben, können Sie auf dem Touchscreen die Einstellung antippen, die Sie ändern wollen.*

Abbildung 9.19 *Hier ändere ich gerade den ISO-Wert. Der gerade gewählte Wert wird im weißen Querbalken angezeigt.*

9.3.7 Weißabgleich

Beim Weißabgleich gilt dasselbe wie beim Fotografieren, wo Sie einen angepassten oder automatischen Weißabgleich verwenden können. Darauf bin ich ja bereits in Abschnitt 5.1, »Den Weißabgleich anpassen«, eingegangen. Da allerdings viele Fotografen im Raw-Format und mit Auto-Weißabgleich fotografieren und sich den Weißabgleich damit für die Nachbearbeitung aufheben, müssen sie beim Filmen etwas umdenken. Ein falscher Weißabgleich kann nachträglich am Computer nicht ohne weitere Qualitätsverluste angepasst werden, wenn er grob danebenliegt und das Bild einen hohen Kontrastumfang hat. Die Einstellung des Weißabgleichs erreichen Sie auch hier über die Auswahltaste nach rechts oder über das Kameramenü **Film-Einstellung > Weissabgleich**.

Abbildung 9.20 *Beim Filmen sollten Sie immer schon vor oder bei der Aufnahme den Weißabgleich berücksichtigen.*

Abbildung 9.21 *Hier habe ich den Weißabgleich mit 5600 Kelvin bei Tageslicht mit Sonnenschein der Umgebung angepasst.*

Auch beim Filmen können Sie eine Graukarte verwenden, um den Weißabgleich anzupassen. Diese funktioniert genauso wie beim Fotografieren. Natürlich wird nicht jeder immer und überall eine Graukarte dabeihaben. An der Stelle helfen auch manuelle Kelvin-Werte weiter, wenn man ein wenig Erfahrung hat. Ich habe mit folgenden drei Werten fast immer gute Erfahrungen gemacht:

- 3200 Kelvin bei Kunstlicht mit Glühlampen oder Halogenlicht mit einem hohen Gelbanteil
- 4200 Kelvin bei Aufnahmen mit Mischlicht in Innenräumen
- 5600 Kelvin bei Tageslicht (bei Bewölkung mehr)

Auch wenn bei diesen Werten der Weißabgleich nicht ganz passen sollte, bleibt immer noch eine Farbkorrektur mit dem Videoschnittprogramm. Aber mit diesen drei Werten liegen Sie zumindest selten komplett daneben.

9.4   4K oder Full HD und welche Framerate?

Die X-T3 ist bezüglich der Auflösung und Videoqualität sehr breit aufgestellt, und es ist für den Einsteiger häufig nicht leicht zu überblicken, welche Einstellungen am besten geeignet sind. Hier muss sich jeder zunächst selbst die Frage stellen, für welche Zwecke das Video erstellt werden soll. Einfach die höchste Auflösung und beste Qualität zu verwenden, ist nicht immer sinnvoll. Wenn Aufnahmen nur für einen kleinen Bildschirm oder das Internet erstellt werden, dann ist 4k oft zu viel des Guten, und eine Full-HD-Aufnahme wäre völlig ausreichend. Wollen Sie hingegen das Video auf 4K-Geräten präsentieren, dann ist eine 4K-Einstellung sinnvoll. Auch liefert ein 4K-Video mehr Optionen in der Nacharbeit. So können Sie daraus einen beliebigen Bereich von 1920 × 1080 (= *Full HD*) zuschneiden, und auch die Option, ein Einzelbild aus einem 4K-Video zu extrahieren, wird oft als Argument für 4K verwendet. Allerdings müssen Sie hierfür wiederum mit einer kurzen Belichtungszeit filmen, damit die Einzelbilder scharf sind. Auch darf man bei all den Vorzügen von 4K nicht außer Acht lassen, dass hier eine gewaltige Menge an Daten entstehen kann, die von einem entsprechend leistungsstarken Rechner mit viel Arbeitsspeicher und letztlich Speicherplatz bewältigt werden muss.

9.4.1   Videomodus wählen

Im Menu **Film-Einstellung > Video Modus** können drei Parameter festgelegt werden. Mit dem ersten Wert wählen Sie zunächst die Auflösung und das Seitenverhältnis. Hier finden Sie jeweils eine 4K-Auflösung im 16:9- und eine im 17:9-Seitenverhältnis vor. Auch bei Full HD finden Sie jeweils eine Version mit dem Seitenverhältnis 16:9 und 17:9 wieder. Die genauen Pixelwerte entnehmen Sie bitte der Tabelle am Ende dieses Kapitels.

Mit dem zweiten Wert wählen Sie die Bildrate aus, die mit *p* (für progressive) abgekürzt wird. Damit wird die Anzahl der Vollbilder angegeben, die pro Sekunde aufgenommen werden. Die Anzahl der Bilder pro Sekunde wird häufig auch mit *fps* (frames per second) angegeben, wie

z. B. 24 fps für 24 Bilder pro Sekunde. So wird zum Beispiel im Kino eine Bildrate von 24p verwendet, was Sie daher auch hier mit 24p bzw. 23,98p auswählen können. Stellen Sie aber vorher sicher, dass das Wiedergabegerät diese etwas klassischeren Bildraten auch wiedergeben kann. Als Standardeinstellung für normale Videos ohne schnelle Kameraschwenks oder Bewegungen bietet sich 25p oder 29,97p an. Für Aufnahmen mit mehr Action empfehlen sich 50p oder 59,94p. Natürlich gilt: Je mehr Bilder pro Sekunde Sie speichern wollen, umso mehr Speicherplatz wird benötigt.

Cropfaktor bei Bildraten von 50p oder 59,94p

Beim Filmen von 4K-Videos mit einer Bildrate von 50p oder 59,94p wird der Bildausschnitt um den Cropfaktor 1,18 verkleinert.

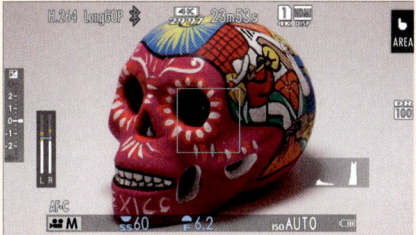

Abbildung 9.22 *Bildausschnitt 4K mit 25p*

Abbildung 9.23 *Bildausschnitt 4K mit 50p. Die Aufnahme wird um den Cropfaktor 1,18 verkleinert.*

Mit dem dritten Wert geben Sie die Bitrate an, also wie viel Megabit pro Sekunde aufgezeichnet werden sollen. Je höher dieser Wert ist, umso besser ist die Qualität, aber umso mehr Speicherplatz wird auch benötigt. Bei einer Bitrate von 400 Mbps benötigen Sie auf jeden Fall eine schnelle Speicherkarte. 1 Mbps ist etwa 0,125 MB/s, 400 Mbps sind somit 50 Megabyte in der Sekunde.

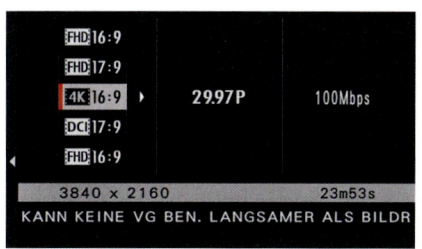

Abbildung 9.24 *Der erste Eintrag bei den Film-Einstellungen ist der **Video Modus**.*

Abbildung 9.25 *Im Untermenü wählen Sie die Auflösung, Bildrate und Bitrate aus.*

Akkuverbrauch und Wärmeentwicklung

Filmen zehrt stark am Akku. Bei einem Full-HD-Video mit 60p hält der Akku etwa 70–80 Minuten durch. Beim 4K-Modus mit 30p sind es in etwa 50–55 Minuten. Beim Filmen erhöht sich auch merklich die Temperatur der Kamera. Wenn eine Temperaturwarnung in Gelb oder Rot aufleuchtet, sollten Sie die Kamera ausschalten und abkühlen lassen. Bei einer gelben Temperaturwarnung können Sie zwar weiter aufnehmen, aber das Bildrauschen kann hier zunehmen. Wenn hingegen die rote Temperaturwarnung aufleuchtet, steht die Videoaufnahmefunktion gewöhnlich nicht mehr Verfügung, bis die Kamera wieder abgekühlt ist.

9.4.2 Videocodec und Filmkompression auswählen

Im kryptisch klingenden Menüpunkt **H.265(HEVC)/H.264** bestimmen Sie den Videocodec für die Aufnahme. Zur Auswahl stehen **H.264** (MPEG-4) und der aktuellere Videocodec **H.265(HEVC)**. H.264 ist relativ weit verbreitet und kann problemlos von allen Playern wiedergegeben werden, und auch jedes Videoschnittprogramm kann damit umgehen. Der Videocodec H.265 (HEVC) ist der Nachfolger von H.264 und benötigt bei gleicher Qualität wesentlich weniger Speicherplatz. Im Gegensatz zu H.264 speichert H.265 das Filmmaterial mit 10 Bit Farbtiefe auf der SD-Karte ab, H.264 verwendet 8 Bit Farbtiefe. Den Vorteil der höheren Farbtiefe von 10 Bit kennt auch der Raw-Fotograf, wenn er anstelle von JPEG das Raw-Format verwendet. Mit 10 Bit stehen Ihnen mehr Helligkeitsabstufungen zur Verfügung, was bei der Nacharbeit sehr hilfreich ist, wenn Sie die Helligkeit des Filmmaterials anpassen wollen. Ganz klar, H.265 ist der bessere Videocodec, aber Voraussetzung für H.265 ist, dass der Computer (vor allem das Videoschnittprogramm) mit 10 Bit umgehen kann.

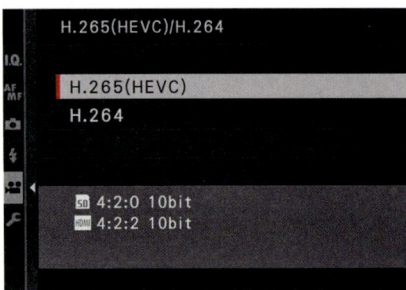

Abbildung 9.26 Den Videocodec auswählen: Zur Auswahl stehen H.264 (MPEG-4) und der Nachfolger H.265(HEVC).

Abbildung 9.27 Die Auswahl der Videokompression.

Wenn Sie **H.265(HEVC)** oder **H.264** wählen, steht Ihnen unter **Film-Einstellung** auch die Möglichkeit der **Filmkompression** zur Verfügung. Hier können Sie zwischen **Long GOP** und **All-Intra** wählen. Beim **Long GOP** werden Bilder abhängig von den Nachbarbildern codiert (GOP = Group of Pictures), was eine stärkere Komprimierung erzielt als **All-Intra**, wo jedes Bild einzeln codiert wird. **Long GOP** eignet sich prima für 4K mit einer stärkeren Kompression und kleinerer Dateigröße. **All-Intra** ist eher etwas für den professionellen Gebrauch, wo Sie den Film Bild für Bild bearbeiten wollen. **All-Intra**-Aufnahmen mit 59,94p/50p werden automatisch auf 29,97p/25p beschränkt.

9.4.3 Zeitlupen- und Zeitrafferfilme

Zum Aufnehmen von Zeitlupen oder Zeitraffer steht Ihnen im Kameramenü der Punkt **Film-Einstellung > Full HD-Hochgeschwi.Aufn.** zur Verfügung. Diese Funktion kann sehr hilfreich sein, weil Sie damit Dinge filmen können, die für das menschliche Auge zu schnell sind. Natürlich können Sie den Effekt auch künstlerisch einsetzen, um zum Beispiel eine hektische Straßenszene zu entschleunigen. Zur Auswahl stehen jeweils drei Zeitlupen zur Verfügung: 2fach, 4fach und 5fach. Hierbei können Sie immer zwischen Aufnahmen von 100 Bildern pro Sekunde oder 120 Bildern pro Sekunde wählen. Ich verwende hier am liebsten 120 Bilder pro Sekunde, weil die höhere Bildwiederholungsrate meistens bessere Zeitlupenaufnahmen produziert. Die Aufnahmen werden in Full-HD-Qualität erstellt, können maximal 6 Minuten lang werden bei 200 Mbit/s und enthalten keinen Ton. Die verwendete Einstellung wird oben auf dem Display bzw. im Sucher angezeigt. Den **Video Modus** können Sie hierbei nicht ändern, wohl aber zwischen den Videocodecs **H.264** und **H.265(HEVC)** wählen. Allerdings kann die Filmkompression bei **H.265(HEVC)** nicht geändert werden und beschränkt sich auf **Long GOP**. Auch in Kauf nehmen müssen Sie einen Cropfaktor von 1,29.

Abbildung 9.28 *Verschiedene mögliche Einstellungen zum Filmen in Zeitlupe*

Abbildung 9.29 *In der Mitte oben im Display wird Ihnen angezeigt, welche Zeitlupe Sie verwenden. Hier mit **FHD 5x 120** ist es die 5fach-Zeitlupe mit 120 Bildern pro Sekunde. Zudem müssen Sie hier beachten, dass das Bildfeld um den Cropfaktor 1,29 reduziert wird.*

9.4.4 Übersicht der Videoeinstellungen

Die Optionen bei den Aufnahmeformaten sind mit der X-T3 enorm, und ich habe mich bei den Beschreibungen auf das Nötigste beschränkt. Damit Sie einen besseren Überblick bekommen, finden Sie in Tabelle 9.1 eine Übersicht zu den verschiedenen Aufnahmeformaten der X-T3.

Einstellung	Auflösung	Kompression	Bildrate	Codec	Bitrate	Belichtungszeiten
DCI 17:9 4K 16:9	4096 × 2160 3840 × 2160	Long GOP	59,94p 50,00p	H.265(HEVC)/ 10 Bit H.264/8 Bit *1	200 Mbps 100 Mbps	1/8000s–1/24s *2
			29,97p 25,00p 24,00p 23,98p	H.265(HEVC)/ 10 Bit H.264/8 Bit	400 Mbps 200 Mbps 100 Mbps	1/8000s–1/24s *2
		All-Intra	29,97p 25,00p 24,00p 23,98p	H.265(HEVC)/ 10 Bit H.264/8 Bit	400 Mbps	1/8000s–1/4s
FHD 17:9 FHD 16:9	2048 × 1080 1920 × 1080	Long GOP	59,94p 50,00p 29,97p 25,00p 24,00p 23,98p	H.265(HEVC)/ 10 Bit H.264/8 Bit	200 Mbps 100 Mbps 50 Mbps	1/8000s–1/24s *2
		All-Intra	59,94p 50,00p 29,97p 25,00p 24,00p 23,98p	H.265(HEVC)/ 10 Bit H.264/8 Bit	200 Mbps	1/8000s–1/4s
FHD 16:9 Zeitlupe	1920 × 1080	Long GOP	120p (2×/4×/5×) 100p (2×/4×/5×)	H.265(HEVC)/ 10 Bit H.264/8 Bit	200 Mbps	1/8000s–1/100s *2

*1 = nicht kompatibel mit DCI (macht automatisch 29,97p daraus)
*2 = Die Verschlussgeschwindigkeit kann nicht langsamer gestellt werden als die Bildrate.

Tabelle 9.1 *Formate für die Filmaufnahme der X-T3 im Überblick*

Aufnahmedauer

Sie können bei 4K (DCI und UHD), 60 Bildern pro Sekunde und 10 Bit maximal 20 Minuten und bei 30 Bildern pro Sekunde maximal 30 Minuten aufnehmen. Mit Full HD sind es bei allen Bildraten ebenfalls 30 Minuten, die

Sie am Stück filmen können. Bei Superzeitlupenaufnahmen in Full HD sind 6 Minuten am Stück möglich. Außerdem gibt es eine maximale Größe der Videodatei von 4 Gigabyte. Wird das Limit erreicht, hört die Kamera nicht auf zu filmen, sondern legt automatisch eine neue Datei an. Ist die SD-Karte größer als 32 Gigabyte, gibt es diese 4-Gigabyte-Grenze nicht. Die 30-Minuten-Grenze bleibt allerdings, weil das nicht etwas technische Beschränkungen sind, sondern eine Regel der EU bezüglich der Zollbestimmung. Das dürfte vielleicht auch bei der Aufnahme des Videos die rückwärts zählende Zeit oberhalb des Displays bzw. Suchers erklären, die Ihnen die verbleibende Zeit einblendet. Da allerdings diese Regel bereits reformiert wurde und ab dem 1. Juli 2019 komplett wegfällt, wird es ab dann keinen Grund mehr für diese zeitliche Beschränkung geben. Ob es dann zum 1. Juli 2019 allerdings erlaubt ist, dass Fujifilm diese 30-Minuten-Grenze via Firmware-Upgrade entfernt, wage ich zu bezweifeln, da ja beim Zoll die Bestimmung ab dem Tag gilt, an dem die Kamera in die EU eingeführt wurde. Aber Hoffnung besteht trotzdem, dass es irgendwie geht.

9.4.5 Verschiedene Ausgabeoptionen

Sie sind übrigens nicht auf das Speichern von Filmen auf SD-Karte beschränkt, sondern können die Aufnahmen über ein HDMI-Kabel gleichzeitig oder ausschließlich auf einen externen Rekorder aufnehmen. In welcher Qualität Sie hierbei auf die SD-Karte und dem externen HDMI-Rekorder den Film speichern, legen Sie über das Kameramenü **Film-Einstellung** mit **4K-Film-Ausgabe** (für 4K-Filme) und **Full-HD-Video-Ausgabe** (für Full-HD-Filme) fest. Hierbei finden Sie auch die Option vor, gar nichts auf die SD-Karte zu sichern und nur auf dem HDMI-Rekorder zu speichern. Beachten Sie aber: Wenn Sie eine Option gewählt haben, wo die SD-Karte nicht verwendet wird, dann wird die Aufnahme auch nicht gespeichert, wenn Sie keinen externen HDMI-Rekorder angeschlossen haben!

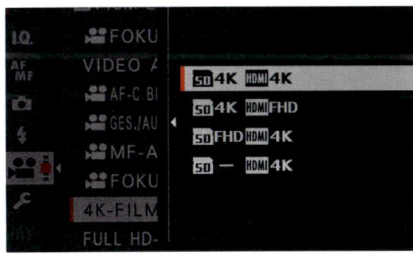 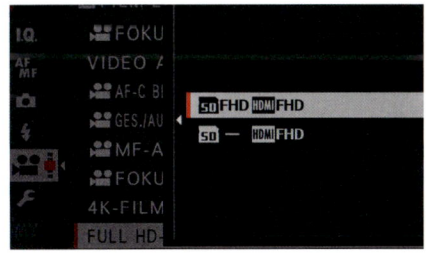

Abbildung 9.30 *Speicheroptionen für 4K-Filme*   **Abbildung 9.31** *Speicheroptionen für Full-HD-Filme*

Wenn Sie einen externen Monitor am HDMI-Anschluss zum Filmen verwenden, dann dürfte die Option **Film-Einstellung > Info-Anzeige HDMI-Ausgabe** noch von Interesse sein. Ist diese Option auf **An**, werden alle Einstellungen und Informationen des Displays auch auf dem externen Monitor angezeigt. Wenn Sie diese Anzeige hingegen auf **Aus** stellen, wird auf dem externen Bildschirm nur das Bild angezeigt. Für das Buch habe ich zum Beispiel diese Option auf **An** gestellt, damit Sie die Informationen des Kameramonitors auch auf den Screenshots sehen.

Abbildung 9.32 *Hier habe ich einen externen Monitor zum Erstellen von Screenshots für das Buch verwendet.*

 Akkuverbrauch reduzieren

Wenn Sie ein externes HDMI-Gerät angeschlossen haben und im Augenblick nicht filmen, können Sie im Kameramenü **Film-Einstellung > 4K HDMI-Standby-Qualität** auf Full HD (**FHD**) anstatt **4K** stellen. In dem Fall übertragen Sie nur in Full HD und reduzieren damit den Akkuverbrauch. Allerdings müssen Sie beim Filmen wieder daran denken, diesen wieder auf **4K** umzustellen.

9.5 F-Log und HLG

Ambitionierte Videofilmer dürften wissen, dass F-Log beim Filmen so etwas wie das Raw-Format beim Fotografieren ist. Trotzdem ist es hierbei wichtig zu erwähnen, dass es sich nicht um Raw-Daten handelt, die hier aufgezeichnet werden. Vielmehr wird eine logarithmische Gammakurve verwendet, die die Grenzen des Videosignals maximal ausnutzt, so dass bei der Nachbearbeitung der maximale Kontrastumfang zur Verfügung steht. Filme, die im F-Log-Modus aufgezeichnet wurden, sehen im unbearbeiteten Zustand häufig flau und entsättigt aus. Gewöhnlich wird erst nach der Anwendung der logarithmischen Korrekturkurve, bei einer nachträglichen Bearbeitung (beispielsweise per Color Grading), ein realistisches Bild daraus.

Abbildung 9.33 *Bilder im F-Log-Modus sehen unkorrigiert oft flau und entsättigt aus. Auf der rechten Seite wird mit **F.log** angezeigt, wenn Sie mit dieser Option aufnehmen.*

Abbildung 9.34 *Erst nach einer Korrekturkurve sieht das Bild aus, wie man es erwartet. Das Bild bietet aber dank des F-Log-Modus wesentlich mehr Spielraum in der nachträglichen Bearbeitung.*

Solche Log-Kurven werden auf den Bildsensor des Kameraherstellers abgestimmt, und es gibt daher hier auch keine Standardisierung. F-Log steht für Fujifilm-Log, Sony hat S-Log, und bei Canon wird die Funktion C-Log genannt. Für die Nachbearbeitung benötigen Sie eine passende Korrekturkurve, eine Lookup Table (kurz: LUT), mit der diese Log-Videos als gewöhnliches Video betrachtet werden können.

LUT-Dateien zum Download

Wenn Sie ein wenig recherchiert haben, werden Sie feststellen, dass es im Internet unzählige solcher Lookup Tables (LUTs) gibt. LUTs sind Dateien bzw. Tabellen, die feste Korrekturwerte enthalten und Ihrem Film bei der Videobearbeitung einen bestimmten Look geben können. Die Werte in dieser Tabelle sorgen dafür, dass jeder Pixel bzw. Farbwert eines Bildes abgeändert bzw. manipuliert wird. Der Ursprung solcher LUTs war es allerdings nicht, dem Film einen bestimmten Look wie bei Instagram zu verpassen, sondern eine Anpassung des im Log-Modus gefilmten Materials, wo die Tonwerte und Farben manuell angepasst werden. Aber mittlerweile werden LUTs in der Tat wie Filter verwendet, um ein Video aufzuhübschen.

Bedenken Sie hierbei allerdings, dass nicht jede LUT einen passenden Look erzeugt. Es macht Spaß, solche LUTs über ein Videoschnittprogramm wie Final Cut Pro X oder Adobe Premiere zu nutzen.. Echte Profis führen hier das Color Grading (Farbkorrektur und Lichtstimmung) häufig selbst durch, anstatt fertige LUTs zu verwenden. Allerdings bedarf dieser Bearbeitungsschritt, wie u. a. die Einstellung von Gamma-Kurven, Kontrast und Helligkeit festzulegen, schon einiges an Erfahrung. Fujifilm selbst bietet auf der Website *http://www.fujifilm.com/support/digital_cameras/software/lut/* spezielle LUTs für die X-T3 an. Eine tolle Quelle für kommerzielle LUTs ist die Website *https://www.colorgradingcentral.com/products/*.

Der Sinn und Zweck dieser (F-)Log-Aufzeichnung liegt darin, dass man mit derselben Datenmenge einer gewöhnlichen Videoaufzeichnung den kompletten Kontrastumfang des Sensors nutzen kann und dieser Kontrastumfang dann nachträglich in der Postproduktion zur Korrektur und Bearbeitung zur Verfügung steht. F-Log ist somit ein Mittelding zwischen Raw-Daten und einer gewöhnlichen Videoaufzeichnung. Gerade bei starken Kontrasten passiert es schnell, dass zu helle oder zu dunkle Bereiche keine Zeichnung mehr aufweisen und nachträglich nicht noch ordentlich korrigiert werden können. Und genau das kann F-Log: Eine Aufnahme erstellen, die Sie als Grundlage für spätere Nacharbeiten an den Kontrasten, Helligkeit und der Farbstimmung verwenden können.

F-Log-Aufnahmen aktivieren Sie über das Kameramenü **Film-Einstellung > F-Log/HLG-Aufzeichnung**. Hierbei stehen Ihnen mehrere Optionen für die Aufnahme auf der SD-Karte und/oder einem externen HDMI-Rekorder zur Verfügung, vorausgesetzt, Sie haben ein externes Aufnahmegerät über HDMI angeschlossen. Wenn nicht, dann gilt eben nur die SD-Einstellung. Mit der ersten Option (Standardeinstellung) werden beide Aufnahmen mit der eingestellten Filmsimulation aufgezeichnet und kein F-Log verwendet. Mit der zweiten Option wird für die SD-Karte und den externen HDMI-Rekorder F-Log verwendet. Bei dieser Option gibt es keinerlei Einschränkungen.

Mit der dritten Option verwenden Sie für die Aufzeichnung auf der SD-Karte die eingestellte Filmsimulation, und für das externe HDMI-Gerät wird F-Log verwendet. Mit der vierten Option ist dies genau umgekehrt. Bei den beiden gemischten Optionen können allerdings 4K-Filme nicht mehr mit 50p/59,97p aufgezeichnet werden. Auch die Zeitlupenfunktion und die 4K-Interframe-Rauschminderung sind deaktiviert, und eine gemischte Ausgabe von 4K- und Full HD ist nicht mehr möglich.

Anstatt eines HDMI-Rekorders kann auch ein HDMI-Monitor verwendet werden. Nur wird mit diesem nicht aufgezeichnet, sondern eben nur wiedergegeben.

F-Log kann nur im Bereich von ISO 640 bis 12800 verwendet werden. Wenn Sie F-Log mit einem ISO-Wert von weniger als 640 oder höher als 12800 verwenden, wird der ISO-Wert gelb angezeigt und bleibt auf 640 bzw. 12800 stehen.

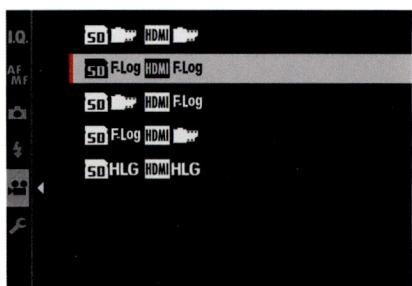

Abbildung 9.35 *Über **Film-Einstellungen > F-Log/HLG Aufzeichnung** können Sie wählen, wie und ob F-Log oder HLG auf die SD-Karte und auf einem externen HDMI-Rekorder aufgezeichnet werden soll.*

Als letzte Option steht Ihnen HLG (Hybrid Log Gamma) zur Verfügung. Hierbei handelt es sich um ein HDR-Format, das gegenüber anderen Formaten den Vorteil hat, dass es neben der typischen Gamma-Kurve im unteren Teil auch eine Log-Funktion im oberen Teil bietet. Konkret bedeutet dies, dass bei einem normalen Fernsehgerät nur der untere Teil der Kurve (Rec-709-Standard), bei einem HDR-Fernseher die komplette Kurve (Rec-2100-Standard) übertragen wird. Daher kommt auch der Name »Hybrid« bei diesem Log. Bei HLG muss mit dem Codec **H.265(HEVC)** in 10 Bit aufgezeichnet werden. Stellen Sie daher sicher, dass Ihr Computer und die Videoschnittsoftware bei der Nachbearbeitung damit kompatibel sind. Auch ist ein ISO-Wert zwischen 1000 und maximal 12800 festgelegt. Werte darunter oder darüber werden ignoriert. Außerdem gibt es bei HLG keine Mischoptionen. Hier können Sie nur HLG für die Aufnahme auf SD-Karte und dem externen HDMI-Gerät wählen. Film in HLG aufzunehmen, richtet sich eher an den professionellen Filmemacher, der möglichst viele Details und Farben mit einem hohen Dynamikumfang sichern will.

Abbildung 9.36 *Auch bei der Aufnahme mit HLG wird auf der rechten Seite des Bildschirms bzw. des Suchers diese Option angezeigt, wenn verwendet.*

Nun stehen Sie vor der Wahl, was Sie denn verwenden sollten – F-Log, HLG oder eben die normalen Filmsimulationen. Wenn Sie sich für F-Log oder HLG entscheiden, dann ist in der Regel immer eine Nacharbeit mit einem Videoschnittprogramm nötig, ähnlich wie dies beim Fotografieren im Raw-Format der Fall ist, nur dass es sich hier nicht um ein Raw handelt, sondern um eine logarithmische Anpassung der Gammakurve. Der Vorteil von F-Log und HLG ist, dass Sie viel Raum für eine Nacharbeit haben und gerade bei starken Kontrasten nicht so schnell Zeichnungsverluste befürchten müssen. Wollen Sie hingegen das Filmmaterial nicht nachbearbeiten oder höchstens ein wenig schneiden und zusammenfügen, dann sind Sie mit den normalen Filmsimulationen gut beraten. Im Prinzip stehen Sie hier vor derselben Entscheidung wie zwischen Raw und JPEG.

9.5.1 Filmsimulationen und andere Einstellungen für Videos

Nicht jeder möchte viel Zeit bei der Nachbearbeitung mit den F-Log- oder HLG-Aufnahmen verbringen. Die X-T3 hat mit den Filmsimulationen eine weitere interessante Option, ein gutes Ausgangsmaterial mit einem hohen Tonwertumfang aufzunehmen. Hierfür bietet sich förmlich die Filmsimulation **Eterna/Kino** aus dem Kameramenü **Film-Einstellung > Filmsimulation** an. Natürlich können Sie hier auch andere Filmsimulationen verwenden, die Sie bereits in Abschnitt 5.2, »Die Fujifilm-Filmsimulationen für JPEG-Bilder«, kennengelernt haben.

Abbildung 9.37 *Eine recht kontrastreiche Szene ohne Bearbeitung*

Abbildung 9.38 *Hier habe ich mit der Filmsimulation Eterna/Kino und einer Reduzierung von* **Ton Lichter**, **Schattier. Ton** *und* **Farbe** *nachgeholfen.*

Zusätzlich können Sie mit oder ohne Filmsimulationen weitere Feineinstellungen wie **Ton Lichter**, **Schattier. Ton**, **Farbe** oder die **Schärfe** über das Kameramenü **Film-Einstellung** oder das Schnellmenü (wenn nicht geändert) vornehmen. Wenn der Kontrast beim Filmen sehr stark ist, stelle ich **Ton Lichter**, **Schattier. Ton** und **Farbe** jeweils auf –2. Auch hiermit haben Sie immer noch ein gutes Ausgangsmaterial für die Nacharbeit.

4K-Rauschreduzierung

Neben der allgemeinen Rauschreduktion wie beim Fotografieren finden Sie im Kameramenü **Film-Einstellung** eine Funktion **4K Interf-Rauschmind** vor. Damit können Sie eine Zwischenbild-Rauschreduzierung für 4K-Aufnahmen aktivieren. Diese kann bei statischen 4K-Aufnahmen mit einem hohen ISO-Wert ab 6 400 nützlich sein, wo durch starkes Bildrauschen der Hintergrund doch unruhig wirkt. Bei schnellen Bewegungen oder Kameraschwenks kann es hierbei allerdings zu Geisterbildern kommen.

Vignettierungskorrektur | Die **Vignettierung-Kor** bei **Film-Einstellung** im Kameramenü tut genau das, wonach sie sich anhört: Sie reduziert beim Filmen die dunklen Ecken im Randbereich, die häufig durch eine weit geöffnete Blende entstehen. Diese Option ist standardmäßig aktiviert. Wenn Sie eine Vignettierung zum Film hinzufügen möchten, müssen Sie diese Option deaktivieren. Die Vignettierungskorrektur funktioniert allerdings nur, wenn die Kamera das Profil des Objektivs kennt. Somit sind Fremdhersteller-Objektive und adaptierte Objektive bei dieser Funktion außen vor.

9.5.2 Mehr Übersicht mit Zeitcodes

Professionelle Videofilmer verwenden gerne einen Zeitstempel, der zu jedem einzelnen Bild im Film hinzugefügt wird. Ein solcher Zeitstempel hat das Format *Stunde:Minute:Sekunde.Frame* und ist hilfreich, wenn Sie bildgenau schneiden wollen. Die Nummerierung zählt von 00:00:00.0 bis 23:59:59.24 und springt dann wieder auf 00:00:00.0 zurück. Im Kameramenü **Film-Einstellung > Zeitcode-Einstellung > Zeitcode-Anzeige** können Sie festlegen, ob der Zeitstempel auch auf dem Bildschirm angezeigt werden soll.

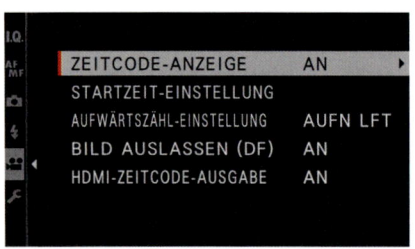

Abbildung 9.39 *Zeitcode-Einstellung im Kameramenü*

Abbildung 9.40 *Hier wird der Zeitstempel links unten mit* **TC** *angezeigt.*

Im Untermenü **Startzeit-Einstellung** finden Sie Optionen, diesen Zeitstempel anzupassen. Mit **Manuelle Eingabe** können Sie eine eigene Angabe aus *Stunde:Minute:Sekunde.Bildnummer.Frame* festlegen, mit der die nächste Aufnahme beginnen soll. Mit **Aktuelle Zeit** stellen Sie die aktuelle Uhrzeit der Kamera ein. Wenn Sie beim Filmen Notizen mit der ungefähren Uhrzeit machen, wissen Sie beim Sichten des Videomaterials, welche Datei die richtige ist. Der letzte Menüpunkt, **Zurücksetzen**, spricht für sich: Er setzt den Zeitstempel wieder auf 00:00:00.0.

Im Zusammenhang mit **Aktuelle Zeit** dürfte auch die Option von **Aufwärtszähl-Einstellung** im Untermenü **Zeitcode-Einstellung** von Bedeutung sein. Mit der Standardeinstellung **Aufnahme läuft** wird die Zeit nur weitergezählt, wenn gefilmt wird. Mit **Freilauf** läuft die Zeit hingegen immer weiter, auch wenn nicht gefilmt wird und die Kamera ausgeschaltet wurde.

Die Option **Bild auslassen (DF)** (Drop Framerate) wird für die krummen Bildraten wie beispielsweise 29,97 fps benötigt. Im Gegensatz zur Framerate mit 30 fps zum Beispiel werden 0,03 Bilder pro Sekunde nicht berücksichtigt. Da der Zeitcode nur ganze Bilder zählen kann, sind es bei 30 fps in zwei Stunden 216 000 Frames; bei 29,97 fps beträgt die Anzahl der Bilder in zwei Stunden hingegen 215 784 Frames – eine Differenz von 216 Bildern, was bedeutet, dass der Zeitcode um 7,2 Sekunden hinterherhinkt. Und wenn Sie die Option **Bild auslassen (DF)** aktiviert lassen, werden die fehlenden Bilder ausgelassen, damit die Bildanzahl und Bildrate mit dem Zeitcode übereinstimmt. Mit der letzten Einstellung können Sie auch einstellen, ob der Zeitcode an ein externes HDMI-Aufnahmegerät gesendet werden soll oder nicht, wenn Sie eines verwenden.

9.6 Den Ton steuern

Zu einem guten Bild gehört in der Regel auch ein ordentlicher Ton. Dies wird häufig vernachlässigt und muss dann aufwendig in der Nacharbeitung korrigiert werden. Der Ton wird bei der X-T3 über zwei eingebaute Mikrofone oberhalb der Kamera mit einer ordentlichen Qualität aufgenommen. Da die beiden Mikrofone gleich neben den Einstellrädern angebracht sind, sollten Sie diese während der Aufnahme, wenn möglich, nicht drehen. Nutzen Sie auch die **Video-Stummschaltsteuerung**, die ich in Abschnitt 9.3.6, »Bedienungsgeräusche stummschalten«, beschrieben habe. Eine deutliche Qualitätsverbesserung erzielen Sie mit einem externen Mikrofon, das über die Buchse an der Seite der Kamera angeschlossen werden kann. Den Tonpegel finden Sie bei der Videoaufnahme auf der linken Seite des Displays bzw. Suchers. Der Tonpegel sollte hierbei möglichst niemals in den roten Bereich gehen, weil der Ton sonst scheppert und verzerrt wird. Im Idealfall liegt der Ton immer um die blaue Markierung herum.

Abbildung 9.41 *Das interne Mikrofon bei der Fujifilm X-T3 befindet sich hinter den kleinen Öffnungen* ❶ *rechts und links am Suchergehäuse.*

Die Einstellungen für das interne sowie externe Mikrofon nehmen Sie im Kameramenü über **Film-Einstellung > Audioeinstellung** mit **Einstellung internes Mikro** und **Einstellung externes Mikro** vor. Dort stehen die Optionen **Manuell** oder **Auto** (automatisch) zur Verfügung. Mit **Manuell** erhöhen Sie zum Beispiel bei einer ruhigen Naturaufnahme den Pegel, um Naturgeräusche wie Vogelgezwitscher etwas zu verstärken. Bei einer lauten Umgebung wie einer Großstadt hingegen können Sie den Pegel etwas reduzieren. Hierbei müssen Sie stets den Pegel und den blauen Balken im Auge behalten. Wenn Sie **Auto** wählen, wird der Aufnahmepegel entsprechend der Umgebung angepasst, also bei ruhigeren Umgebung angehoben und bei lauter Umgebung gesenkt. Mit **Aus** können Sie die Tonaufnahme auch komplett deaktivieren.

Abbildung 9.42 *Der Tonpegel auf der linken Seite des Displays dient zur Kontrolle der Aufnahmelautstärke.*

Abbildung 9.43 *Empfindlichkeit des Tonpegels anpassen*

> **Kopfhörer zur Kontrolle verwenden**
> Verwenden Sie einen Kopfhörer, während Sie den Tonpegel einstellen. Durch das Mithören des Tons lässt sich dieser viel besser kontrollieren. Die X-T3 hat dafür auch einen Extra-Anschluss. Die **Kopfhörerlautstärke** können Sie ebenfalls über **Film-Einstellung > Audioeinstellung** anpassen.

Wenn Sie die Funktion **Film-Einstellung > Audioeinstellung > Mikro-Begrenzer** eingeschaltet haben, ist immer aktiv und achtet darauf, dass der Ton niemals übersteuert wird. In der Praxis ist es sinnvoll, diese Option eingeschaltet zu lassen.

Um Störgeräusche auszufiltern, bieten sich noch die beiden Optionen **Windfilter** und **Tiefpassfilter** an. Der **Windfilter** versucht, das typische Rumpeln bei starkem Wind etwas zu reduzieren. Dies funktioniert allerdings selbst bei schwachem Wind nur teilweise. Dem Windgeräusch können Sie auch nachträglich bei der Nachbearbeitung gegensteuern. Eine noch bessere Option wäre ein externes Mikrofon mit Windschutz. Diese pelzigen Teile über den Mikrofonen, die Sie vielleicht von mancher Wetterreportage kennen, sind in der Tat die beste Möglichkeit, die Windgeräusche zu minimieren. Mit **Tiefpassfilter** hingegen werden niederfrequente Geräusche reduziert. Auch diese Option sollten Sie nur einschalten, wenn es nötig ist, weil damit die Aufnahme insgesamt etwas dumpfer wird.

Externe Mikrofone

Externe Mikrofone gibt es für jeden Geldbeutel.. Ich verwende gerne das Røde VideoMic Go, weil es mit ca. 50 Euro ein gutes Preis-Leistungs-Verhältnis bietet. Es gibt auch eine leistungsstärkere Pro-Version. Auch Sennheiser liefert mit dem MKE 400 ein leistungsstarkes Mikrofon für ca. 150 Euro.

Alternativ können Sie aber auch einen Audiorekorder wie zum Beispiel den Zoom H1 verwenden, mit dem Sie den Ton getrennt von der Kamera aufnehmen und diesen später am Computer zusammenfügen können. Das ist kein Problem, solange Sie auch den Ton mit der X-T3 aufnehmen. In der Nachbearbeitung am Computer fügen Sie den externen Ton zum Film hinzu und sorgen dafür, dass der externe Ton mit dem internen Ton der X-T3 synchronisiert wird. Der schlechtere Kameraton wird dann deaktiviert. Das ist ganz praktisch, weil Sie hiermit das Mikrofon auch ganz woanders platzieren können, wenn Sie zum Beispiel ein Interview führen.

9.7 Einen Film wiedergeben

Die Wiedergabe von Filmen in der Kamera funktioniert in jeder Aufnahmebetriebsart über die Wiedergabetaste und ist eigentlich selbsterklärend. Durch die einzelnen Videofilme (und Bilder) wechseln Sie mit dem Fokushebel oder den Auswahltasten nach links oder rechts.

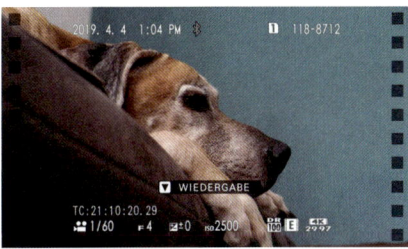

Abbildung 9.44 *Ein Video erkennen Sie an dem filmtypischen Look mit den Quadraten links und rechts von oben nach unten.*

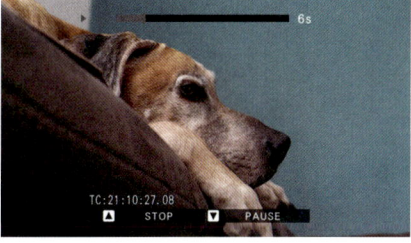

Abbildung 9.45 *Ein Film bei der Wiedergabe*

Kippen Sie den Fokushebel nach unten oder wählen Sie die Auswahltaste nach unten, dann wird der Film abgespielt. Während der Wiedergabe können Sie mit dem Fokushebel oder der Auswahltaste nach unten die Wiedergabe pausieren bzw. weiter wiedergeben. Mit dem Fokushebel oder der Auswahltaste nach oben, können Sie die Wiedergabe stoppen. Mit dem Fokushebel oder der Auswahltaste nach rechts oder links können Sie Bild für Bild wiedergeben.

Kapitel 10
Zubehör für die X-T3

In diesem Kapitel gebe ich Ihnen einen kleinen Überblick über das passende Zubehör für Ihre X-T3. Das Hauptaugenmerk liegt dabei natürlich auf den Objektiven. Aber auch auf anderes nützliches Zubehör wie Akkus, Batteriegriffe oder Fernauslöser werde ich kurz eingehen. Am Ende erfahren Sie zudem, wie Sie Ihre Ausrüstung reinigen und mit einem Firmware-Upgrade auf dem neuesten Stand halten.

10.1 Objektive für die X-T3

Ich glaube es hat sich bereits herumgesprochen, dass neben dem Bildsensor auch das Objektiv ganz entscheidend für eine gute Qualität der Bilder ist. Daher ist der Kauf einer guten Linse mindestens genauso bedeutend wie der Kauf der Kamera selbst. Fujifilm bietet eine große Anzahl wirklich hochwertiger Objektive für die X-Serie an. Bevor ich auf die einzelnen Objektive genauer eingehen werde, möchte ich noch die Bezeichnungen entschlüsseln, die Sie an den Objektiven vorfinden.

Abbildung 10.1 *Jedes Objektiv hat verschiedene Kürzel mit einer festen Bedeutung. (Bild: Fujifilm)*

Bezeichnung	Bedeutung
XF, XC	XF steht für »X-Finest« und dient als Bezeichnung für die hochwertigen Objektive von Fujifilm. XC steht für »X-Compact« und ist die Bezeichnung für die günstigeren Objektive. Die XF-Objektive werden häufig aus Metall gefertigt und sind recht robust. Die XC-Modelle hingegen bestehen vorwiegend aus Plastik.

Tabelle 10.1 *Verschiedene Kürzel, die Sie auf Fujinon-Objektiven vorfinden*

Bezeichnung	Bedeutung
56 mm, 50–140 mm	Als nächste Bezeichnung finden Sie die der Brennweite des Objektivs: Bei einer Festbrennweite steht hier beispielsweise 56 mm. Bei Zoomobjektiven steht hier der Brennweitenbereich wie 50–140 mm.
1:1.2, F4.5–6.7	Die Lichtstärke des Objektivs kann z. B. mit 1:1.2 für ƒ1,2 angegeben sein. Bei Zoomobjektiven, die im Weitwinkelbereich lichtstärker sind als im Telebereich, steht hier dann häufig »F4.5–6.7«. Die Lichtstärke variiert dann je nach der verwendeten Brennweite. Es gibt aber auch Zoomobjektive mit durchgehend gleichbleibender Brennweite. Allerdings sind solche Objektive in der Regel größer und schwerer.
R	Diese Objektive haben einen Blendering, an dem Sie die Blende manuell einstellen können.
OIS	Das Objektiv hat einen eingebauten Bildstabilisator zum Ausgleich von Verwacklungen. Damit können Sie aus der Hand mit längeren Belichtungszeiten fotografieren als ohne OIS (Optical Image Stabilization).
LM	Dieses Objektiv hat einen Linearmotor für den Autofokus, so dass es besonders leise und schnell fokussieren kann.
WR	Die Bezeichnung steht nicht für »Water Repellent«, sondern »Weather Resistant«. Damit ist gemeint, dass dieses Objektiv einen gewissen Schutz gegen Staub, Spritzwasser und Kälte (−10 °C) hat. WR heißt also nicht, dass es wasserdicht ist!
APD	Dieses Kürzel steht für den Apodisationsfilter und sorgt für ein besonders weiches Bokeh beim Freistellen. Es gibt nur ein Objektiv mit dieser Bezeichnung, nämlich das Fujinon XF 56 mm F1.2 R APD.
Nano-GI	Dies ist eine besondere Beschichtung auf den Rückseiten der beiden vordersten Linsenelemente, mit der Reflexionen und Geisterbilder vermieden werden sollen.
Super EBC	Super EBC (Electron Beam Coating) ist eine Vergütung, die dafür sorgt, dass Streu- und Gegenlicht reduziert werden.
Macro	Mit diesen Objektiven können Sie besonders nah ans Motiv gehen.
Ø58	Dieser Wert gibt den Durchmesser des Objektivgewindes an (hier 58 mm) – eine wichtige Information, um einen passenden Filter anbringen zu können.

Tabelle 10.1 *Verschiedene Kürzel, die Sie auf Fujinon-Objektiven vorfinden (Forts.)*

Die Auswahl der Objektive von Fujifilm für die X-Serie ist mittlerweile beeindruckend. Konnte man bei der Einführung der X-Serie mit wechselbaren Objektiven gerade einmal aus ein paar Objektiven wählen, steht man jetzt vor einer wirklich ordentlichen und runden Auswahl von derzeit 27 Objektiven von 8 mm bis 400 mm Brennweite. Einzig ein Tilt-Shift-Objektiv vermisst man hier noch. Aber dafür gibt es die Möglichkeit, fremde Objektive an die X-T3 zu adaptieren.

Neben den in Tabelle 10.1 aufgelisteten Kürzeln gibt es derzeit vier Objektive mit einem roten XF-Label. Diese Auszeichnung vergibt Fujifilm für Objektive, die sich besonders durch ihre Qualität und AF-Geschwindigkeit auszeichnen. Derzeit haben das XF 8–16 mm F2.8, das XF 16–55 mm F2.8, das XF 50–140 mm F2.8 und das 100–400 mm F4.5–5.6 solch ein rotes XF-Label.

Abbildung 10.2 *Objektive mit besonderer Performance und Qualität haben ein rotes XF-Label. (Bild: Fujifilm)*

Aus eigener Erfahrung weiß ich, dass es nicht immer leicht ist, die geeigneten Objektive für sich selbst zu finden. Es gibt einfach zu viele Faktoren wie den Anwendungszweck, das Gewicht und natürlich auch den Preis. Im Zweifelsfall können Sie sich das Objektiv auch erst mal ausleihen. Es gibt mittlerweile viele Geschäfte, wo Sie sich ein Objektiv ausleihen können, und wenn Sie es dann kaufen, wird Ihnen die Leihgebühr gleich vom Kaufpreis abgezogen.

> **X-Mount, Fujifilm-X-Bajonett**
> Für die Kameras der X-Serie hat Fujifilm den Objektivanschluss mit der Bezeichnung *X-Bajonett* entworfen. Häufig wird dieser auch *X-Mount* genannt. Wenn Sie vielleicht nach gebrauchten Objektiven gesucht haben, dann werden Sie vielleicht auch auf *X-Fujinon* gestoßen sein. Hierbei handelt es sich allerdings um einen Anschluss für eine Kleinbildkamera, die Fuji in den 80ern anbot. Dieser alte Anschluss ist nicht kompatibel mit Kameras der X-Serie.

10.1.1 Standardzooms

Ein Standardzoom dürfte wohl die häufigste Option sein, wenn man sich die X-T3 kauft. Häufig gibt es hierbei ein Kit (ein Set) aus der X-T3 und einem Standardzoom. Der Vorteil dieser Standardzooms ist, dass Sie damit möglichst viele fotografische Fälle abdecken, weil sie die Brennweiten schnell passend zur Situation einstellen können. So können Sie schnell eine Landschaftsaufnahme erstellen, aber auch schöne Porträtaufnahmen oder Gruppenfotos machen. Der Brennweitenbereich bewegt sich in der Regel zwischen leichtem Weitwinkel und leichtem Tele. Gerade wer auf Reisen ist und nicht viele Objektive mit sich herumschleppen will oder kann, der ist mit einem solchen Standardzoom als »Immerdrauf-Objektiv« ganz gut beraten. Mit einem Standardzoom kann man auch gut in die Fotografie einsteigen und sich dann in Ruhe überlegen, was einem noch fehlt. Fujifilm bietet drei XF- und zwei günstigere XC-Varianten an.

Fujinon XF 16–55 mm F2.8 R LM WR | Das beste Standardzoom von Fujifilm kommt mit einer durchgehenden Blende von ƒ2,8 daher. Gerade die durchgehende Lichtstärke macht das Objektiv auch interessant bei 55 mm mit ƒ2,8 für schöne Porträts, mit einem immer noch schönen Bokeh. Natürlich wird durch eine durchgehende Lichtstärke die Bauweise größer und schwerer. So ist das Objektiv mit ca. 660 Gramm kein Leichtgewicht und wirkt schon etwas wuchtiger auf der X-T3. Sie werden aber in puncto Bildqualität und AF-Geschwindigkeit kein besseres Standardzoom finden. Nicht umsonst trägt das Objektiv das rote XF-Label und spielt auch preislich mit etwa 1070 Euro in einer hohen Liga. Wenn Sie sich also an dem Preis nicht stören und Ihnen das etwas höhere Gewicht nichts ausmacht, dann finden Sie in diesem Standardzoom eine gute Investition mit der besten Bildqualität in seiner Klasse.

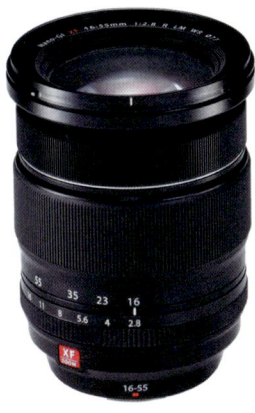

Abbildung 10.3 *Das Fujinon XF 16–55 mm F2.8 R LM WR ist derzeit das beste Standardzoom im Programm. Es bringt allerdings auch ordentlich Gewicht mit und ist kein Schnäppchen. (Bild: Fujifilm)*

Fujinon XF 18–55 mm F2.8–4 R LM OIS | Das zweite Standardzoom bringt ebenfalls eine ordentliche Leistung mit. Die Lichtstärke ist allerdings nicht durchgehend, und bei einer Brennweite von 55 mm hat man maximal noch eine Blendenöffnung von ƒ4, was aber durchaus noch ausreichend ist, um ein leichtes Bokeh bei der Porträtfotografie zu erzielen. Das Objektiv liefert auch einen Bildstabilisator mit, wie das Kürzel OIS verrät. Die Brennweite ist im Vergleich zum gerade beschriebenen Objektiv mit 18 mm (Kleinbild: 27 mm) etwas geringer. Mit einem Gewicht von nur 310 Gramm und einem Preis von derzeit 580 Euro eignet es sich bestens für Einsteiger mit einem Blick auf Preis und Leistung.

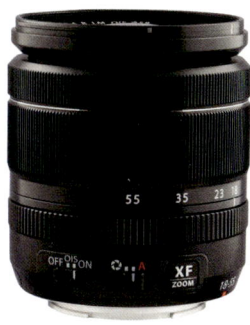

Abbildung 10.4 *Das Fujinon XF 18–55 mm F2.8–4 R LM OIS ist schön leicht und enthält auch einen Bildstabilisator. (Bild: Fujifilm)*

Fujinon XF 18–135 mm F3.5–5.6 R LM OIS WR | Bei diesem Standardzoom geht die Brennweite mit 135 mm schon in den weiteren Telebereich. Das Objektiv ist das typische Reisezoom, das für fast alle Fälle geeignet ist. Es hat zudem einen Bildstabilisator und ist wetterfest. Auf eine durchgehende Lichtstärke muss man allerdings auch hier verzichten, und die Blende fängt bei 18 mm erst mit ƒ3,5 an. Das Gewicht fällt bei der langen Brennweite mit 490 Gramm schon etwas höher aus. Der Preis für dieses Reisezoom liegt derzeit bei ca. 760 Euro. Das Objektiv zeichnet sich dadurch aus, einen möglichst großen Brennweitenbereich abzudecken, und richtet sich daher auch an Anwender, die sich nicht unbedingt weitere Objektive zulegen wollen. Das Objektiv will quasi als eierlegende Wollmilchsau für alle möglichen Zwecke dienen. Und die Wetterfestigkeit macht es zudem zum bereits erwähnten perfekten Reisezoom bei feuchteren oder staubigen Bedingungen. Trotzdem müssen Sie dieses Objektiv als einen Kompromiss sehen und sollten mit diesem Zoombereich keine Bildqualität wie mit den zuvor erwähnten Standardzooms erwarten. Gerade mit zunehmendem Zoombereich lässt die Schärfe am Bildrand deutlich nach.

Abbildung 10.5 *Das Fujinon 18–135 mm F3.5–5.6 R LM OIS WR besticht mit einer langen Brennweite, Bildstabilisator und ist wetterfest. (Bild: Fujifilm)*

Fujinon XC 15–45 mm F3.5–5.6 OIS PZ | Die preisgünstige XC-Variante hat ebenfalls einen Bildstabilisator und einen Weitwinkel von 15 mm (KB: 23 mm). Außerdem ist es sehr kompakt und wiegt gerade einmal 135 Gramm. Der Preis schwankt zwischen 200–300 Euro, gebraucht gibt es das Objektiv auch schon für 120–150 Euro. Natürlich müssen Sie in puncto Bildqualität und AF-Geschwindigkeit gegenüber den anderen bisher vorgestellten Versionen einige Abstriche machen. Beim Zoomen wird ein elektronischer Motor verwendet, weshalb das Objektiv auch das Kürzel PZ für »Powerzoom« hat. Der Motor wird hierbei für die Brennweitenveränderung verwendet und über den Einstellring gesteuert. Dieses elektrische Zoomen macht es allerdings schwer, die Brennweite möglichst genau einzustellen, was gerade bei Filmaufnahmen negativ ist, denn gerade beim Filmen wäre ja dieses elektrische Zoomen eine tolle Hilfe. Auch ist der Motorzoom nicht unbedingt leise. Bei offener Blende im Weitwinkel sowie im Telebereich fällt die Bildschärfe zu den Rändern hin ab, was sich aber ganz gut mit Abblenden kompensieren lässt.

Abbildung 10.6 *Das preiswerte Fujinon XC 15–45 mm F3.5–F5.6 OIS hat einen Bildstabilisator und ist das kleinste und leichteste Standardzoom. (Bild: Fujifilm)*

Fujinon XC 16–50 mm F3.5–5.6 OIS II | Dieses Objektiv ist ebenfalls eine günstigere XC-Version. Das Objektiv hat einen Bildstabilisator und ist aufgrund der günstigeren Bauweise nur 195 Gramm schwer. Da viele Kit-Käufer von anderen Fuji-Systemen das Objektiv gleich nach dem Kauf wieder verkaufen, finden Sie es meist günstig bei eBay für um die 150 Euro. Die Bildqualität ist auf jeden Fall besser als beim zuvor beschriebenen XC-Standardzoomobjektiv. Allerdings haben Sie hier 1 mm weniger im Weitwinkel, dafür aber 5 mm mehr im Zoom. Auch hier müssen Sie bei der Bildschärfe ein paar Abstriche zum Rand hin machen, was gerade im Weitwinkel negativ auffällt. Auch hier können Sie ein wenig mit Abblenden gegensteuern.

Abbildung 10.7 *Das Fujinon XC 16–50 mm F3.5–5.6 OIS II ist die bessere der beiden XC-Standardzoom-Varianten und verfügt ebenfalls über einen Bildstabilisator. (Bild: Fujifilm)*

Tabelle 10.2 bietet Ihnen einen schnellen Überblick über die verschiedenen Standardzooms für die X-Serie.

Objektiv	Gewicht	Preis ca.	Durchmesser	KB
Fujinon XF 16–55 mm F2.8 R LM WR	660 g	1000 Euro	Ø 77 mm	24–84 mm
Fujinon XF 18–55 mm F2.8–4 R LM OIS	310 g	580 Euro	Ø 55 mm	27–84 mm
Fujinon XF 18–135 mm F3.5–5.6 R LM OIS WR	490 g	760 Euro	Ø 67 mm	27–206 mm
Fujinon XC 15–45 mm F3.5–5.6 OIS	135 g	200 Euro	Ø 52 mm	23–69 mm
Fujinon XC 16–50 mm F3.5–5.6 OIS II	195 g	350 Euro	Ø 58 mm	24–76 mm

Tabelle 10.2 *Übersicht über die Standardzooms*

10.1.2 Telezooms

Reicht Ihnen die Brennweite mit dem Standardzoom nicht mehr aus und wollen Sie Motive näher heranholen, dann können Sie sich Teleobjektive mit längeren Brennweiten ansehen. Das Einsatzgebiet von Telezooms ist relativ vielseitig; sie eignen sich für Porträt-, Tier- und Sportaufnahmen.

Fujinon XF 50–140 mm F2.8 R LM OIS WR | Das Objektiv ist wetterfest mit Bildstabilisator und einer durchgehenden Lichtstärke von F2.8. Das Scharfstellen mit diesem Objektiv ist sehr schnell und die Bildqualität überragend. Die durchgehende Lichtstärke macht das Objektiv natürlich größer und schwerer. Mit fast einem Kilogramm ist es kein Leichtgewicht mehr. Es ist auch eines der Spitzenobjektive von Fujinon mit dem roten XF-Label. Allerdings muss man hierfür auch um die 1500 Euro bezahlen. Reicht Ihnen diese Brennweite nicht aus, können Sie dieses Objektiv mit den Telekonvertern Fujinon XF 1.4× TC WR oder XF 2× TC WR um den Faktor 1,4 (= 70–190 mm) bzw. 2 (= 100–280 mm) verlängern. Allerdings reduziert sich damit auch die Lichtstärke mit dem 1,4×-Konverter auf F4 und mit 2×-Konverter auf $f5{,}6$. Für mich ist das XF 50–140 mm das perfekte Objektiv für die Tier- und Sportfotografie. Gerade die Lichtstärke macht es bei schwächerem Umgebungslicht noch möglich, eine kürzere Belichtungszeit zu verwenden, ohne gleich den ISO-Wert übertrieben hoch stellen zu müssen. Natürlich ist das Objektiv auch perfekt für Porträtaufnahmen mit tollem Bokeh bei offener Blende geeignet.

Fujinon XF 100–400 mm F4.5–5.6 R LM OIS WR | Reicht die Brennweite vom XF 50–140 mm (gegebenenfalls mit Telekonverter) doch nicht aus, dann finden Sie mit diesem Objektiv eine noch längere Lösung. Auch dieses Objektiv ist wetterfest und hat einen Bildstabilisator. Die Lichtstärke ist hierbei allerdings nicht mehr durchgehend. Trotzdem ist der Autofokus sehr schnell und die Bildschärfe top. Auch hier handelt es sich um ein Spitzenobjektiv mit dem roten XF-Label. Das Objektiv hat mit 1,8 Kilogramm ordentlich Gewicht und kostet 1800 Euro. Wer die Brennweite noch verlängern will, der kann auch hier die Telekonverter Fujinon XF 1.4× TC WR oder XF 2× TC WR verwenden. Der 1,4×-Konverter verlängert die Brennweite auf 140–560 mm und der 2×-Konverter gar auf 200–800 mm. Natürlich geht das auch auf Kosten der Lichtstärke, die mit dem 1,4×-Konverter zu $f5{,}6$–8 und mit dem 2×-Konverter sogar zu $f9$–11 wird. Stehen Sie vor der Frage, ob Sie das 50–140 mm oder das 100–400 mm kaufen sollen, dann sollten Sie sich zunächst überlegen, wie viel Brennweite Sie wirklich benötigen. Eventuell reicht ja auch das 50–140 mm mit einem Konverter aus, wenn Sie trotzdem mal etwas mehr Brennweite benötigen.

Abbildung 10.8
Das XF 50–140 mm F2.8 R LM OIS WR ist wohl das beste Teleobjektiv von Fujinon mit Bildstabilisator und Wetterfestigkeit. (Bild: Fujifilm)

Abbildung 10.9
Die längstmögliche Brennweite erhalten Sie mit dem Fujinon XF 100–400 mm F4.5–5.6 R LM OIS WR, das wetterfest ist und einen Bildstabilisator hat. (Bild: Fujifilm)

Fujinon XF 55–200 mm F3.5–4.8 R LM OIS | Dieses Objektiv bietet ebenfalls eine lange Brennweite und gute Bildqualität. Die Lichtstärke spielt im Mittelfeld, aber für die meisten Anwendungszwecke dürfte es trotzdem ausreichend sein. Das Objektiv hat einen Bildstabilisator. Sein Gewicht liegt bei angenehmen 590 Gramm, was es zu einem angenehmen Begleiter auf Reisen macht. Der Preis liegt bei 650 Euro. Der Autofokus ist nicht der Schnellste, und daher ist das Objektiv nur bedingt für die Sport- und Tierfotografie geeignet. Wer allerdings ohnehin nur langsame oder stehende Objekte damit fotografieren will, der findet mit diesem Objektiv einen großartigen Einstieg in den Telezoombereich.

Abbildung 10.10 *Im Gegensatz zu den anderen beiden Teleobjektiven ist das XF 55–200 mm F3.5–4.8 R LM OIS fast schon ein Leichtgewicht. Es bringt auch einen Bildstabilisator mit. (Bild: Fujifilm)*

Fujinon XC 50–230 mm F4.5–6.7 OIS II | Dieses Objektiv ist die günstige XC-Variante im Telezoom-Bereich, mit immerhin stolzen 50 bis 230 mm. Die Bildqualität ist überdurchschnittlich gut für ein Telezoom dieser Preisklasse. Die Lichtstärke ist allerdings deutlich geringer und fängt erst bei f4,5 an. Wen das nicht stört, der findet mit nur 380 Gramm einen leichten Begleiter, der auch einen Bildstabilisator enthält. Entsprechend der günstigen XC-Bauweise ist auch der Preis mit ca. 320 Euro moderat. Von der optischen Leistung ist das Objektiv in etwa wie das eben erwähnte XF 55–200 mm angesiedelt. Aber der Autofokus ist hier nochmals eine Spur langsamer. Es ist also auch nicht unbedingt ein Objektiv für die Sportfotografie. Ich verwende dieses Objektiv wegen des leichten Gewichts als Reisezoom. Für die Sportfotografie oder Porträtaufnahmen kommt dann bei mir das XF 50–140 mm zum Einsatz.

Abbildung 10.11 *Das Fujinon XC 50–230 mm F4.5–6.7 OIS II ist das leichteste Telezoom und hat auch einen Bildstabilisator. (Bild: Fujifilm)*

Tabelle 10.3 liefert einen Überblick zu den verschiedenen Telezooms für die X-Serie.

Objektiv	Gewicht	Preis ca.	Durchmesser	KB
Fujinon XF 50–140 mm F2.8 R LM OIS WR	1000 g	1500 Euro	Ø 72 mm	75–210 mm
Fujinon XF 100–400 mm F4.5–5.6 R LM OIS WR	1380 g	1800 Euro	Ø 77 mm	152–609 mm
Fujinon XF 55–200 mm F3.5–4.8 R LM OIS	590 g	650 Euro	Ø 62 mm	84–305 mm
Fujinon XC 50–230 mm F4.5–6.7 OIS II	380 g	320 Euro	Ø 58 mm	75–345 mm

Tabelle 10.3 *Übersicht zu verschiedenen Telezooms*

10.1.3 Weitwinkelzooms

Bei Weitwinkelobjektiven haben Sie eine kurze Brennweite, aber dafür ist der Bildwinkel häufig größer, als es dem Eindruck des menschlichen Auges entspricht. Mit einem solch großen Ausschnitt bekommen Sie viele Informationen auf das Bild. In der Praxis sind solche Objektive sehr beliebt in der Landschaftsfotografie, bei Architekturaufnahmen oder dem Ablichten von Innenräumen.

Fujinon XF 8–16 mm F2.8 R LM WR | Das wetterfeste Weitwinkelzoom fängt bei 8 mm (KB: 12 mm) an und geht hoch bis 16 mm (KB: 24 mm) bei durchgehend gleicher Lichtstärke von f2,8. Damit eignet sich das Objektiv nicht nur für die üblichen Motive wie Landschaft oder Architektur, sondern auch hervorragend für das Fotografieren des Sternenhimmels. Auch hier handelt es sich um ein Spitzenobjektiv mit dem roten XF-Label. Wegen der durchgehenden Lichtstärke ist die Bauweise des Objektivs größer, und es wiegt stolze 810 Gramm. Der Preis liegt bei 2000 Euro. Der Autofokus und die Bildqualität sind hier auf höchstem Niveau. Das Objektiv zeichnet bis in die Ecken scharf, was bei einem Weitwinkel nicht immer der Fall ist. Allerdings enthält dieses Objektiv kein Filtergewinde wegen der gewölbten Linse. Das ist gerade für Landschafts- und Architekturfotografen ein großes Manko, da man hier doch gerne einen ND-Filter für die Langzeitbelichtung verwendet.

Abbildung 10.12 Mehr Weitwinkel als mit dem Fujinon XF 8–16 mm F2.8 R LM WR geht nicht bei der X-Serie. (Bild: Fujifilm)

Fujinon XF 10–24 mm F4 R OIS | Dieses Objektiv bringt nicht ganz so viel Weitwinkel und Lichtstärke mit wie das XF 8–16 mm F2.8 R LM WR. Trotzdem liefert es ebenfalls eine gute Bildqualität und hat einen zuverlässigen Autofokus. Die Lichtstärke bleibt auch hier konstant mit f4. Das Objektiv hat auch einen Bildstabilisator, obgleich man den bei einer solchen Brennweite nicht unbedingt benötigt. Die Verzeichnungen im Randbereich sind sehr gering. Das Objektiv ist mit 410 Gramm nur halb so schwer wie das XF 8–16 mm, und auch der Preis liegt mit 990 Euro etwa bei der Hälfte. Im Gegensatz zum XF 8–16 mm kann man hier einen ND-Filter anschrauben. Sollten Sie allerdings ein Weitwinkel für die Astrofotografie benötigen, dann ist die Lichtstärke des Objektivs zu schwach. Alternativ böte sich hierfür das XF 14 mm F2.8 an, das allerdings 4 mm weniger Weitwinkel hat und ein Festbrennweitenobjektiv ist.

Abbildung 10.13 *Auch das Fujinon XF 10–24 mm F4 R OIS liefert einen enormen Weitwinkel mit geringen Verzerrungen. (Bild: Fujifilm)*

Ein Überblick über die verschiedenen Weitwinkelzooms der X-Serie finden Sie in Tabelle 10.4.

Objektiv	Gewicht	Preis ca.	Durchmesser	KB
Fujinon XF 8–16 mm F2.8 R LM WR	810 g	2000 Euro	–	12–24 mm
Fujinon XF 10–24 mm F4 R OIS	410 g	990 Euro	Ø 72 mm	15–36 mm

Tabelle 10.4 *Übersicht über die Weitwinkelzooms*

10.1.4 Festbrennweiten

Der eine oder andere dürfte sich vielleicht die Frage stellen: Festbrennweiten oder Zoomobjektive? Ganz klar, mit einem Zoomobjektiv sind Sie flexibler. Bei einer Festbrennweite steckt das Zoom in den Beinen des Fotografen, wenn man den Bildausschnitt ändern will. Auch haben Zoomobjektive den Nachteil, dass Schärfe, Randschärfe und Offenblende häufig nicht so gut sind wie mit vergleichbaren Objektiven mit einer festen Brennweite. Ein weiterer Pluspunkt für Festbrennweiten ist natürlich die große Blendenöffnung, die bei $f1,2$ beginnt (XF 56 mm). Bei Zoomobjektiven geht es erst bei $f2,8$ los. Weitere Pluspunkte sind die kompakte Bauweise und das geringe Gewicht von Festbrennweiten.

> **Festbrennweiten für Anfänger?**
>
> Gerade Einsteiger empfinden es zunächst als Einschränkung, nicht zoomen zu können, und entschließen sich daher häufig für ein Standardzoom. Meistens wird eine solche Linse ja schon für einen geringen Aufpreis beigelegt. Trotzdem empfehle ich Anfängern gerne, sich noch mindestens eine Festbrennweite zuzulegen, weil man sich hiermit mehr mit dem Abstand, dem Blickwinkel und der Perspektive beschäftigen muss. Dies schult den fotografischen Blick ungemein.

Für die X-Serie finden Sie eine große Auswahl an Festbrennweiten. Dies beginnt mit einem Weitwinkelobjektiv ab 12 mm und endet mit einer Telebrennweite von 200 mm. Anders als bei Objektiven mit Zoom finden Sie hier auch einige Objektive von Fremdherstellern.

Festbrennweiten von Fujifilm | Von einigen Fujinon-Festbrennweiten wie dem XF 16 mm, dem XF 23 mm oder dem XF 35 mm gibt es zwei Versionen: eine Version mit weniger und eine mit mehr Lichtstärke. Mehr Lichtstärke bedeutet auch hier eine größere Bauweise und mehr Gewicht. Auch der Preis ist bei der lichtstärkeren Version etwas höher. Die Entscheidung für das eine oder das andere hängt hier wohl wieder von Ihrem Anwendungszweck ab. Sie müssen selbst entscheiden, ob Sie beispielsweise bei 23 mm (KB: 35 mm) eine Blende von f1,4 benötigen oder ob Ihnen Blende f2 ausreicht.

Abbildung 10.14 *Das XF 23 mm F2 zeichnet sich durch seine kompakte Bauweise aus. (Bild: Fujifilm)*

Abbildung 10.15 *Wer mehr Lichtstärke benötigt, greift zum XF 23 F1.4. Allerdings wird dadurch das Objektiv auch größer und schwerer. (Bild: Fujifilm)*

Sie finden an dieser Stelle nicht für jedes Objektiv eine Beschreibung, weil sich vieles sonst wiederholen würde, nur dass eben die Brennweite und eventuell die Lichtstärke anders ist. Dennoch will ich hier das XF 56 mm F1.2 (KB: 84 mm) hervorheben, weil es sich hierbei um die Porträtlinse schlechthin handelt. Der Autofokus und die Bildqualität sind auf höchstem Niveau. Der eine oder andere mag etwas irritiert sein, weil es auch noch eine Version mit dem Kürzel APD gibt. Dabei handelt es sich um ein Objektiv mit Apodisationsfilter, der dafür sorgt, dass das Bokeh noch cremiger wirkt und das Motiv noch plastischer hervorgehoben wird.

Abbildung 10.16 *Das XF 56 mm F1.2 ist ein Porträtobjektiv mit einem besonders schönen Bokeh. Mehr Lichtstärke geht bei Fujifilm nicht. Von diesem Objektiv gibt es noch eine Version mit dem Kürzel APD, mit dem die Unschärfe noch feiner wird. (Bild: Fujifilm)*

In Tabelle 10.5 finden Sie eine Übersicht zu den Fujinon-Festbrennweiten sortiert nach Brennweite in aufsteigender Reihenfolge.

Objektiv	Gewicht	Preis ca.	Durchmesser	KB
Fujinon XF 14 mm F2.8 R	235 g	950 Euro	Ø 58 mm	21 mm
Fujinon XF 16 mm F2.8 R WR	155 g	400 Euro	Ø 49 mm	24 mm
Fujinon XF 16 mm F1.4 R WR	375 g	950 Euro	Ø 67 mm	24 mm
Fujinon XF 18 mm F2 R	116 g	580 Euro	Ø 52 mm	27 mm
Fujinon XF 23 mm F1.4 R	300 g	900 Euro	Ø 62 mm	35 mm
Fujinon XF 23 mm F2 R	180 g	490 Euro	Ø 43 mm	35 mm
Fujinon XF 27 mm F2.8	78 g	380 Euro	Ø 39 mm	41 mm
Fujinon XF 35 mm F1.4 R	187 g	590 Euro	Ø 52 mm	53 mm
Fujinon XF 35 mm F2 R	170 g	450 Euro	Ø 43 mm	53 mm
Fujinon XF 50 mm F2 R WR	200 g	480 Euro	Ø 46 mm	76 mm
Fujinon XF 56 mm F1.2 R	405 g	990 Euro	Ø 56 mm	84 mm
Fujinon XF 56 mm F1.2 R APD	404 g	1300 Euro	Ø 62 mm	84 mm
Fujinon XF 90 mm F2 R	540 g	950 Euro	Ø 62 mm	137 mm
Fujinon XF 200 mm F2 R LM OIS WR	2265 g	6000 Euro	Ø 105 mm	305 mm

Tabelle 10.5 *Übersicht zu den Festbrennweiten für die X-Serie von Fujifilm*

Festbrennweiten von Fremdherstellern | Es gibt natürlich auch viele Fremdhersteller, die Objektive für die X-Serie anbieten. Kompatibel mit dem Anschluss (auch X-Mount genannt) der X-T3 sind hierbei allerdings nur Zeiss-Touit-Objektive. Zeiss hat verschiedene Touit-Objektive für den X-Mount im Programm, die eine sehr gute Bildqualität liefern. Auch der Autofokus funktioniert mit ihnen sehr gut. Speziell wären dies das Weitwinkel Zeiss Touit 12 mm F2.8 und ein klassisches Normalobjektiv mit dem Namen Zeiss Tout 32 mm F1.8.

Es gibt auch manuelle Objektive anderer Herstellern wie Samyang, die keinerlei Autofokus anbieten und bei denen die Blende direkt am Objektiv eingestellt wird. Der Klassiker und sehr beliebt ist das Weitwinkel von Samyang mit 12 mm F2.0, weil es im Verhältnis zum Zeiss Touit 12 mm F2.8 mit ca. 900 Euro oder dem Fujinon 14 mm F2.8 mit ca. 950 Euro wesentlich günstiger ist (ca. 350 Euro) und bei guter Lichtstärke trotzdem eine gute Qualität liefert. Dank der hohen Lichtstärke eignet sich dieses Objektiv für Nachtaufnahmen und Aufnahmen vom Sternenhimmel.

Es gibt noch eine Reihe weiterer Hersteller wie Meike, 7artisans, Kamlan, Zonlai oder Walimex, die Objektive für den X-Mount produzieren und anbieten. Allerdings gilt auch hier, dass es sich nur um rein manuelle Objektive handelt, wie eben beim Samyang mit 12 mm erwähnt wurde. Häufig erhalten Sie mit diesen Objektiven für sehr wenig Geld viel Lichtstärke mit einer sehr guten Bildqualität. Trotzdem heißt hier »komplett manuell«, dass keine elektronische Verbindung zwischen dem Objektiv und der Kamera besteht. Sie müssen also neben der Blende auch den Fokus manuell einstellen, was dank dem Focus Peaking jedoch ohne Probleme möglich ist.

Die X-T3 löst nicht mit Objektiven von Fremdherstellern aus?
Manuelle Objektive von Fremdherstellern wie Samyang sind im Grunde auch nur adaptierte Objektive, mit denen die X-T3 im Grund nicht viel anzufangen weiß und daher auch nicht auslöst. Es werden keine Daten vom Objektiv an die X-T3 übertragen. Damit die Kamera trotzdem auslöst, müssen Sie im Kameramenü über **Einrichtung > Tasten/Rad-Einstellung > Aufn. ohne Obj.** auf **An** stellen. Drehen Sie außerdem den Fokusschalter auf **M**, so dass Ihnen auch die Fokushilfe-Funktionen wie Focus Peaking zur Verfügung stehen.

Da ich eben kurz erwähnt habe, dass die meisten Fremdhersteller-Objektive quasi adaptierte Objektive sind, für die Sie keinen Adapter benötigen, hier noch ein paar Zeilen zum Adaptieren von Objektiven. In der Theorie können Sie auf der X-T3 so gut wie jedes Objektiv adaptieren. Alles, was Sie dafür benötigen, ist eben ein passender Adapter.

Bei den Einstellungen gilt dasselbe, was ich eben schon im Hinweiskasten geschrieben habe, also dass Sie die Aufnahme ohne Objektiv aktivieren müssen. Auch hier operieren Sie komplett manuell. Aufgrund der manuellen Blendensteuerung sind daher nur die Programmmodi **A** und **M** sinnvoll. Schwieriger wird es bei neueren Objektiven ohne mechanischen Blendenring, die Sie zwar auch adaptieren, aber bei denen Sie die Blende nicht verstellen können. Einige Objektivadapter bieten eigene Blendenringe an, mit denen Sie diese Einstellung durchführen können. Bei Kleinbildobjektiven (Vollformat) kommt es zu einem Beschnitt des Bildwinkels, weil die X-T3 einen APS-C-Sensor hat. Auch hier gibt es sogenannte *Reduktionsadapter* (beispielsweise von Metabones), die diesen Beschnitt verhindern.

Ich denke mir, anhand dieser Ausführungen dürfte klar geworden sein, dass die Welt des Adaptierens von Objektiven ziemlich umfangreich ist und warum es unmöglich ist, gezielt einzelne Empfehlungen zu geben. Dafür gibt es einfach zu viele unterschiedliche Möglichkeiten. Die Auswahl von X-Mount-Objektivadaptern ist enorm, und Sie sollten nicht unbedingt den günstigsten Adapter für 10 Euro verwenden. Aber auch der extrem teure Adapter für die seit langem geliebte Linse kann sich als große Enttäuschung entpuppen. Bedenken Sie immer, dass gerade alte Objektive nicht für die digitale Welt gemacht wurden.

Abbildung 10.17 *Hier habe ich das über 40 Jahre alte Makroobjektiv Canon 100 FD F4 auf die X-T3 adaptiert.*

Abbildung 10.18 *Das adaptierte Objektiv im Einsatz. Die Blendenwerte werden nicht vom Objektiv übertragen und müssen manuell eingestellt werden.*

10.1.5 Makroobjektive

Auch für die Makrofotografie gibt es ein paar spezielle Objektive von Fujifilm. Damit können Sie kleine Dinge wie Insekten oder Blumen ganz groß darstellen. Da Makroobjektive häufig eine längere Brennweite haben und zudem sehr scharf sind, lassen sie sich auch in der Porträtfotografie verwenden. Die Auswahl an Fujinon-Makroobjektiven ist allerdings noch recht bescheiden.

Fujinon XF 60 mm F2.4 R Macro | Das XF 60 mm war das erste Makroobjektiv für die X Serie auf dem Markt und bietet eine sehr gute Bildqualität. Auch die Lichtstärke mit ƒ2,4 liefert für Porträtaufnahmen noch genügend Raum für ein großartiges Bokeh. Das Objektiv ist nicht das schnellste, wenn es um den Autofokus geht. Allerdings dürfte das nicht sonderlich stören, da man bei Makroaufnahmen ohnehin häufig manuell fokussiert. Die Naheinstellungsgrenze beträgt 26,7 cm. Einzig die Tatsache, dass hiermit nur ein Abbildungsmaßstab von 1:2 möglich ist, trübt den Eindruck ein wenig. Der Preis liegt bei ca. 700 Euro.

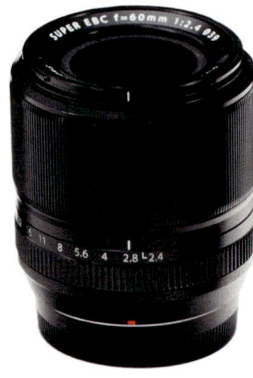

Abbildung 10.19 *Das Fujinon XF 60 mm F2.4 R Macro liefert knackscharfe Bilder. (Bild: Fujifilm)*

Zeiss Touit 50 mm F2.8 | Das Zeiss Touit 50 mm hat zwar eine 10 mm kürzere Brennweite als das Fujinon XF 60 mm, dafür aber einen Abbildungsmaßstab von 1:1. Das Objektiv ist ebenfalls sehr scharf, und der Autofokus arbeitet sehr zuverlässig. Die Naheinstellung dieses Objektivs liegt bei 15 cm. Das Objektiv ist mit nur 290 g sehr leicht und liegt auch sehr gut in der Hand. Wegen des geringem Gewichts und guten Handlings ist es auch für Porträts geeignet. Dafür kostet das Objektiv auch stolze 850 Euro.

Fujinon XF 80 mm F2.8 R LM OIS WR Macro | Dies dürfte das wohl beste Makroobjektiv für den X-Mount sein: Der Abbildungsmaßstab beträgt 1:1, es ist wetterfest, lichtstark und hat einen Bildstabilisator. Die Naheinstellgrenze beträgt 25 cm, und die Bildqualität ist vom Feinsten. Allerdings wiegt das gute Stück auch 750 g und kostet um die 1250 Euro. Das Objektiv kann zudem mit dem Telekonverter XF 1.4× TC WR auf 112 mm *f*4 und mit dem XF 2× TC WR auf 160 mm *f*5,6 erweitert werden.

Abbildung 10.20 *Das Fujinon XF 80 mm F2.8 R LM OIS WR Macro ist das derzeit wohl beste Makroobjektiv von Fujifilm. (Bild: Fujifilm)*

In Tabelle 10.6 finden Sie eine Übersicht zu den Makroobjektiven sortiert nach Brennweite in aufsteigender Reihenfolge.

Objektiv	Gewicht	Preis ca.	Durchmesser	KB
Zeiss Touit 50 mm F2.8	290 g	850 Euro	Ø 52 mm	76 mm
Fujinon XF 60 mm F2.4 R Macro	215 g	700 Euro	Ø 39 mm	91 mm
Fujinon XF 80 mm F2.8 R LM OIS WR Macro	750 g	1250 Euro	Ø 80 mm	122 mm

Tabelle 10.6 *Übersicht zu den Makroobjektiven*

10.1.6 Telekonverter

Die beiden Telekonverter Fujinon XF 1.4× TC WR und XF 2× TC WR habe ich bereits kurz erwähnt. Mit ihnen ist es möglich, die Brennweite von bestimmten Fujinon-Objektiven um den Faktor 1,4 bzw. 2 zu erweitern. Entsprechend sinkt der Blendenwert. Aktuell können diese Telekonverter mit folgenden Objektiven verwendet werden:

- **Fujinon XF 80 mm F2.8 R LM OIS WR Macro:** Der XF 1.4× TC WR macht daraus ein 112 mm ƒ4 und der XF 2× TC WR ein 160 mm ƒ5,6.

- **Fujinon XF 50–140 mm F2.8 R LM OIS WR**: Der XF 1.4× TC WR macht daraus ein 70–190 mm ƒ4 und der XF 2× TC WR ein 100–280 mm ƒ5,6.

- **Fujinon XF 100–400 mm F4.5–5.6 R M OIS WR:** Der XF 1.4× TC WR macht daraus ein 140–560 ƒ5,6–8 und der XF 2× TC WR ein 200–800 ƒ9–11.

Abbildung 10.21 *Telekonverter XF 1.4× TC WR (Bild: Fujifilm)*

> **Objektive zum Filmen (Fujinon-MK-Serie)**
> Von Fujifilm gibt es auch spezielle Objektive zum Filmen, die Sie mit dem X-Mount der X-T3 verwenden können. Dies sind das Fujinon MKX 18–55 mm T2.9 und das längere Fujinon MKX 50–135 mm T2,9. Der Preis von 4 000 bzw. 4 500 Euro macht allerdings deutlich, dass sich diese Objektive nicht unbedingt an Hobbyfilmer richten. Mehr Informationen zur MK-Serie finden Sie auf der offiziellen Website von Fujinon unter *https://fujinoncinelens.com*.

10.2 Mehr Energie mit Batteriegriff

Mit einem Batteriegriff an der X-T3 haben Sie mehr Grifffläche und auch mehr Energiereserven. Bei Personen mit großen Händen ist diese Grifffläche optimal, weil die X-T3 eher zierlich ist, und auch wenn Sie schwerere Objektive an der X-T3 verwenden, wie beispielsweise das XF 100–400 mm, dann wirkt das Handling viel ausbalancierter. Des Weiteren ist das Drehen ins Hochformat damit wesentlich einfacher, weil Sie alle wichtigen Steuerelemente vom Querformat hier auch im Hochformat wiederfinden und somit keine Verrenkungen mehr nötig sind.

Für die X-T3 bietet Fujifilm den Batteriegriff VG-XT3 für ca. 280 Euro an. Im Batteriegriff können Sie zwei weitere Akkus vom Typ NP-W126 oder NP-W126S einlegen und haben dann dreimal so viel Power, da hiermit auch der Akku in der Kamera mitverwendet werden kann. Das ist großartig gelöst, da man bei anderen Herstellern den Akku aus der Kamera nehmen muss, um den Batteriegriff dort hineinzustecken. Der Batteriegriff funktioniert aber auch mit nur einem Akku. Der Zustand der Akkus im Handgriff wird im Sucher bzw. auf dem Display rechts unten angezeigt. Hierbei verbraucht die X-T3 jeden Akku einzeln hintereinander und zieht nicht von allen Akkus gleichzeitig Strom. Beachten Sie, dass zum Batteriegriff keine weiteren Akkus mitgeliefert werden. Sie müssen also mindestens einen weiteren Akku erwerben.

Abbildung 10.22 *Die X-T3 mit dem Akkugriff VG-XT3*

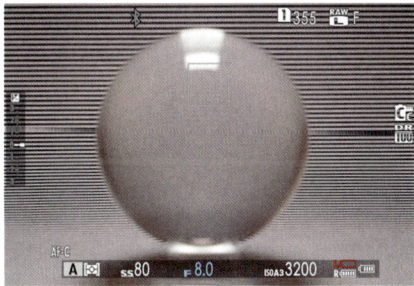

Abbildung 10.23 *Der Ladezustand aller einzelnen Akkus wird rechts unten angezeigt. Ein Akku ist bereits leer.*

Anzahl der Aufnahmen

Die Anzahl der Aufnahmen, die mit einer vollen Akkuladung mit einem Originalakku möglich sind, wird in der Bedienungsanleitung auf Seite 299 mit ca. 390 Bilder mit Display und 370 Bilder mit dem elektronischen Sucher angegeben, im leistungsverstärkten Modus natürlich weniger. Mit dem Batteriegriff und insgesamt drei Akkus sind es 1100 Bilder mit dem Display und 1050 Bilder mit dem elektronischen Sucher im normalen Modus. Die Angaben sind allerdings eher theoretischer Natur, weil hier ja keine Aktionen – wie beispielsweise das Anpassen der Einstellungen oder einfach die Verwendung des Displays, während nicht fotografiert wird – berücksichtigt sind. Auch das verwendete Objektiv spielt hierbei eine Rolle.

Ebenfalls sehr praktisch ist es, dass – wie bereits erwähnt – im Hochformat alle wichtigen Steuerelemente wie Auslöser, **Fn**-Taste, **Q**-Taste, **AE-L**, **AF-L**, das hintere Einstellrad und der Fokushebel vorhanden sind. Um den Batteriegriff verwenden zu können, darf dieser allerdings nicht auf der Lock-Stellung beim Auslöser stehen.

Abbildung 10.24 *Die X-T3 mit Batteriegriff im Hochformat*

AE-L und AF-L

Etwas unlogisch erscheint mir die Tastenbelegung von **AE-L** und **AF-L** auf dem Batteriegriff. Wer zum Beispiel gerne den Backfokus auf **AF-L** legt, um damit zu fokussieren, oder überhaupt viel mit den beiden Tasten macht, der muss sich erst daran gewöhnen, dass sich hier **AE-L** von **AF-L** aus oben befindet. **AF-L** ist beim Batteriegriff unten, genau umgekehrt als an der X-T3. Ich habe am Anfang häufiger als mir lieb ist **AE-L** anstelle von **AF-L** im Hochformat gedrückt.

Die Akkus lassen sich dank eines mitgelieferten Netzadapters auch direkt am Griff aufladen. Ist die Kamera eingeschaltet, funktioniert zwar das Laden nicht, aber die Kamera wird dann mit Strom versorgt.

Am Schalter **Boost** können Sie die Kamera in den **Leistungsverstärkungsmodus** umschalten. Mit diesem Modus werden die Autofokusgeschwindigkeit und die Sucher-Bildwiederholungsrate von 60 Bildern pro Sekunde auf 100 Bilder in der Sekunde erhöht. Den Modus können Sie allerdings auch ohne Kameragriff über die Auswahltaste nach unten bzw. im Kameramenü **Einrichtung > Powermanagement > Leistung** einstellen. Natürlich benötigen Sie im Boost-Modus mehr Strom, und der Akku wird schneller leer.

Fremdhersteller-Akkus

Ein Thema, das immer wieder diskutiert wird, sind die Akkus. Es ist nun einmal so, dass Sie mit der X-T3 für einen Tag schon ein paar Ersatzakkus dabeihaben sollten. Ein Originalakku NP-W126S von Fujifilm kostet um die 50 Euro.

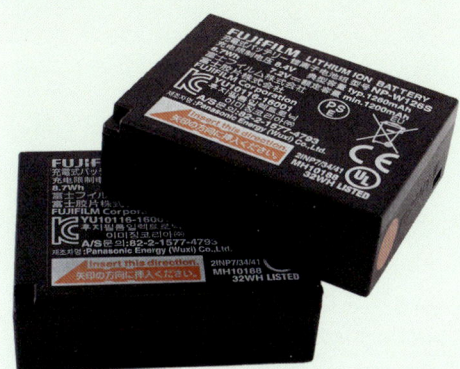

Abbildung 10.25 *Originalakkus NP-W126S von Fujifilm*

Abbildung 10.26 *Fremdhersteller-Akkus mit USB-Ladegerät von Patona*

Auf der anderen Seite gibt es viele Anbieter wie Patona, Bluemax oder Baxxtar, die für diesen Preis zwei Akkus mit einem Ladegerät dazu anbieten. Hier musste man in der Vergangenheit bei jedem Start die Meldung quittieren, dass es sich hierbei nicht um Originalakkus handelt. Dies scheint jetzt wohl nicht mehr der Fall zu sein. Ich habe zum Test zwei Akkus von Patona mit passendem Ladegerät gekauft. Sie wurden sofort erkannt und konnten auch im Batteriegriff verwendet werden. Wie es sich mit der Kapazität auf Dauer verhält, kann ich natürlich nicht sagen, aber ich konnte die Akkus ohne Probleme verwenden. Auch hier müssen Sie selbst entscheiden, ob Sie Fremdhersteller-Akkus verwenden wollen. Originalakkus sind natürlich thermisch besser isoliert und halten gewöhnlich auch etwas länger durch. Mir ist zwar noch kein Fall bekannt, wo ein solcher Fremdhersteller-Akku ausgelaufen oder gar explodiert wäre, aber ich will auch nicht schuld sein, wenn ich hier eine Empfehlung dafür ausspreche.

10.3 Fernauslöser

Bei längeren Belichtungen vom Stativ ist es häufig sinnvoll, einen Fernauslöser zu verwenden, um Verwacklungen durch Drücken des Auslösers zu vermeiden. In Abschnitt 8.8, »Die Kamera mit mobilen Geräten fernsteuern«, haben Sie ja bereits erfahren, wie Sie die X-T3 mit einem mobilen Gerät fernauslösen können. Wie beim Akku stehen Sie vor der Wahl, den *Fujifilm RR-100*-Fernauslöser zu erwerben oder sich eine der vielen Fremdhersteller-Lösungen zuzulegen. Den Anschluss für den 2,5-mm-Klinkenstecker finden Sie rechts oben an der Kamera. Idealerweise haben solche Fernauslöser auch eine feststellbare Bulb-Lösung für die Langzeitbelichtung. Wenn Sie bereits einen Fernauslöser mit einem 2,5-mm-Klinkenstecker haben, ist es einen Versuch wert, ihn zu verwenden. Ich kann drei Fernauslöser von Fremdherstellern problemlos mit der X-T3 betreiben, die ich ursprünglich für Canon gekauft habe. Dazu gehören auch Fernauslöser mit Funk. Hier generell eine Empfehlung auszusprechen, dürfte relativ schwer sein, dazu ist der Markt zu umfangreich.

Abbildung 10.27 *Der Fernauslöser wird (von hinten) rechts oben eingesteckt. Hier wurde ein einfacher No-Name-Fernauslöser verwendet.*

10.4   Sensorreinigung

Wenn Sie häufiger Objektive wechseln, kommt früher oder später Staub auf den Sensor, der dann durch störende Flecken in der Aufnahme sichtbar wird. Ein gutes Hilfsmittel ist es schon, bei jedem Ein- und Ausschalten die Sensorreinigung der Kamera zu verwenden. Dabei wird der Sensor kurz in Vibration versetzt, um eventuell vorhandene Staubpartikel zu lösen. Standardmäßig ist diese Funktion beim Ausschalten der Kamera aktiv und wird mit **Sensorreinigung** auf dem Display angezeigt. Da Staub gewöhnlich durch einen Objektivwechsel auf den Sensor gelangt, aktivieren Sie die Sensorreinigung auch gleich beim Start, indem Sie im Kameramenü **Einrichtung > Benutzer-Einstellung > Sensorreinigung > Wenn eingeschaltet** auf **An** stellen.

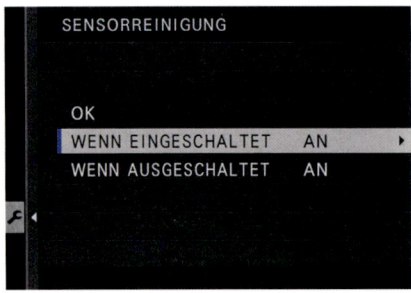

Abbildung 10.28 *Sensorreinigung beim Einschalten aktivieren*

Die Sensorreinigung hilft allerdings nur bei leichtem Staub auf dem Sensor. Bei hartnäckigen Fällen müssen Sie den Sensor selbst reinigen oder professionell reinigen lassen. Zwar ist das Reinigen des Sensors kein Hexenwerk, aber Sie müssen entscheiden, ob Sie es selbst machen möchten oder doch lieber von einem Fotofachhändler machen lassen wollen. Generell gilt für alle Arten der Reinigung, dass Sie die Kamera ausschalten und das Objektiv abnehmen.

> **Sensorstaub sichtbar machen**
>
> Sensorstaub macht sich durch schwarze Punkte im Bild bemerkbar. Wollen Sie gezielt danach suchen, schließen Sie einfach die Blende so weit wie möglich (beispielsweise f22) und fotografieren gegen den blauen Himmel oder eine weiße Wand.

10.4.1 Reinigung mit dem Blasebalg

Die einfachste Lösung dürfte die Sensorreinigung mit einem Blasebalg sein. Damit lassen sich ganz gut Staub und Partikel entfernen, die die normale Sensorreinigung der Kamera nicht mehr schafft. Wichtig hierbei ist aber auch, dass Sie nicht mit der Spitze des Blasebalgs den Sensor berühren. Wenn Sie die Öffnung der Kamera nach unten halten, kann der Staub herausfallen.

Abbildung 10.29 *Hier wird der Sensor mit Hilfe eines Blasebalgs von Staub befreit.*

10.4.2 Trockenreinigung mit Sensorkontakt

Auf Reisen habe ich immer einen Trockenreinigungstupfer wie den *Eyelead Sensor Adhäsionstupfer* oder *Pentax Sensor Cleaning Kit* bei mir. Bei diesem Werkzeug bleiben Staub oder Partikel am Viskosestempel kleben, den Sie dann für die erneute Verwendung ebenfalls auf einem klebrigen Papier abtupfen müssen. Hierbei sollten Sie allerdings die Sensorfläche nur ganz leicht mit der Spitze berühren.

10.4.3 Feuchtreinigung mit Sensorkontakt

Für eine ordentliche Reinigung des Sensors können Sie auch auf Sets für die Feuchtreinigung setzen. Hier wird ein Stäbchen mit einem passenden Lösungsmittel verwendet, um den Sensor durch Wischen von links nach rechts und dann nochmals von rechts nach links zu reinigen. Wichtig ist dabei, dass Sie die Stäbchen passend für die Sensorbreite kaufen. Die X-T3 hat einen APS-C-Sensor, daher sollten Sie sich Stäbchen besorgen, die dafür passen.

10.5 Firmware-Upgrade

Die aktuellste Firmware stellt sicher, dass die Kamera reibungslos funktioniert, und liefert auch gelegentlich das eine oder andere neue Feature mit. Die neueste Firmware für die X-T3 finden Sie unter: *www.fujifilm.com/support/digital_cameras/software/fw_table.html*.

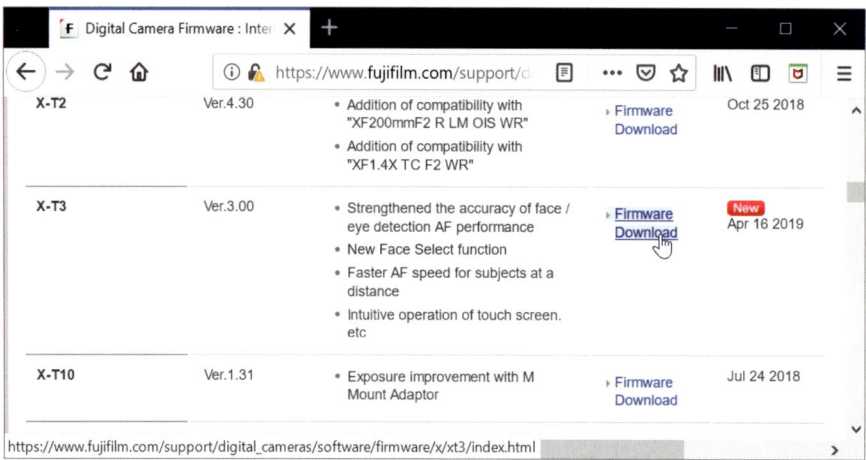

Abbildung 10.30 *Die Firmware für die X-T3 als Download auf der Fujifilm-Website*

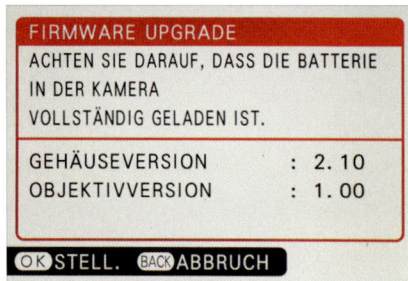

Abbildung 10.31 *Die Firmwareversion der X-T3 und des angeschlossenen Objektivs werden angezeigt.*

Wollen Sie wissen, ob Sie auf dem neuesten Stand sind, schalten Sie die Kamera ein und halten dabei die **DISP/BACK**-Taste gedrückt. Neben der Firmwareversion der Kamera wird die Firmwareversion für das angeschlossene Objektiv eingeblendet. Brechen Sie den Vorgang mit der **DISP/BACK**-Taste ab.

Firmware für Objektive upgraden

So wie Sie die Firmware der X-T3 anpassen können, können Sie auch die Firmware des Objektivs upgraden, um eventuelle Fehler zu beheben oder Verbesserungen hinzuzufügen. Hierzu muss das entsprechende Objektiv an der Kamera angeschlossen sein. Die neueste Firmware für Fujinon-Objektive finden Sie auf derselben Website wie das Firmware-Upgrade des X-T3-Systems. Hierzu müssen Sie nur weiter nach unten scrollen.

SCHRITT FÜR SCHRITT
Firmware-Upgrade durchführen

1 Firmware-Upgrade herunterladen
Laden Sie sich die neueste Firmware von der Website www.fujifilm.com/support/digital_cameras/software/fw_table.html herunter, und speichern Sie die Datei auf Ihrem Computer.

2 Firmware auf die SD-Karte kopieren
Kopieren Sie als Nächstes die heruntergeladene Firmware mit der Dateiendung **DAT** auf eine SD-Karte. Wichtig ist, dass die SD-Karte leer ist. Am besten formatieren Sie die SD-Karte vorher in der Kamera über **Einrichtung > Benutzer-Einstellung > Formatieren**. Die Datei mit dem Firmware-Upgrade sollte außerdem auf die oberste Ebene der SD-Karte kopiert werden und nicht in einem Ordner liegen.

> **Akku laden!**
> Verwenden Sie für ein Firmware-Upgrade immer einen voll aufgeladenen Akku!

3 Firmware-Upgrade durchführen
Schalten Sie die X-T3 aus, stecken Sie die SD-Karte in den Steckplatz 1, und halten Sie beim Einschalten der Kamera die **DISP/BACK**-Taste gedrückt. Es erscheint wieder der Bildschirm mit der aktuellen Firmware. Drücken Sie jetzt die **MENU/OK**-Taste, und wählen Sie den Eintrag **Gehäuse** aus. Wenn Sie ein Objektiv upgraden wollen, dann wählen Sie hier **Objektiv** aus. Vorausgesetzt natürlich, Sie haben die neueste Firmware für das Objektiv heruntergeladen, auf der SD-Karte gespeichert und das Objektiv an der Kamera angeschlossen. Drücken Sie erneut die **MENU/OK**-Taste, um das Firmware-Upgrade durchzuführen. Warten Sie jetzt, bis der Vorgang des Upgrades komplett abgeschlossen ist. Schalten Sie die Kamera auf keinen Fall vorher aus.

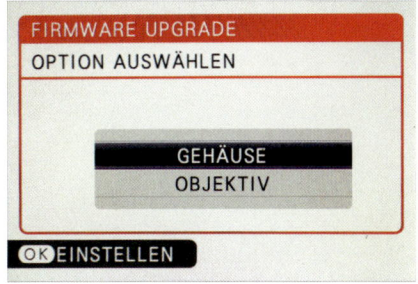

Abbildung 10.32 *Firmware-Upgrade für Gehäuse oder Objektiv wählen*

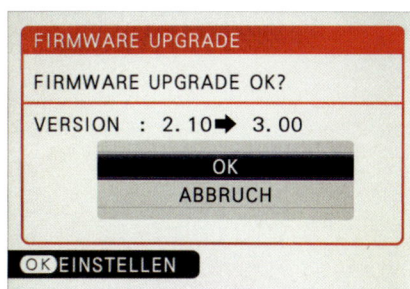

Abbildung 10.33 *Noch ein letztes Mal mit OK bestätigen*

4 Firmware-Upgrade prüfen

Wenn das Firmware-Upgrade fertig ist, erscheint eine entsprechende Meldung auf dem Bildschirm. Jetzt können Sie die Kamera aus- und wieder einschalten und mit gehaltener **DISP/BACK**-Taste während des Einschaltens die Firmware prüfen.

Abbildung 10.34 *Firmware-Upgrade wurde erfolgreich durchgeführt.*

Kapitel 11
Fotos bearbeiten

Die Nachbearbeitung von Bildern ist eigentlich ein recht spezielles Thema, das allein mehrere Bücher füllt. Hier sind die Auswahl und Möglichkeiten sehr zahlreich und auch abhängig davon, ob Sie nur JPEGs oder auch im Raw-Format fotografieren. Wer ausschließlich im JPEG-Format fotografiert, wird die Bilder wohl höchstens noch mit reinen Bildbearbeitungsprogrammen wie zum Beispiel Photoshop CC, Affinity Photo oder GIMP nachbearbeiten. Wer im Raw-Format fotografiert, der muss seine Bilder in einem Raw-Konverter wie beispielsweise Lightroom CC, Capture One Pro oder Camera Raw bearbeiten. Dieses Kapitel bezieht sich daher vorwiegend auf das Raw-Format, weil hiermit eine Nachbearbeitung der Bilder generell nötig ist.

11.1 Welche Bildgröße produziert die X-T3?

In Tabelle 11.1 finden Sie eine Übersicht der Bildgröße, die die X-T3 in etwa produziert. Hierbei wird davon ausgegangen, dass Sie das Bild in höchster Qualität mit **L 3:2** über **Bildqualitäts-Einstellung > Bildgrösse** oder das Schnellmenü mit der **Q**-Taste aufnehmen. Bei der Aufnahme von JPEGs stehen Ihnen die Qualitätseinstellungen **Fine** und **Normal** in **Bildqualitäts-Einstellung > Bildqualität** oder ebenfalls im Schnellmenü zur Verfügung. Des Weiteren können Sie die Dateigröße des Raw-Formats über **Bildqualitäts-Einstellung > Raw-Aufnahme** beeinflussen, indem Sie Bilder komprimiert oder unkomprimiert aufnehmen.

Bildformat	Dateigröße (Raw unkomprimiert)	Dateigröße (Raw komprimiert)
Fine	12–15 MB	
Normal	7–10 MB	
Fine+Raw	55 MB + 12–15 MB	32 MB + 12–15 MB
Normal+Raw	55 MB + 7–10 MB	32 MB + 7–10 MB
Raw	55 MB	32 MB

Tabelle 11.1 *Von der X-T3 produzierte durchschnittliche Dateigröße*

11.2 Sinnvolle Systemvoraussetzungen

Ich werde oftmals gefragt, welche Voraussetzung ein Computer für die Bildbearbeitung oder das Schneiden von Video erfüllen muss. Eine pauschale Antwort darauf zu geben, ist natürlich immer schwer. Meine Empfehlungen dazu können vielleicht etwas üppiger ausfallen als üblich, aber die großen Datenmengen müssen auch verarbeitet werden. Für die Darstellung sollten Sie sich zudem einen ordentlichen Monitor zulegen. Häufig wird viel Geld in den Computer investiert und ein günstigerer Monitor gekauft. Sollten Sie auch Videoschnitt machen wollen, dann würde ich gleich einen 4K-Monitor mit HDMI 2.0 und einer Bildwiederholungsfrequenz von 60 Hz kaufen. Aber auch für die Bildbearbeitung ist ein guter Monitor hilfreich. Neben der Systemvoraussetzung dürfte auch die Wahl des Betriebssystems eine Rolle spielen: Wollen Sie einen Windows-Rechner oder einen Mac von Apple verwenden? Ich persönlich habe da keine Präferenzen und verwende beide Systeme.

11.2.1 Systemvoraussetzungen für die Bildbearbeitung

Ich empfehle für ein flüssiges Arbeiten mindestens einen Prozessor mit i5 oder besser gleich i7. Ein schnellerer Prozessor mit mehreren Kernen arbeitet die Befehle schneller ab. Da bei umfangreicher Bildbearbeitung auch Daten zwischengespeichert werden müssen, empfehle ich, den Rechner mit ausreichend Arbeitsspeicher zu bestücken. Mindestens sollten es schon 8 GB sein. Soll der Rechner auch auf lange Frist zukunftssicher sein, würde ich sogar 16 GB oder gar 32 GB wählen. Das hört sich nach viel Arbeitsspeicher an, aber wenn Sie hochauflösende HDRs mit Raw-Dateien oder große Panorama-Stitchings machen, dann werden recht große Datenmengen auf einmal in den RAM gelegt.

Eine gute Grafikkarte sorgt für eine gute Darstellung auf dem Monitor und nimmt dem Prozessor auch noch ein wenig Arbeit ab. Daher bietet es sich an, eine Grafikkarte mit 2 GB Arbeitsspeicher, oder besser noch 4 GB, zu verwenden. Für die Bildbearbeitung reicht allerdings eine Einsteigergrafikkarte wie die GeForce GTX 1050 Ti aus.

Unbedingt sollten Sie als Festplatte eine schnelle SSD im Rechner verbaut haben. Der Geschwindigkeitsvorteil damit ist enorm gegenüber herkömmlichen Festplatten. Allerdings würde ich nicht die interne Festplatte zum Speichern von Bildern verwenden. Für solche Zwecke bietet es sich häufig an, eine zweite größere Festplatte im Rechner zu verwenden oder gleich eine externe Festplatte von mindestens 1 TB zu nutzen.

11.2.2 Systemvoraussetzungen für den Videoschnitt

Für den Videoschnitt müssen benötigen Sie einen noch leistungsstärkeren Rechner, da hier noch weitaus mehr Daten als bei der Bildbearbeitung verrechnet werden müssen. Allein die Codec-Komprimierung mit dem rechenintensiven Rendern fordert einen starken Prozessor. Beim Prozessor sollten Sie daher auf keinen Fall sparen. Ein i7 mit 8 Kernen sollte es schon sein. Auch beim Arbeitsspeicher würde ich Ihnen gleich 16 GB zum Einstieg empfehlen; besser wären gleich 32 GB.

Auch hier hilft eine gute Grafikkarte dem Prozessor bei der Arbeit und kann auch die Decodierung der H.265-Daten für Ultra-HD-Videos übernehmen. Wenn Sie zudem mehrere Monitore verwenden wollen, dann wird häufig noch eine zusätzliche Grafikkarte notwendig. Hier macht sich eine etwas bessere Grafikkarte wie die Nvidia GTX 1070 oder gleich eine High-End-Karte wie die GTX 1080ti bezahlt.

Auch hier empfehle ich, als Festplatten SSDs im Rechner zu verwenden. Für noch mehr Performance gibt es dafür ja die neuen m.2-SSDs mit PCIe-Bus. Zusätzlich werden Sie für die Speicherung der riesigen Datenmengen allerdings noch eine weitere (externe) Festplatte benötigen.

Zugegeben, diese Angaben zur Systemvoraussetzung für Videoschnitt lesen sich recht üppig, und es ist in der Tat ziemlich kostspielig. Aber die Verarbeitung von 4K-Video benötigt nun mal sehr viel Rechenleistung.

11.3 Kamerainterne Raw-Bearbeitung

Die X-T3 bietet einen internen Raw-Konverter an, mit dem Sie die Bilder im Raw-Format in der Kamera bearbeiten und als JPEG auf der Speicherkarte speichern können. Natürlich soll dieser interne Raw-Konverter nicht als Ersatz für einen echten Raw-Konverter dienen. Trotzdem ist es damit theoretisch möglich, schnell ein Raw-Bild zu entwickeln, über die mobile App auf ein Smartphone zu speichern und dann gleich mit anderen zu teilen.

Um die kamerainterne Raw-Bearbeitung zu starten, drücken Sie die Wiedergabetaste auf der Rückseite der Kamera, und das dort angezeigte Bild muss im Raw-Format vorliegen. Im **Wiedergabe-Menü** finden Sie dann den Eintrag **RAW-Konvertierung** vor. Natürlich können Sie diese Option auch verwenden, wenn Sie Raw und JPEG gleichzeitig fotografieren. In dem Fall legen Sie beim Speichern lediglich eine weitere JPEG-Datei an – die ursprüngliche JPEG-Datei bleibt erhalten und wird nicht überschrieben.

Abbildung 11.1 *Die kamerainterne Raw-Konvertierung im* **Wiedergabe-Menü**

Abbildung 11.2 *Hier finden Sie alle verfügbaren Funktionen zur Auswahl vor.*

Bei der Raw-Konvertierung können Sie nun sämtliche dort aufgelisteten Funktionen auf das Bild anwenden. Alle Einstellungen, die Sie dabei vornehmen, bleiben während der Bearbeitung des Bildes erhalten. So ist es also kein Problem, wenn Sie eine **Filmsimulation** wie **Classic Chrome** verwenden und dann die **Farbe** auf -2 reduzieren. Eine Livevorschau der bereits gemachten Einstellungen wird allerdings nicht in dem kleinen Vorschaubild angezeigt. Dafür können Sie sich aber den aktuellen Bearbeitungszustand mit der **Q**-Taste anzeigen lassen. Sind Sie hierbei mit den gemachten Einstellungen bereits zufrieden, können Sie auch gleich mit der **MENU/OK**-Taste das Bild mit den Einstellungen als neue JPEG-Datei speichern. Wollen Sie weiter daran arbeiten, drücken Sie die **DISP/BACK**-Taste. Alle bisher gemachten Einstellungen bleiben dabei erhalten.

Abbildung 11.3 *Mit der **Q**-Taste können Sie sich eine Vorschau der Einstellungen anzeigen lassen und bei Bedarf auch gleich das Bild im JPEG-Format speichern.*

Alle Einstellungen zurücksetzen

Mit dem ersten Befehl bei der Raw-Konvertierung, **Auf. Bed. Berücks.**, werden alle gemachten Einstellungen wieder auf den Ursprungszustand der Aufnahme gesetzt.

11.3.1 Funktionen bei der Raw-Konvertierung

Die meisten Funktionen der Raw-Konvertierung dürften Ihnen bereits vom Kameramenü **Bildqualitäts-Einstellung** bekannt sein. Interessant ist die Funktion **Push/Pull-Verarb.**, mit der Sie die komplette Bildhelligkeit im Falle einer Fehlbelichtung um +/− 3 EV korrigieren können. Die Funktion ist beeindruckend. Wenn Sie es nicht mit der Korrektur übertreiben (maximal +/− 2 EV), dann können Sie falsch belichtete Bilder retten.

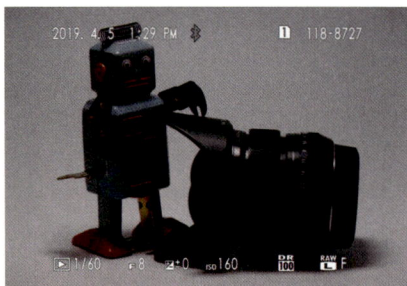

Abbildung 11.4 *Das Bild ist leicht unterbelichtet ...*

Abbildung 11.5 *... und wurde mit der **Push/Pull**-**Verarbeitung** um +1 ⅔ EV gepusht.*

Zu dieser **Push/Pull-Verarbeitung** böte sich die Option **Schattier. Ton** bzw. **Ton Lichter** an, um den Kontrast in den Schatten aufzuhellen bzw. zu helle Bereiche in den Lichtern zu retten.

Der Dynamikbereich steht hier nur dann zur Verfügung, wenn Sie ihn beim Fotografieren auch verwendet haben. Haben Sie ihn im Kameramenü bei **Bildqualitäts-Einstellung** auf 400 gesetzt, dann stehen Ihnen bei der Raw-Konvertierung alle drei Stufen zur Verfügung. Entsprechend zum Dynamikbereich müssen Sie auch die erforderlichen ISO-Werte verwendet haben (ab ISO 320 bei DR200, erst ab ISO 640 gibt es DR400).

Dasselbe gilt für die **D-Bereichspriorität**. Diese Option steht beim internen Raw-Konverter nur zur Verfügung, wenn Sie die Option bei der **Bildqualitäts-Einstellung** während der Aufnahme aktiviert haben. In dem Fall sind allerdings beim Raw-Konverter die beiden Funktionen **Dynamikbereich**, **Ton Lichter** und **Schattier. Ton** nicht wählbar.

11.3.2 Bilder zuschneiden

Auch ganz interessant für die schnelle Weitergabe dürfte die Funktion zum Zuschneiden von Bildern sein. Diese Bearbeitung können Sie allerdings nur auf JPEGs anwenden. Bei Raw-Bildern steht hier der Hinweis, dass sie nicht zuschneidbar sind. Das Ergebnis des Zuschnitts wird als neue JPEG-Datei gespeichert. Auch für diese Funktion müssen Sie das entsprechende Bild im Wiedergabemodus betrachten. Im **Wiedergabe-Menü** finden Sie diese Funktion unter **Ausschneiden** wieder. Mit dem hinteren Einstellrad passen Sie die Größe des Zuschnitts an, und mit dem Fokushebel ändern Sie die Position. Das Seitenverhältnis lässt sich hierbei allerdings nicht ändern. Wenn Sie die **MENU/OK**-Taste drücken, wird das Bild mit der gewünschten Größe gespeichert.

Abbildung 11.6 *Bilder in der Kamera zuschneiden*

11.4 Raw-Konverter für den Computer

Das Angebot an leistungsstarken Raw-Konvertern ist beeindruckend. Drei davon will ich Ihnen kurz vorstellen. Diese Liste ist begrenzt auf Konverter, mit denen ich selbst gute Erfahrungen gemacht habe. Sollte Ihr gewohnter Raw-Konverter fehlen, dann nicht, weil er nicht gut ist, sondern weil ich ihn eben nicht in der Praxis verwendet habe und somit keine eigenen Erfahrungen habe. Alle hier erwähnten Programme gibt es für sowohl für Windows als auch für den Mac.

11.4.1 Raw File Converter EX 3.0

Direkt von Fujifilm selbst können Sie den kostenlosen *Raw File Converter EX 3.0* herunterladen. Der Vorteil dieses Raw-Konverters ist, dass er perfekt mit den Rohdaten der X-T3 harmoniert und natürlich auch die Filmsimulationen beherrscht. Wer schon einmal mit einem anderen Raw-Konverter gearbeitet hat, der dürfte sich hier schnell zurechtfinden. Für einen Einsteiger allerdings könnte das Programm zunächst etwas erschlagend sein. Wenn Sie auf der Suche nach einem kostenlosen Raw-Konverter für das Fujifilm-Raw-Format sind, dann dürften Sie mit diesem Programm aber mehr als zufrieden sein.

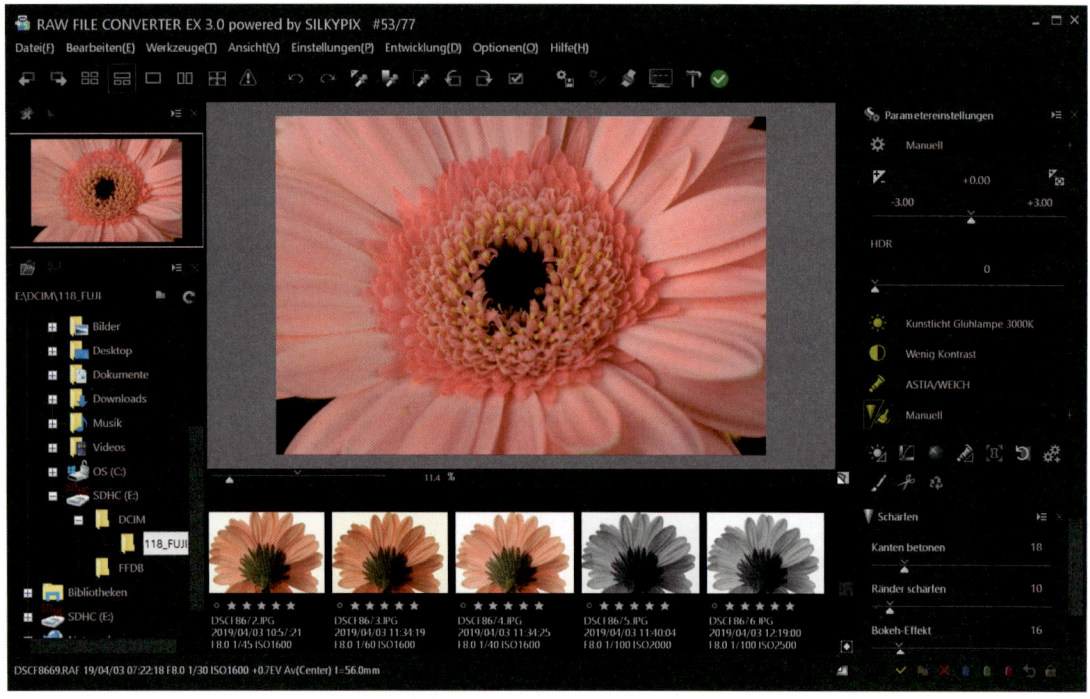

Abbildung 11.7 *Der Raw File Converter Ex ist ein wirklich ausreichender und zudem kostenloser Raw-Konverter, der von der Fujifilm-Website heruntergeladen werden kann.*

11.4.2 Capture One 12 Pro Fujifilm

Mein bevorzugter Raw-Konverter ist *Capture One Pro 12 Fujifilm*. Auch mit diesem Raw-Konverter können Sie auch nachträglich die Fujifilm-Simulationen zur Raw-Datei hinzufügen. Ansonsten ist Capture One Pro 12 Fujifilm ein ausgereifter und mächtiger Raw-Konverter, der auch eine Bildverwaltungsfunktion in Form eines Katalogs umfasst. Trotzdem kann dieser Konverter über Sitzungen auch Raw-Bilder bearbeiten, ohne sie in einem Katalog zu importieren. Neben der Pro-Version gibt es eine im Funktionsumfang eingeschränkte Express-Version, die allerdings kostenlos ist. Die Pro-Version für Fujifilm ist günstiger als die allgemeine Pro-Version von Capture One 12, aber mit der Pro-Version für Fujifilm können Sie nur Raw-Dateien von Fujifilm bearbeiten! Beachten Sie dies, wenn Sie neben Fujifilm- noch andere Kameras haben.

Abbildung 11.8 *Den Raw-Konverter Capture One 12 gibt es als spezielle Pro- und Express-Version für Fujifilm.*

11.4.3 Adobe Lightroom Classic und CC/Camera Raw

Wohl immer noch der Platzhirsch unter den Raw-Konvertern dürfte Adobes *Lightroom* sein. Zwar gibt es mittlerweile starke Konkurrenz von anderen Herstellern, nicht zuletzt dem gerade erwähnten Capture One Pro von Phase One, aber der jahrelange Vorsprung bringt immer noch viele Stammnutzer mit sich. Auch Lightroom ist eine sehr leistungsstarker Raw-Konverter mit einer umfangreichen Katalogverwaltungsfunktion.

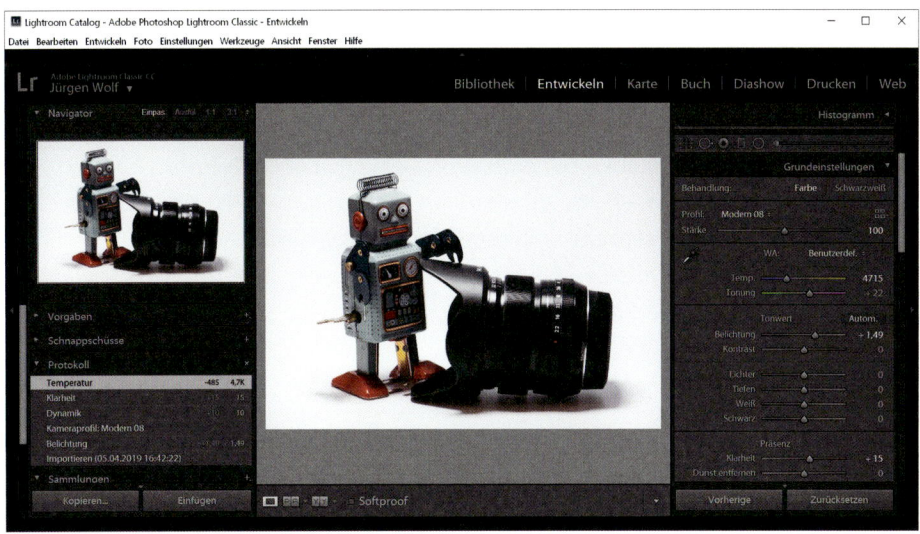

Abbildung 11.9 *Adobe Lightroom Classic ist wohl immer noch der am häufigsten verwendete Raw-Konverter unter Fotografen.*

Zusammen mit Photoshop CC wird zudem das umfangreiche *Camera-Raw-Plugin* mitgeliefert, mit dem Sie ebenfalls eine aufwendige Raw-Bearbeitung durchführen können. Dieses Plugin steckt auch hinter der Raw-Verarbeitung von Lightroom. Auch das kleine Photoshop Elements liefert das Camera-Raw-Plugin mit, aber in einem sehr eingeschränkten Funktionsumfang auf das Nötigste beschränkt.

11.5 Software für den Videoschnitt

Die X-T3 ist eine exzellente Kamera zum Filmen von 4K-Videos. Auch hier gibt es wiederum eine große Auswahl an Programmen für den Videoschnitt.

11.5.1 Adobe Premiere Pro CC

In den semiprofessionellen und auch professionellen Bereichen wird häufig *Adobe Premiere Pro CC* verwendet. Die Software ist für Windows und macOS erhältlich und kann im Abo-Model für ca. 25 Euro monatlich verwendet werden. Die Software erfüllt alle Ansprüche der nichtlinearen Videobearbeitung. Mit Hilfe eines Media Encoders ist es jederzeit möglich, das passende Videoformat für das Ausgabemedium zu rendern. Die Oberfläche ist sehr nutzerfreundlich gestaltet, und wer bereits mit Adobe-Produkten vertraut ist, findet sich hier schnell zurecht. Die Software bietet eine große Auswahl an Werkzeugen für die professionelle Videobearbeitung und hat sehr leistungsstarke Funktionen zur Farbkorrektur und zum Farbabgleich. Auch die Unterstützung von zahlreichen Videoformaten ist ein großes Plus der Software.

Neben der Pro-Version gibt es eine günstigere Version mit Adobe Premiere Elements, die sich eher an Heimanwender richtet, die mal zwischendurch ein kleines Video ohne große Vorkenntnisse erstellen wollen. Allerdings enthält die aktuelle Version (2018) keinen HEVC-Support (H.265).

11.5.2 Final Cut Pro X

Final Cut Pro X ist die Videoschnittsoftware schlechthin für macOS von Apple selbst und richtet sich eher an den semiprofessionellen bis professionellen Anwender. Die Software liegt auf demselben Level wie Adobe Premiere Pro CC. Der Preis für die Software ist zwar mit über 300 Euro recht hoch, aber auf der Gegenseite erhalten Sie ein wirklich professionelles Videoschnittprogramm, das keine Wünsche offenlässt. Auch hier finden Sie ein übersichtliches Layout mit vielen Profiwerkzeugen vor. Die Performance ist sehr solide, und die Software liefert eine hohe Bildqualität bei geringer Dateigröße.

11.5.3 Media Composer von Avid

Nicht unerwähnt bleiben sollte der *Media Composer* von Avid. Hierbei handelt es sich um ein professionelles hard- und softwarebasiertes Programm, das auch in der Fernseh- und Videoproduktion eingesetzt wird. Hierbei wird oft das Synonym »Avid« für die Produkte der Media-Composer-Familie verwendet.

11.5.4 Weitere Videoschnittprogramme

Es gibt noch viele weitere Videoschnittprogramme in unterschiedlichen Preisklassen, die ich selbst in der Praxis aber noch nie verwendet habe. Beliebt scheinen bei den Hobbyanwendern *Cyberlink PowerDirector* oder die *Magix*-Produkte zu sein, obgleich sich Magix mittlerweile auch mit einer Pro-X-Version an den semiprofessionellen Bereich richten will. Ein weiteres Profi-Tool dürfte auch *Blackmagic DaVinci Resolve* sein, das angeblich auch von Hollywood verwendet wird. Ebenfalls mit Hollywood-Streifen wirbt die Videoschnittsoftware *EditShare Lightworks*.

Natürlich gibt es auch viele kostenlose und günstige Programme für den Videoschnitt bzw. Einsteiger- oder Express-Varianten von den teureren Anwendungen. Die Hauptaufgaben für ein Videoschnittprogramm dürften im Schneiden, Trennen und Einfügen liegen. Auch eine Tonspur oder Musik sollte hinterlegbar sein. Das Hinzufügen von Übergängen und Einblendungen sind ebenfalls Standardfunktionen eines Videoschnittprogramms. Mit diesen Grundwerkzeugen können Sie bereits ein ziemlich professionelles Video erstellen und diese Arbeiten können Sie häufig auch mit günstigeren oder kostenlosen Programmen bewältigen. Wollen Sie allerdings etwas aufwändigere Filme gestalten, werden Sie mit den Einsteiger-Varianten an Grenzen stoßen. Mehrere Videospuren oder eine aufwändige Änderung der Farbe finden Sie häufig nur bei den professionellen Videoschnittprogrammen wie Adobe Premiere Pro CC oder Final Cut Pro wieder.

Kapitel 12
Die Menüs im Überblick

Die Fujifilm X-T3 bietet sehr viele Konfigurationsmöglichkeiten. Einige davon erleichtern das Fotografenleben erheblich, während andere wiederum eher als eine nette Spielerei betrachtet werden können. Definitiv können Sie die X-T3 aber recht individuell an Ihre Bedürfnisse anpassen. Auf den folgenden Seiten finden eine kurze Darstellung der Funktionen, die Sie über das Kameramenü mit der Taste **MENU/OK** aufrufen können. Der Abschnitt soll allerdings auf keinen Fall die mitgelieferte Anleitung der X-T3 ersetzen, sondern Ihnen lediglich einen schnellen Überblick zu den Funktionen der X-T3 liefern, ohne auf die einzelnen Optionen im Detail einzugehen. Dafür haben Sie ja die Anleitung. Viele Funktionen habe ich in diesem Buch bereits umfassend erläutert.

12.1 Bildqualitäts-Einstellung (1/3)

Zahlreiche Bildqualitäts-Einstellungen haben nur eine Auswirkung auf JPEG-Bilder; dies habe ich bei den entsprechenden Funktionen auch notiert. Aber auch, wenn Sie diese Funktionen verwenden und ausschließlich im Raw-Format fotografieren, haben diese Einstellungen eine Auswirkung auf die Wiedergabe auf dem Display bzw. im Sucher.

Abbildung 12.1 *Bildqualitäts-Einstellung (1/3)*

Bildgrösse	Passen Sie an, mit welcher Bildgröße (**L**, **M** und **S**) und welchem Seitenverhältnis (**3:2**, **16:9** und **1:1**) das Foto gespeichert werden soll. Die Standardeinstellung ist **L 3:2**.

Tabelle 12.1 *Bildqualitäts-Einstellung (1/3)*

Bildqualität	Wählen Sie das Dateiformat (Raw und/oder JPEG) und die Komprimierungsstärke für die JPEG-Datei mit **Fine** (niedrige Komprimierung) und **Normal** (hohe Komprimierung) aus. Die Standardeinstellung ist eine JPEG mit **Fine**.
Raw-Aufnahme	Legen Sie fest, ob die Raw-Aufnahme verlustfrei komprimiert werden soll oder nicht. Ihr Raw-Konverter muss allerdings diese Raw-Komprimierung unterstützen (was die gängigsten Konverter auch können). Die Standardeinstellung ist **Unkomprimiert**.
Filmsimulation	Damit können Sie verschiedene Filmtypen nachahmen. Enthalten sind verschiedene Schwarzweiß-Filme mit Farbfiltern. Die ausgewählte Filmsimulation wird auf dem Display bzw. im Sucher angezeigt. Die Filtersimulation wird allerdings nur auf JPEG-Bilder angewendet. Der Standardwert ist **Provia**.
S&W-Einst.(Warm/Kalt)	Diese Funktion steht nur zur Verfügung, wenn Sie die Filmsimulation **Acros** oder **Schwarzweiss** ausgewählt haben. Hiermit machen Sie den Tonwert von Schwarzweiß-Bildern wärmer oder kälter. Diese Funktion hat nur Auswirkungen auf das JPEG-Bild.
Körnungseffekt	Fügen Sie dem Bild ein Filmkorn hinzu, was an einen hochempfindlichen Film erinnern soll. Der Standardwert ist **Aus**. Auch diese Funktion wirkt sich nur auf das JPEG-Bild aus.
Farbe Chromeffekt	Wenn Sie diesen Filter aktivieren, werden die Farben in den Schatten verstärkt. Dies wirkt sich häufig so aus, dass auch bei schwierigem Umgebungslicht und farbenfrohen Bildern die Farbtiefe im vollen Umfang erhalten bleibt. Standardmäßig ist dies Funktion auf **Aus**. Diese Funktion wirkt sich nur auf das JPEG-Bild aus.
Weissabgleich	Hier stellen Sie den Weißabgleich passend zum vorhandenen Umgebungslicht ein. Zur Auswahl stehen ein automatischer Weißabgleich, drei Plätze für einen benutzerdefinierten Weißabgleich, sieben vordefinierte Farbwiedergaben (**Sonnenlicht**, **Schatten** etc.) und eine manuelle Eingabe als Kelvin-Wert. Der Standardwert ist **Auto**. Die ausgewählte Option ist für das JPEG-Bild endgültig. Beim Raw-Format können Sie den Weißabgleich hingegen nachträglich mit dem Raw-Konverter ändern.

Tabelle 12.1 *Bildqualitäts-Einstellung* (1/3) (Forts.)

12.2 Bildqualitäts-Einstellung (2/3)

Abbildung 12.2 *Bildqualitäts-Einstellung (2/3)*

Dynamikbereich	Steuert den Kontrast von JPEG-Bildern. Mit höheren Werten reduzieren Sie bei kontrastreichen Motiven, die viel Sonnenlicht, aber auch Schatten enthalten, den Verlust von Details. Der Standardwert ist **DR100**. Die Werte **DR200** und **DR400** sind an den ISO-Wert geknüpft. **DR200** steht nur bei ISO 320 bis ISO 12.800 und **DR400** nur bei ISO 640 bis ISO 12.800 zur Verfügung.
D-Bereichspriorität	Dies ist eine weitere Dynamikbereichsfunktion für JPEG-Bilder, die beim Fotografieren von kontrastreichen Motiven den Detailverlust von Schatten und Lichtern reduziert. Der Standardwert ist **Aus**. Der Wert **Schwach** ist nur mit dem ISO-Wert 320 bis 12.800 und **Stark** ab ISO 640 bis 12.800 anwendbar.
Ton Lichter	Legt die Zeichnung der hellsten Lichter von +4 bis −2 fest. Der Standardwert ist 0. Die Funktion hat nur einen Einfluss auf JPEG-Bilder.
Schattier. Ton	Steuern Sie die Durchzeichnung in den Schattenbereichen von +4 bis −2. Der Standardwert ist ebenfalls 0, und die Einstellung wirkt sich nur auf JPEG-Bilder aus.
Farbe	Ändern Sie die Farbsättigung von JPEG-Bildern von +4 bis −4. Der Standardwert ist 0.
Schärfe	Legen Sie fest, wie stark die Konturen gezeichnet werden sollen. Hierfür steht ein Wert von +4 bis −4 zur Verfügung. Ein negativer Wert bedeutet allerdings nicht, dass Sie das Bild weichzeichnen, sondern nur, dass die Kanten nicht so stark hervorgehoben werden. Der Standardwert ist 0. Wieder wirkt sich die Einstellung nur auf das JPEG-Bild aus.
Rauschreduktion	Reduzieren Sie das Bildrauschen von JPEG-Bildern bei hoher ISO-Empfindlichkeit. Der Standardwert ist 0.

Tabelle 12.2 *Bildqualitäts-Einstellung (2/3)*

NR Langz. Belicht.	Diese Option soll bei Langzeitbelichtungen sogenannte Hotpixel verhindern. Beachten Sie allerdings, dass hiermit bei einer Langzeitbelichtung eine weitere Aufnahme auf Schwarz mit derselben Belichtungszeit erstellt wird. Die Funktion ist standardmäßig auf **An**.

Tabelle 12.2 *Bildqualitäts-Einstellung (2/3) (Forts.)*

12.3 Bildqualitäts-Einstellung (3/3)

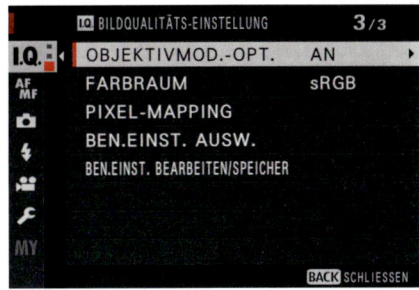

Abbildung 12.3 *Bildqualitäts-Einstellung (3/3)*

Objektivmod.-Opt.	Behebt klassische Abbildungsfehler des Objektivs wie die Vignettierung und Beugung. Hierfür muss die X-T3 allerdings das Objektivprofil kennen, und daher lässt sich diese Funktion nur mit Fujinon-Objektiven anwenden. Die Funktion ist standardmäßig auf **An**.
Farbraum	Wählen Sie den Farbraum für das Bild aus. Zur Auswahl stehen **Adobe RGB** oder **sRGB**. Die Standardeinstellung ist **sRGB**. Beim JPEG-Bild ist diese Einstellung endgültig, wohingegen Sie beim Raw-Format den Farbraum noch nachträglich im Raw-Konverter ändern können.
Pixel-Mapping	Wenn Sie beispielsweise bei Nachtaufnahmen mit Langzeitbelichtungen helle Pixel (*Deadpixel*) im Bild vorfinden, können Sie diese Funktion starten, um das Problem zu beheben. Die Funktion sollte im kalten Zustand bei vollem Akku ausgeführt werden.
Ben.Einst. Ausw.	Rufen Sie die benutzerdefinierten Einstellungen auf, die Sie mit **Ben.Einst. Bearbeiten/Speicher** gesichert haben. Sie können aus bis zu sieben Speicherbereichen wählen.
Ben.Einst. Bearbeiten/Speicher	Hiermit können Sie maximal sieben benutzerdefinierte Einstellungen mit unterschiedlichen Werten in **Bildqualitäts-Einstellung** unter einem eigenen Namen speichern bzw. erneut bearbeiten und mit **Ben.Einst. Ausw.** oder dem Schnellmenü auswählen.

Tabelle 12.3 *Bildqualitäts-Einstellung (3/3)*

12.4 AF/MF-Einstellung (1/3)

Abbildung 12.4 *AF/MF-Einstellung (1/3)*

Fokussierbereich	Hier können Sie das Autofokusmessfeld bzw. den AF-Rahmen innerhalb des angezeigten AF-Rasters verschieben und über die Einstellräder die Größe verändern.
AF Modus	Die Wahl des AF-Modus für die Fokusmodi AF-S und AF-C mit **Einzelpunkt** (Standardeinstellung), **Zone** und **Weit/Verfolgung**
AF-C Benutzerdef.Einst.	Wählen Sie aus fünf vordefinierten Einstellungen zur Schärfenachführung im Fokusmodus AF-C, um den Autofokus optimal an die Bewegung des Objekts anzupassen. Es gibt noch eine sechste Option, mit der Sie die einzelnen Einstellungen selbst vornehmen können. Die Standardeinstellung ist **Einstellen 1**.
AF-Modus D. Ausr. Speich.	Mit dieser Option legen Sie fest, ob Sie den Fokussierbereich und den Fokusmodus separat speichern wollen, wenn Sie die Kamera vom Hochformat ins Querformat oder umgekehrt drehen. Standardmäßig ist die Funktion auf **Aus**.
AF-Punktanzeige	Wollen Sie die einzelnen Fokusmessfelder anzeigen lassen, wenn Sie **Zone** oder **Weit/Verfolgung** beim **AF Modus** gewählt haben, müssen Sie diese Funktion aktivieren. Standardmäßig steht diese Funktion auf **Aus**.
Anzahl der Fokussierpunkte	Wählen Sie die Anzahl der Fokuspunkte zum Setzen des Fokuspunktes, wenn Sie **Einzelpunkt** bei **AF Modus** verwenden. Neben der Standardeinstellung von **117 Punkt** (9×13-Raster) stehen **425 Punkte** (17 × 25 Punkte) zur Auswahl.
Pre-AF	Ist diese Funktion aktiviert, versucht die Kamera permanent scharfzustellen. Das ist bei einigen Situationen sehr praktisch, aber dieses dauernde Fokussieren zerrt doch sehr stark am Akku. Standardmäßig ist diese Funktion daher auf **Aus** gestellt.

Tabelle 12.4 *AF/MF-Einstellung (1/3)*

Hilfslicht	Aktiviert das AF-Hilfslicht zur Unterstützung beim automatischen Scharfstellen. Das ist besonders in sehr dunkler Umgebung hilfreich. Standardmäßig steht diese Funktion auf **Aus**. Das Hilfslicht funktioniert nur im Modus AF-S.

Tabelle 12.4 *AF/MF-Einstellung (1/3) (Forts.)*

12.5 AF/MF-Einstellung (2/3)

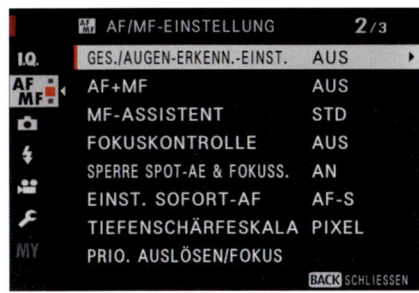

Abbildung 12.5 *AF/MF-Einstellung (2/3)*

Ges./Augen-Erkenn.-Einst.	Hier finden Sie die Funktionen zur Gesichts- und Augenerkennung wieder. Sie haben die Wahl, ob Sie nur das Gesicht, automatisch irgendein Auge oder gezielt das linke oder rechte Auge fokussieren wollen. Standardmäßig ist die Funktion auf **Aus** gestellt.
AF+MF	Wenn Sie diese Funktion aktivieren, können Sie bei halb gedrücktem Auslöser im Modus AF-S durch Drehen am Fokusring manuell nachregeln. Standardmäßig steht diese Funktion auf **Aus**.
MF-Assistent	Bietet verschiedene Hilfsfunktionen für die manuelle Fokussierung mit der X-T3. Zur Auswahl stehen ein **Digitales Schnittbild**, ein **Digital-Microprisma** und **Focus Peaking**. Die Standardeinstellung ist **Standard**, womit kein Assistent verwendet wird.
Fokuskontrolle	Wenn Sie diese Funktion aktivieren, wird der Fokussierbereich der Kamera automatisch vergrößert, wenn Sie im manuellen Fokusmodus am Fokusring drehen. Mit dem hinteren Einstellrad können Sie durch Drehen die Zoomstufe anpassen. Standardmäßig steht die Funktion auf **Aus**.
Sperre Spot-AE & Fokuss.	Die Spotmessung (**AF Modus** ist **Einzelpunkt**) wird mit dem Fokusmessfeld verknüpft, wenn diese Funktion (standardmäßig) auf **An** steht. Steht diese Funktion auf **Aus**, erfolgt die Belichtungsmessung ausschließlich in der Bildmitte.

Tabelle 12.5 *AF/MF-Einstellung (2/3)*

Einst. Sofort-AF	Wenn Sie beispielsweise der **AF-L**-Taste die **AF-ein**-Funktion zuweisen oder den manuellen Modus verwenden, können Sie hier auswählen, ob beim Drücken dieser Taste mit AF-S oder AF-C fokussiert werden soll.
Tiefenschärfeskala	Der Begriff sollte korrekt »Schärfentiefe«, nicht »Tiefenschärfe« lauten. Mit dieser Einstellung bestimmen Sie die Basis für diese Skala. Die Standardeinstellung lautet **Pixel-Basis** und ist für die Betrachtung am Monitor gedacht. Der andere Wert mit **Fileformat-Basis** hingegen ist für den Ausdruck auf Papier gedacht. Wohlgemerkt: Hierbei geht es lediglich um eine Beurteilung der Schärfentiefe von Bildern.
Prio. Auslösen/Fokus	Legt die Priorität beim Auslösen der Kamera im Fokusmodus AF-S oder AF-C fest. Mit dem Standardwert **Auslösen** hat die Aufnahme Vorrang vor der Scharfstellung – nach dem Motto: Lieber ein unscharfes Bild als gar kein Bild. Mit der zweiten Option, **Fokus**, hat hingegen die Scharfstellung Vorrang vor dem Auslösen ; es wird also nur ausgelöst, wenn die Kamera scharfgestellt hat.

Tabelle 12.5 *AF/MF-Einstellung (2/3) (Forts.)*

12.6 AF/MF-Einstellung (3/3)

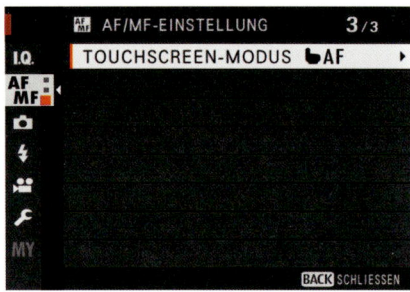

Abbildung 12.6 *AF/MF-Einstellung (3/3)*

Touchscreen-Modus	Wählen Sie den Aufnahmevorgang im Touchscreen-Modus aus. Zur Auswahl stehen **Touch-Aufnahme**, **AF** (Standardeinstellung), **Bereich** und **Aus**. Diese Option können Sie auch über das kleine Symbol auf der rechten Seite des Displays festlegen.

Tabelle 12.6 *AF/MF-Einstellung (3/3)*

12.7 Aufnahme-Einstellung (1/2)

Abbildung 12.7 *Aufnahme-Einstellung (1/2)*

Drive-Einstellung	Einstellungen für die Aufnahmebetriebsarten **BKT**, **CH**, **CL** und **ADV**.. Die Aufnahmebetriebsart stellen Sie über das entsprechende Einstellrad unter dem ISO-Einstellrad ein. Mit **BKT-Einstellung** wählen Sie den Belichtungsreihentyp und passen die Optionen dafür an, wenn die Betriebsart **BKT** gewählt ist. **CH Sequenz Hohe Gesch.** und **CL Sequenz Geringe Gesch.** bestimmen die zu verwendende Bildrate, wenn die Aufnahmebetriebsart auf **CH** oder **CL** gestellt ist. Mit **Erweit. Filtereinstellung** hingegen legen Sie fest, welcher Filter verwendet wird, wenn Sie die Aufnahmebetriebsart auf **ADV.** stellen.
Sport-Sucher-Modus	Bei diesem Modus wird der Bildausschnitt verringert und als eingeblendeter Rahmen auf dem Display oder im Sucher angezeigt. Der Bildwinkel wird dabei um den Betrag 1,25 reduziert. Dieser Modus kann hilfreich sein, um sich bewegende Motive außerhalb des Rahmens schneller erfassen zu können. Der Modus kann nur mit einem manuellen Verschluss verwendet werden. Standardmäßig steht dieser Modus auf **Aus**.
Pre-Aufnahme ES	Die Funktion steht beim elektronischen Verschluss zur Verfügung und ist recht praktisch in Verbindung mit der Aufnahmebetriebsart **CH**. Hierbei werden, sobald Sie den Auslöser halb drücken, bereits Bilder in den internen Speicher der Kamera gelegt für den Fall, dass Sie den richtigen Moment um sehr einen kurzen Augenblick verpasst haben. Standardmäßig steht diese Funktion auf **Aus**.
Selbstauslöser	Wählen Sie einen Selbstauslöser von 2 oder 10 Sekunden aus.
Intervallaufn. mit Timer	Für Aufnahmen in einem bestimmten Zeitabstand (auch: *Timelapse*) ist diese Funktion gedacht. Legen Sie den Zeitabstand, die Anzahl der Aufnahmen und die Startzeit der Aufnahme fest.

Tabelle 12.7 *Aufnahme-Einstellung (1/2)*

Auslösertyp	Hier können Sie den **Auslösertyp** wählen. Zur Verfügung stehen neben dem mechanischen Verschluss (MS) der geräuschlose elektronische Verschluss (ES). Einen Kompromiss aus beiden stellt der EF dar, wo der Startvorhang mit dem elektronischen Verschluss beginnt und mit dem mechanischen Verschluss endet. Die weiteren Optionen sind Kombinationen aus diesen drei Optionen. Standardmäßig ist der manuelle Verschluss aktiviert.
Flimmerreduzierung	Reduziert oder behebt das Netzfrequenzflimmern bestimmter Lichtquellen (beispielsweise Leuchtstofflampen) in den Bildern oder auf dem Display. Standardmäßig ist diese Option **Aus**.
IS Modus	Diese Funktion steht bei Objektiven mit einer Bildstabilisation zur Verfügung. Mit **Dauerhaft** aktivieren Sie die Bildstabilisation. Mit **Nur Aufnahme** ist die Stabilisation nur dann aktiv, wenn der Auslöser halb gedrückt wird (im Modus AF-C) oder wenn die Kamera ausgelöst wurde. Mit **Aus** deaktivieren Sie die Bildstabilisation, was zum Beispiel empfehlenswert ist, wenn Sie Aufnahmen von einem Stativ machen.

Tabelle 12.7 *Aufnahme-Einstellung (1/2) (Forts.)*

12.8 Aufnahme-Einstellung (2/2)

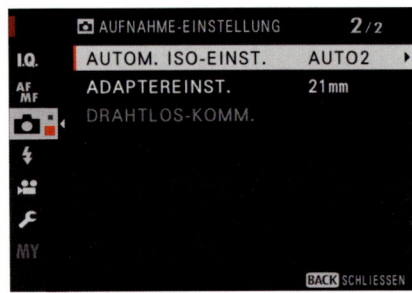

Abbildung 12.8 *Aufnahme-Einstellung (2/2)*

Autom. ISO-Einst.	Wählen Sie aus den anpassbaren Vorgaben **Auto1**, **Auto2** oder **Auto3** aus, wo Sie die maximale ISO-Empfindlichkeit und optional auch die längste Belichtungszeit vorgeben/vorfinden, um sich beim Fotografieren darum nicht mehr kümmern zu müssen. Die entsprechende Auto-ISO-Einstellung wird dann verwendet, wenn Sie das ISO-Einstellrad auf **A** stellen. Die Kamera wählt dann automatisch einen ISO-Wert zwischen dem Standardwert und dem maximalen Wert und beachtet, wenn eingestellt, auch die minimale Belichtungszeit.

Tabelle 12.8 *Aufnahme-Einstellung (2/2)*

Adaptereinst.	Diese Einstellungen sind für Objektive mit einem M-Bajonett gedacht, die Sie mit einem Adapter (Fujifilm M Mount Adapter) an die Kamera montieren. Damit können Leica-M-Objektive mit der X-T3 betreiben. Beachten Sie bitte, dass nicht alle Leica-Objekte damit funktionieren. Ist der Adapter vorhanden, können Sie die Verzeichniskorrektur, die Vignettenkorrektur und die Farbtonabweichung einstellen.
Drahtlos-Komm.	Hier können Sie eine Drahtloskommunikation zum Smartphone mit der neuesten Fujifilm-Camera-App herstellen und die Kamera mit dem Smartphone fernsteuern oder Bilder von der Kamera auf das Smartphone laden.

Tabelle 12.8 *Aufnahme-Einstellung* (2/2) (Forts.)

12.9 Blitz-Einstellung

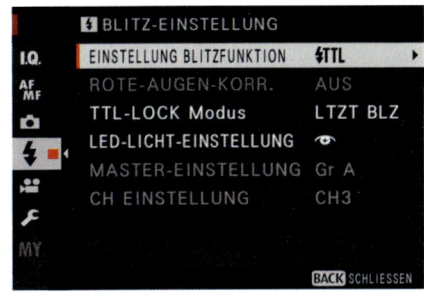

Abbildung 12.9 *Blitz-Einstellung*

Einstellung Blitzfunktion	Hinter diesem Menüpunkt verbirgt sich der Großteil der Blitzeinstellungen, wie der Blitzmodus oder die Synchronisation. Auch die Blitzleistung können Sie hier verändern. Welche Optionen zur Verfügung stehen, hängt auch vom verwendeten Blitzgerät ab.
Rote-Augen-Korr.	Versammelt Funktionen zum Beseitigen oder Vermeiden von roten Augen beim Blitzen. Die Funktion **Blitz** sendet einen Vorblitz gegen rote Augen. Die Funktion **Entfernen** hingegen ist eine Nachbearbeitung in der Kamera und somit nur auf JPEG-Bilder anwendbar. Es gibt zudem eine Kombination aus beiden Funktionen. Standardmäßig ist die Funktion auf **Aus** gestellt.

Tabelle 12.9 *Blitz-Einstellung*

TTL-Lock Modus	Wollen Sie bei einer Serie von Blitzaufnahmen im TTL-Modus immer dieselbe Blitzlichtmenge verwenden, werden Sie hier fündig. Zuvor müssen Sie allerdings eine Funktionstaste mit der TTL-Sperre-Funktion belegen. Dann können Sie mit der Einstellung **Mit Letzt Blitz Sperr.** (Standardeinstellung) die zuletzt vom Blitzgerät abgegebene Blitzleistung mit der Funktionstaste speichern und für weitere Aufnahmen wiederverwenden. Stattdessen können Sie aber auch **Mit Messbl. sperren** verwenden, um den Wert einer gemessenen Messblitz-Serie als Blitzleistung zu speichern, was noch etwas genauer funktioniert.
LED-Licht-Einstellung	Falls vorhanden, können Sie das LED-Videolicht des Blitzgerätes entweder als Spitzlicht für Lichtreflexe in den Augen und/oder als AF-Hilfslicht verwenden. Standardmäßig ist diese Funktion auf **Aus** gestellt.
Master-Einstellung	Hier stellen Sie die Blitzgruppe (**GrA**, **GrB** oder **GrC**) für das Blitzgerät auf der Kamera ein, wenn es als Master-Blitzgerät über die drahtlose optische Blitzfernsteuerung von Fujifilm fungiert.
CH Einstellung	Stellen Sie hier den Kanal für die Kommunikation zwischen dem Master-Blitzgerät und den ferngesteuerten Blitzgeräten ein, wenn Sie die drahtlose optische Blitzfernsteuerung von Fujifilm verwenden.

Tabelle 12.9 *Blitz-Einstellung (Forts.)*

12.10 Film-Einstellung (1/5)

Abbildung 12.10 *Film-Einstellung (1/5)*

Video Modus	Einstellungen für die Bildgröße (4K, FHD), das Seitenverhältnis (16:9, 17:9), die Bildrate (23.98p, 24p, 25p, 29.97p, 50p und 59.94p) und die Bitrate (50 Mbps, 100 Mbps, 200 Mbps und 400 Mbps)

Tabelle 12.10 *Film-Einstellung (1/5)*

H.265(HEVC)/H.264	Wählen Sie den Codec für die Filmaufnahme aus. Zur Auswahl stehen der weitverbreitete Codec **H.264** Standardeinstellung) und der neue **H.265(HEVC)**.
Filmkompression	Zur Auswahl für die Kompression stehen **All-Intra** und **Long GOP**. Da mit **All-Intra** jedes Bild unabhängig von seinen Nachbarbildern codiert wird, eignet sich diese Kompression perfekt für den professionellen Schnitt. Allerdings wird hierbei auch mit 400 Mbit/s aufgezeichnet, was den Datenumfang nicht ganz unbeträchtlich macht. **Long GOP** hingegen codiert Bilder abhängig von den Nachbarbildern und bietet daher aufgrund einer stärkeren Komprimierung eine höhere Speichereffizienz.
Full HD-Hochgeschw.Aufn.	Diese Funktion dient zur Aufnahme von Full-HD-Hochgeschwindigkeitsvideos mit bis zu 100 oder 120 Bildern pro Sekunde. Die Aufnahmen lassen sich um ½, ¼ oder ⅕ verlangsamen. Maximal können 6 Minuten bei 200 Mbit/s aufgezeichnet werden. Der Cropfaktor beträgt 1,25, und es gibt keinen Ton.
Filmsimulation	Auf Wunsch wählen Sie, wie schon bei den Bildern, eine Filmsimulation für das Video aus. Standard ist auch hier **Provia**, aber für Video böte sich auch **Eterna/Kino** mit einem flacheren Filmlook an.
S&W-Einst.(Warm/Kalt)	Diese Funktion steht nur zur Verfügung, wenn Sie die Filmsimulation **Acros** oder **Schwarzweiss** ausgewählt haben. Sie macht den Tonwert des Schwarzweiß-Bilds wärmer oder kälter.
Weissabgleich	Hier stellen Sie den Weißabgleich passend zum vorhandenen Umgebungslicht ein. Zur Auswahl stehen ein automatischer Weißabgleich, drei Plätze für einen benutzerdefinierten Weißabgleich, sieben vordefinierte Farbwiedergaben (Sonnenlicht, Schatten etc.) und eine manuelle Eingabe als Kelvin-Wert. Der Standardwert ist **Auto**.
Dynamikbereich	Steuert den Kontrast. Mit höheren Werten können Sie bei kontrastreichen Motiven, die viel Sonnenlicht, aber auch Schatten enthalten, den Verlust von Details reduzieren. Der Standardwert ist **DR100**. Die Werte **DR200** und **DR400** sind an den ISO-Wert geknüpft. **DR200** steht nur bei ISO 320 bis ISO 12.800 und **DR400** von ISO 640 bis ISO 12.800 zur Verfügung.

Tabelle 12.10 *Film-Einstellung (1/5) (Forts.)*

12.11 Film-Einstellung (2/5)

Abbildung 12.11 *Film-Einstellung (2/5)*

Ton Lichter	Damit legen Sie die Zeichnung der hellsten Lichter von +4 bis −2 fest. Der Standardwert ist 0.
Schattier. Ton	Steuert die Durchzeichnung in den Schattenbereichen von +4 bis −2. Der Standardwert ist auch hier 0.
Farbe	Ändern Sie die Farbsättigung von +4 bis −4 ändern. Der Standardwert hierbei ist 0.
Schärfe	Legen Sie fest, wie stark die Konturen gezeichnet werden sollen. Es stehen Werte von +4 bis −4 zur Verfügung. Der Standardwert ist 0.
Rauschreduktion	Reduziert das Bildrauschen von JPEG-Bildern bei hoher ISO-Empfindlichkeit. Der Standardwert ist 0.
4K Interf-Rauschmind	Verringert das Zwischenbild-Rauschen. Das Flirren bei Aufnahmen wird damit etwas reduziert. In der Praxis ist diese Funktion eher für statische Aufnahmen zu verwenden, weil es bei Kamerabewegungen zu Geisterbildern kommen kann. Sinnvoll kann diese Funktion sein, wenn Sie mit sehr hohen ISO-Werten ab 6400 arbeiten. Bei einer anderen Bildgröße als 4K oder einer Bildrate von 59.94p oder 50p wird die Funktion automatisch auf **Aus** gestellt, was auch die Standardeinstellung ist.
F-Log/HLG Aufzeichnung	Legen Sie fest, ob und worauf Sie F-Log- bzw. HLG-Aufnahmen ausgeben wollen. Für F-Log stehen verschiedene Kombinationen zum Schreiben auf die SD-Karte und/oder einen externen HDMI-Rekorder zur Verfügung. HLG-Aufnahmen hingegen können nur auf SD-Karte *und* einen externen HDMI-Rekorder geschrieben werden (sofern ein solcher angeschlossen ist).
Vignettierung-Kor	Die Funktion ist standardmäßig auf **An** gestellt und reduziert bei einem kompatiblen Fujinon-Objektiv die Vignettierung.

Tabelle 12.11 *Film-Einstellung (2/5)*

12.12 Film-Einstellung (3/5)

Abbildung 12.12 *Film-Einstellung (3/5)*

Fokussierbereich	Hier können Sie den Fokusbereich zum Filmen innerhalb das angezeigten AF-Rasters verschieben.
Video AF Modus	Legen Sie fest, wie die Kamera den Fokussierpunkt beim Filmen verwendet. Zur Auswahl stehen **Mehrfeld**, womit der Fokuspunkt automatisch gewählt wird, und **Vario AF**, womit die Kamera das Objekt anhand des Fokusbereichs scharfstellt.
AF-C Benutzerdef.Einst.	Bei einer Filmaufnahme im Fokusmodus AF-C können Sie die Schärfenachführung mit den Werten **Verfolgungs-Empfindlichk.** und **AF-Geschwindigkeit** feintunen.
Ges./Augen-Erkenn.-Einst.	Enthält die Funktionen zur Gesichts- und Augenerkennung wieder. Sie haben die Wahl, ob Sie nur das Gesicht, automatisch irgendein Auge oder gezielt das linke oder rechte Auge fokussieren wollen. Standardmäßig ist die Funktion auf **Aus** gestellt.
MF-Assistent	Der **MF-Assistent** ist eine Hilfsfunktionen für die manuelle Fokussierung beim Filmen. Zur Auswahl steht hier das **Focus Peaking** mit den auswählbaren Farben. Die Standardeinstellung ist **Standard**, womit kein Assistent verwendet wird.
Fokuskontrolle	Wenn Sie diese Funktion aktivieren, wird der Fokussierbereich der Kamera automatisch vergrößert, wenn Sie im manuellen Fokusmodus am Fokusring drehen. Mit dem hinteren Einstellrad können Sie durch Drehen die Zoomstufe anpassen. Standardmäßig steht die Funktion auf **Aus**.
4K-Film-Ausgabe	Wählen Sie das Ausgabeziel für 4K-Videofilme, wenn die Kamera mit einem anderen HDMI-Gerät verbunden ist. Sichern Sie zum Beispiel eine Aufnahme auf der SD-Karte, während Sie das Bild gleichzeitig auf einem Bildschirm via HDMI ausgeben.

Tabelle 12.12 *Film-Einstellung (3/5)*

Full HD-Video-Ausgabe	Wollen Sie hingegen im Full-HD-Modus ein Ausgabeziel für das Filmen vorgeben, dann finden Sie hier die Option dazu, die Aufnahme auf die SD-Karte zu speichern und gleichzeitig auf ein weiteres HDMI-Gerät auszugeben. Alternativ haben Sie die Option, ausschließlich das HDMI-Gerät für die Ausgabe zu verwenden, aber dann wird nichts mehr auf die SD-Karte geschrieben. Beachten Sie dies, wenn Sie die Einstellung ändern.

Tabelle 12.12 *Film-Einstellung* (3/5) (Forts.)

12.13 Film-Einstellung (4/5)

Abbildung 12.13 *Film-Einstellung* (4/5)

Info-Anzeige HDMI-Ausgabe	Wollen Sie die Info-Anzeige von Display oder Sucher auch auf das verbundene HDMI-Gerät ausgeben, stellen Sie diese Einstellung auf **An**. Standardmäßig steht die Funktion auf **Aus**.
4K HDMI-Standby-Qualität	Legen Sie fest, ob im Stand-by-Modus der Kamera ein über den HDMI-Anschluss angeschlossenes Gerät weiterhin mit 4K betrieben wird oder ob Sie dann zum stromsparenden Full-HD-Modus umschalten wollen.
HDMI-Aufnahme-steuerung	Die sendet Kamera das Start- und Stoppsignal bei der Aufnahme an das angeschlossene HDMI-Aufnahmegerät, wenn diese Funktion auf **An** steht, was standardmäßig der Fall ist.
Zebra-Einstellung	Hiermit werden die zu hellen Bereiche im Bild angezeigt, die wohlmöglich überbelichtet sind. Den Helligkeitswert passen Sie mit **Zebra-Stufe** an. Mit der Funktion **Zebra-Einstellung** können Sie zwischen nach rechts oder nach links geneigten Streifen wählen. Standardmäßig steht diese Funktion auf **Aus**.
Zebra-Stufe	Bestimmt den Helligkeitsschwellenwert, ab dem die Zebrastreifen angezeigt werden. Stellen Sie in 5er-Schritten einen Wert von 50 bis zu 100 ein. Für eine Überbelichtungswarnung ist der Wert 100 empfehlenswert. Bei Porträtaufnahmen hingegen hat sich der Wert 70 bewährt.

Tabelle 12.13 *Film-Einstellung* (4/5)

Audioeinstellung	In einem Untermenü finden Sie alle nötigen Einstellungen für die Tonaufnahme bei Videofilmen, wie die Einstellung des internen oder externen Mikros, Mikro-Begrenzer zum Vermeiden von Verzerrungen, einen Windfilter, Tiefpassfilter für niederfrequente Bilder sowie eine Einstellung für die Kopfhörerlautstärke.
Zeitcode-Einstellung	Hier können Sie einen Zeitcode mit Stunde, Minute, Sekunde und Bildnummer aktivieren, der während der Videoaufnahme und der Wiedergabe angezeigt wird. Ein solcher Timecode ist beispielsweise hilfreich bei der Nachbearbeitung von Ton und Bild bei der Synchronisation. Mit **Zeitcode-Anzeige** aktivieren Sie den Timecode. Mit der **Startzeit-Einstellung** wählen Sie die Startzeit des Timecodes. Mit **Aufwärtszähl-Einstellung** bestimmen Sie, ob die Zeit immer weiterlaufen darf oder nur dann, wenn Sie eine Videoaufnahme durchführen. Mit **Bild auslassen** können Sie bei krummen Bildraten wie 59,94p und 29,97p dafür sorgen, dass die Kamera bestimmte Bilder auslässt, und mit **HDMI-Zeitcode-Ausgabe** legen Sie fest, ob Sie den Timecode an ein angeschlossenes HDMI-Gerät ausgeben wollen.
Kontrollleuchte	Stellen Sie ein, ob und wie die Kontrollleuchte oder das AF-Hilfslicht während der Videoaufnahme leuchtet oder blinkt.

Tabelle 12.13 *Film-Einstellung (4/5) (Forts.)*

12.14 Film-Einstellung (5/5)

Abbildung 12.14 *Film-Einstellung (5/5)*

Video-Stummschaltsteuerung	Wenn Sie diese Option anschalten, werden die Einstellräder der Kamera deaktiviert, und Sie können die Videoeinstellungen per Touchscreen durchführen. Damit verhindern Sie, dass unnötige Bedienungsgeräusche der Kamera aufgenommen werden.

Tabelle 12.14 *Film-Einstellung (5/5)*

12.15 Einrichtung > Benutzer-Einstellung

Abbildung 12.15 *Einrichtung > Benutzer-Einstellung*

Formatieren	Dient zum Formatieren der Speicherkarte. Verwenden Sie zwei Speicherkarten, können Sie diejenige auswählen, die Sie formatieren wollen.
Datum/Zeit	Hier stellen Sie das Datum und die Uhrzeit der Kamera ein. Diese Daten werden auch bei der Aufnahme zum Bild oder Film hinzugefügt.
Zeitdiff.	Wenn Sie auf Reisen in einer anderen Zeitzone sind, können Sie die Zeit in der Kamera auf die Zeitzone des Reiseziels umstellen. Wählen Sie dazu im Menü **Lokal** aus, und tragen Sie die Zeitdifferenz in Stunden ein. Wenn Sie wieder zurück in Ihrer Heimat sind, wählen Sie einfach den Eintrag **Heimat**.
Lang.	Hier stellen Sie die Benutzersprache ein.
Meine Menü-Einstellung	Mit diesem Menübefehl können Sie die Elemente der Registerkarte **Mein Menü** bearbeiten. Sie können Elemente hinzufügen, **Elemente sortieren** und **Elemente entfernen**.
Sensorreinigung	Dient zum Aktivieren der Sensorreinigung beim Einschalten und/oder Ausschalten der Kamera. Standardmäßig ist die Sensorreinigung nur beim Einschalten aktiv.
Reset	Mit diesen Befehlen setzen Sie alle Optionen im Aufnahmemenü oder im **Einrichtung**-Menü auf die Standardwerte zurück.

Tabelle 12.15 *Einrichtung > Benutzer-Einstellung*

12.16 Einrichtung > Ton-Einstellung

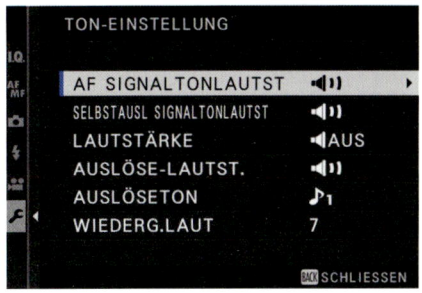

Abbildung 12.16 *Einrichtung > Ton-Einstellung*

AF Signaltonlautst	Richtet die Lautstärke des Signaltons ein, den die Kamera bei Scharfstellung von sich gibt. Sie können das Tonsignal auch stumm stellen.
Selbstausl Signaltonlautst	Dieser Signalton ertönt, wenn Sie den Selbstauslöser verwenden. Auch dieses Tonsignal können Sie stumm schalten.
Lautstärke	Die Lautstärke beim Benutzen von Bedienelementen, also beim Navigieren im Kameramenü, stellen Sie hier ein. Dieses Signal kann ebenfalls stumm geschaltet.
Auslöse-Lautst.	Da der elektronische Verschluss (ES) lautlos ist, finden Sie hier eine Option, die Lautstärke für den Ton dafür einzustellen. Wählen Sie **Aus**, wird diese Option stumm gestellt.
Auslöseton	Wählen Sie aus drei verschiedenen Tönen für den elektronischen Auslöser (ES).
Wiederg.Laut	Mit dieser Option stellen Sie die Lautstärke für die Wiedergabe von Videofilmen ein.

Tabelle 12.16 *Einrichtung > Ton-Einstellung*

12.17 Einrichtung > Display-Einstellung (1/3)

Abbildung 12.17 *Einrichtung > Display-Einstellung (1/3)*

EVF Helligkeit	Legt die Helligkeit im Sucher fest. In der Standardeinstellung mit **Auto** wird die Helligkeit automatisch angepasst. Mit **Manuell** stellen Sie die Helligkeit auf +5 bis –7 ein.
EVF-Farbe	Damit stellen Sie die Farbsättigung im Sucher von +5 bis –5 ein.
EVF-Farbeinstellung	Dient dazu, ganz gezielt die Farbwiedergabe mit den RGB-Farben im Sucher einzustellen.
LCD Helligkeit	Die Helligkeit des Displays stellen Sie von +5 bis –5 ein.
LCD-Farbe	Damit stellen Sie die Farbsättigung des Displays von +5 bis –5 ein.
LCD-Farbeinstellung	Hier können Sie ganz gezielt die Farbwiedergabe mit den RGB-Farben im Sucher einstellen.
Bildvorschau	Wollen Sie eine Bildvorschau direkt nach der Aufnahme sehen, dann aktivieren Sie diese Option, die standardmäßig auf **Aus** steht. Zur Verfügung stehen **0,5 Sek**, **1,5 Sek** oder **Dauernd**. Bei **Dauernd** wird das Bild so lange angezeigt, bis Sie den Auslöser halb herunterdrücken oder **MENU/OK** drücken.
Autorotate anzeigen	Wenn Sie die Kamera drehen, werden die Anzeigen im Display und Sucher standardmäßig mitgedreht. Wollen Sie dies nicht, stellen Sie diese Option auf **Aus**.

Tabelle 12.17 *Einrichtung > Display-Einstellung (1/3)*

12.18 Einrichtung > Display-Einstellung (2/3)

Abbildung 12.18 *Einrichtung > Display-Einstellung (2/3)*

Bel.-Vorschau/ Weissabgleich Man.	Wählen Sie aus, ob die Belichtung und/oder der Weißabgleich im manuellen Belichtungsmodus angezeigt werden soll(en). Standardmäßig ist beides aktiv (**Vorschau Bel./WA**). Alternativ können Sie auch nur den Weißabgleich (**Vorschau WA**) für die Vorschau verwenden. Mit **Aus** deaktivieren Sie diese Vorschau komplett, was zum Beispiel im Studio mit Blitzlicht sehr hilfreich ist.

Tabelle 12.18 *Einrichtung > Display-Einstellung (2/3)*

Natürliche Liveansicht	Standardmäßig ist diese Option eingeschaltet und sorgt dafür, dass Sie auf dem Display oder im Sucher alle Wirkungen wie diejenigen der Filmsimulation, des Weißabgleichs und anderer Optionen unter **Bildqualitäts-Einstellung** sehen. Stellen Sie diese Option auf **Aus**, wenn Sie dies nicht wollen.
Rahmenhilfe	Stellt verschiedene Rahmen zur Auswahl bereit, die allerdings erst dann sichtbar werden, wenn Sie über **Display-Einstellung > Display-Einstell.** einen Haken vor **Rahmenhilfe** setzen.
WG. Auto-Dreh.	Mit dieser Option werden Hochformat-Bilder bei der Wiedergabe automatisch gedreht, Sie müssen dazu nicht die Kamera drehen. Standardmäßig ist diese Funktion auf **Aus** gestellt.
Fokus Masseinheit	Hier stellen Sie die Fokusmaßeinheit beim manuellen Fokussieren ein. Zur Auswahl stehen **Meter** (Standardeinstellung) und **Fuss**.
Blende für Kinoobjektiv	Diese Einstellung ist für die Anzeige der Blende beim Filmen oder Fotografieren gedacht. Wählen Sie, ob die Blende als T-Blende (für Filmkamera-Objektive) oder als Blendenzahl (für Foto-Objektive) angezeigt werden soll. Für diese Anzeige benötigen Sie allerdings ein Fujinon-Objektiv der MKX-Serie.
Duale Display-Einst.	Zum Ändern der dualen Display-Einstellung: Soll das kleine Fenster die vergrößerte Ansicht des Fokussierbereiches und das große Fenster links das Gesamtbild enthalten, oder soll es umgekehrt sein?
Display-Einstell.	Hier können Sie verschiedene Elemente auswählen oder deaktivieren, die auf dem Display oder im Sucher erscheinen sollen.

Tabelle 12.18 *Einrichtung > Display-Einstellung (2/3) (Forts.)*

12.19 Einrichtung > Display-Einstellung (3/3)

Abbildung 12.19 *Einrichtung > Display-Einstellung (3/3)*

Modus grosse Indikat(EVF)	Wenn Sie diese Option auf **An** stellen, werden im Sucher die dort verwendeten Anzeigen vergrößert dargestellt.

Tabelle 12.19 *Einrichtung > Display-Einstellung (3/3)*

Modus grosse Indikat(LCD)	Stellen Sie diese Option auf **An**, werden auf dem Display die dort verwendeten Anzeigen vergrößert dargestellt.
Anzeigeeinst grosse Indik	Wenn Sie eine vergrößerte Darstellung für Display oder Sucher gewählt haben, können Sie diese Anzeige hier den persönlichen Bedürfnissen anpassen.
Informat Kontrastanpassung	Verschiedene Vorgaben zur Einstellung des Displaykontrasts

Tabelle 12.19 *Einrichtung > Display-Einstellung (3/3) (Forts.)*

12.20   Einrichtung > Tasten/Rad-Einstellung (1/3)

Abbildung 12.20 *Einrichtung > Tasten/Rad-Einstellung (1/3)*

Fokushebel-Einstellung	Dient zur Anpassung des Fokushebels, der standardmäßig auf **An** gestellt ist. Stattdessen können Sie ihn auch komplett sperren oder festlegen, dass Sie ihn erst durch Drücken entsperren müssen, um so ein versehentliches Verschieben des Fokusbereiches zu verhindern.
Schnellmenü Bearb./Sp.	Bei Bedarf bearbeiten Sie unter diesem Punkt das Schnellmenü, das Sie mit der **Q**-Taste aufrufen.
Funktionen (Fn)	Mit diesem Menüpunkt bearbeiten Sie die Funktionstasten der X-T3.
Einstellung Auswahltaste	Die Auswahltasten nach oben, unten, links und rechts sind standardmäßig von der Kamera mit Funktionstasten belegt. Alternativ können Sie sie über diesen Menüpunkt auch zur Positionierung des Fokusbereiches verwenden. Allerdings können Sie dann nicht mehr die zugeordneten Funktionstasten benutzen.
Bedienrad-Einst.	Hier konfigurieren Sie das vordere und hintere Einstellrad.

Tabelle 12.20 *Einrichtung > Tasten/Rad-Einstellung (1/3)*

ISO-Rad-Einst. (H)	Hiermit geben Sie den ISO-Wert an, der bei der Position **H** am ISO-Einstellrad verwendet werden soll. Zur Auswahl stehen 25.600 (Standard) und 51.200.
ISO-Rad-Einst. (L)	Diese Option legt den ISO-Wert fest, der bei der Position **L** am ISO-Einstellrad verwendet wird. Zur Auswahl stehen 80 (Standard), 100 und 125.
ISO-Rad-Einst (A)	Standardmäßig (Wert: **Auto**) wird, wenn Sie das ISO-Einstellrad auf **A** stellen, automatisch zur passenden Aufnahmebedingung der unter **Aufnahme-Einstellung > Autom. ISO-Einst.** eingestellte Wert verwendet. Wählen Sie hingegen hier die Option **Befehl**, können Sie den ISO-Wert manuell durch Drehen des vorderen Einstellrades einstellen.

Tabelle 12.20 *Einrichtung > Tasten/Rad-Einstellung (1/3) (Forts.)*

12.21 Einrichtung > Tasten/Rad-Einstellung (2/3)

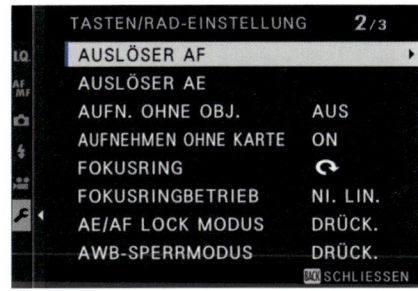

Abbildung 12.21 *Einrichtung > Tasten/Rad-Einstellung (2/3)*

Auslöser AF	Legen Sie fest, ob die Kamera im Fokusmodus AF-S und/oder AF-C scharfgestellt wird, wenn Sie den Auslöser halb herunterdrücken. Standardmäßig ist dies bei beiden Fokusmodi der Fall.
Auslöser AE	Bei halb heruntergedrücktem Auslöser wird die Belichtung standardmäßig gespeichert. Mit dieser Option können Sie dies für die Fokusmodi AF-S/MF und AF-C deaktivieren. Damit muss die Kamera bei einer Serienaufnahme die Belichtung vor jedem Bild neu einstellen.
Aufn. ohne Obj.	Damit können Sie auch auslösen, wenn kein Objektiv an der Kamera angebracht ist. Dies ist beispielsweise hilfreich, wenn Sie ein Objektive über einen Adapter an der X-T3 betreiben. Auch bei den meisten Fremdhersteller-Objektiven müssen Sie diese Option auf **An** stellen.

Tabelle 12.21 *Einrichtung > Tasten/Rad-Einstellung (2/3)*

Aufnehmen ohne Karte	Standardmäßig ist es auch möglich, die Kamera ohne eingelegte SD-Karte auszulösen, um den Verschluss zu testen. Dies können Sie mit der Option **Off** deaktivieren. Dann wird das Auslösen ohne eine Speicherkarte gesperrt.
Fokusring	Hier ändern Sie die Drehrichtung des Fokusrings beim Scharfstellen des Objektivs.
Fokusringbetrieb	Mit dieser Einstellung legen Sie fest, wie die Kamera beim Drehen des Scharfstellrings fokussiert.
AE/AF Lock Modus	Stellt das Verhalten der Tasten **AE-L** bzw. **AF-L** ein. Standardmäßig wird die Belichtung bzw. Fokussierung gespeichert, während Sie die Taste gedrückt halten. Dies können Sie ändern, indem Sie **AE/AF-L Ein/Aus** wählen, womit Sie die Belichtung bzw. Scharfstellung speichern, wenn Sie die entsprechende Taste drücken. (Für die Speicherung der Fokussierung müssen Sie auch den Auslöser halb herunterdrücken.) Diese bleiben jetzt so lange gespeichert, bis Sie die Taste erneut drücken.
AWB-Sperrmodus	Diese Funktion ist ähnlich wie **AE/AF Lock Modus**, nur betrifft sie das Speichern des Weißabgleichs. Um diese Funktion allerdings verwenden zu können, müssen Sie sie einer Funktionstaste zuweisen.

Tabelle 12.21 *Einrichtung > Tasten/Rad-Einstellung (2/3) (Forts.)*

12.22 Einrichtung > Tasten/Rad-Einstellung (3/3)

Abbildung 12.22 *Einrichtung > Tasten/Rad-Einstellung (3/3)*

Blendenring-Einstellung(A)	Standardmäßig (Wert: **Auto**) stellt die Kamera die Blende automatisch ein, wenn Sie die Blende auf **A** stellen. Dies können Sie hier ändern, indem Sie die Option auf **Befehl** stellen. Dann stellen Sie mit dem vorderen Einstellrad die Blende ein.

Tabelle 12.22 *Einrichtung > Tasten/Rad-Einstellung (3/3)*

Blendeneinstell.	Diese Option steht nur bei Objektiven ohne Blendenring zur Verfügung. Die Voreinstellung ist **Auto+Manuell**, womit die Blende zunächst automatisch eingestellt wird, Sie aber mit dem vorderen Einstellrad die Blende manuell anpassen können. Diese gemischte Einstellung können Sie mit **Auto** oder **Manuell** trennen.
Touchscreen-Einstellung	Darunter verbergen sich sämtliche Einstellungen zur Touchscreen-Steuerung. Zur Auswahl stehen das (De-)Aktivieren des Touchscreens, eine Doppelklickfunktion, die Touchfunktionen (Wischgesten), Touchscreen-Funktionen bei der Wiedergabe und die Auswahl eines Touchscreen-Bereichs, wenn Sie diesen zum Positionieren des Fokuspunktes verwenden wollen.
Funktionssperre	Um eine nicht beabsichtigte Veränderung von Funktionen zu verhindern, können Sie hier ausgewählte Bedienelemente sperren.

Tabelle 12.22 *Einrichtung > Tasten/Rad-Einstellung (3/3) (Forts.)*

12.23 Einrichtung > Energieverwaltung

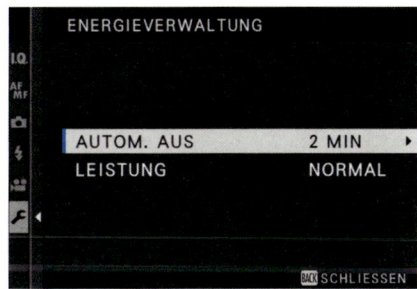

Abbildung 12.23 *Einrichtung > Energieverwaltung*

Autom. Aus	Richten Sie ein, wie lange es dauern soll, bis sich die Kamera ausschaltet, wenn sie nicht mehr bedient wird. Je kürzer die Zeit ist, umso mehr schonen Sie den Akku. Wenn Sie diese Option auf **Aus** stellen, müssen Sie die Kamera selbst ausschalten.
Leistung	Hier können Sie die Leistungsverstärkung der Kamera aktivieren, wodurch die AF-Geschwindigkeit und die Bildrate im Sucher beschleunigt werden. Dies geht allerdings auf Kosten des Akkus.

Tabelle 12.23 *Einrichtung > Energieverwaltung*

12.24 Einrichtung > Datenspeicher-Einstellung

Abbildung 12.24 *Einrichtung > Datenspeicher-Einstellung*

Bildnummer	Mit der gleichnamigen Option geben Sie die Bildnummer vor, die beim Speichern verwendet wird. Standardmäßig ist der Wert **Kont.** eingestellt, womit der Wert der Bildnummer immer um 1 inkrementiert wird. Wählen Sie hingegen **Neu** aus, wird die Nummerierung auf 0001 zurückgesetzt, wenn Sie die Speicherkarte formatiert haben oder eine neue Karte verwenden.
Org.Bld speichern	Wählen Sie **An**, wenn Sie eine nicht bearbeitete Kopie von Bildern speichern wollen, die Sie mit der Option **Rote-Augen-Korr.** aufgenommen haben. Dies dient zur Sicherheit, weil sich diese Funktion auch mal irren kann und etwas korrigiert, was gar nicht sein sollte.
Dateiname Bearb.	Hier können Sie einen Teil des Dateinamens für sRGB oder Adobe RGB ändern. Bei sRGB sind es die ersten vier Buchstaben und bei Adobe RGB die ersten drei Buchstaben nach dem Präfix.
Steckpl.-Einst. (Standb.)	Legen Sie fest, welche Aufgabe der Speicherkarte im zweiten Fach zugeteilt werden soll. Standardmäßig (Wert: **Sequenziell**) wird die Karte im zweiten Fach nur dann verwendet, wenn die Karte im ersten Fach voll ist. Mit **Sicherung** hingegen veranlassen Sie, dass jedes Bild auf beiden Karten gespeichert wird, und mit **RAW/JPEG** werden die Raw-Bilder auf der Karte im ersten Fach und die JPEG-Bilder auf der Karte im zweiten Fach abgelegt.
Steckpl.wähl. (Foto/Sequenz)	Wenn bei der vorigen Option **Sequenziell** eingestellt ist, können Sie hier festlegen, auf welcher Speicherkarte die Bilder zuerst gespeichert werden.
Steckpl.wähl. (Film/Sequenz)	Wenn **Sequenziell** bei **Steckpl.-Einst. (Standb.)** eingestellt ist, können Sie hier festlegen, auf welcher Speicherkarte zuerst die Videos gespeichert werden.

Tabelle 12.24 *Einrichtung > Datenspeicher-Einstellung*

Ordner wählen	Zum Festlegen und Erstellen der Ordner, in denen anschließend die Bilder gespeichert werden sollen
Copyright-Info	An dieser Stelle können Sie Copyright-Informationen zu Ihren Bildern hinzufügen und bearbeiten, die auch in Form von Exif-Daten zu den Aufnahmen hinzugefügt werden.

Tabelle 12.24 *Einrichtung > Datenspeicher-Einstellung (Forts.)*

12.25 Einrichtung > Verbindungs-Einstellung

Abbildung 12.25 *Einrichtung > Verbindungs-Einstellung*

Bluetooth-Einstellungen	Weitere Funktionen, mit denen Sie Einstellungen für Bluetooth vornehmen oder Bluetooth komplett deaktivieren können
Netzwerk-Einstellung	Die Einstellungen für die Verbindung von drahtlosen Netzwerken treffen Sie hier.
PC Auto-Speicher	Einstellungen für das Verbinden eines Computers über WLAN
Einst. Instax Druckerv.	Diese Einstellungen sind für die Verbindung eines optionalen Fujifilm-Instax-Share-Druckers gedacht.
PC-Anschluss-Modus	alle Einstellungen für das Verbinden eines Computers mit der Kamera
Allg. Einstellungen	verschiedene Einstellungen für die Verbindung zu drahtlosen Netzwerken enthalten
Information	Benötigen Sie die MAC- oder Bluetooth-Adresse der Kamera, finden Sie sie hier vor.
WLAN-Einst. zurücksetzen	Damit setzen Sie alle Funkeinstellungen wieder auf die Standardwerte zurück.

Tabelle 12.25 *Einrichtung > Verbindungs-Einstellung*

Index

18 % Grau 98
180-Grad-Regel 227
4K 232
4K HDMI-Standby-Qualität 294
4K Interf-Rauschmind 242, 292
4K-Film-Ausgabe 237, 293

A

Abblenden 66
Abstandsanzeige 119
Acros (Filmsimulation) 142
Actionaufnahme 205
Adaptereinst. 289
Adobe Camera Raw 277
Adobe Lightroom Classic und CC 277
Adobe Premiere Pro CC 278
Adobe RGB 151
ADV. 28, 147
AE/AF Lock Modus 84, 113, 302
AE-L 19, 26, 84, 264
AF Modus 102, 284
AF, prädiktiv 102
AF/MF-Einstellung 284
AF+MF 125, 285
AF-Abstandsanzeige 120
AF-C 101
   anpassen 110
   beim Filmen 223
   Benutzerdef.Einst. 110, 284, 293
AF-Hilfslicht 20
AF-L 19, 26, 264
   speichern 113
AF-Modus 99
   Alle 110
   d. Ausr. speich. 118, 193
   Einzelpunkt 102
   Geschw.Verfolg.-Empfindl.K 111
   Verfolgung 108
   Verfolgungs-Empfindlichk. 111
   Weit/Verfolgung 108
   Zone 105
   Zonenbereichsumschaltung 112

AF-Modus D. Ausr. Speich. 284
AF-on 153
AF-Punktanzeige 284
AF-S 99
   beim Filmen 223
AF-Signal Tonlautst 37, 297
Akku 265
Allg. Einstellungen 305
Anzahl der Fokussierpunkte 104, 284
Anzeigeeinst große Indik 131, 159, 300
Astia (Filmsimulation) 141
Audioeinstellung 244, 295
Auflösung von Sucher und Display 30
Aufn. ohne Obj. 259, 301
Aufnahme 281
Aufnahmebetriebsarten 18, 26
   BKT 89
Aufnahmedauer, Filme 236
Aufnahme-Einstellung 287
Aufnehmen ohne Karte 302
Augenerkennung 117
Augensensor 19, 30
Auslöse-Lautstärke 38, 297
Auslösepriorität 113
Auslöser AE 301
Auslöser AF 153, 301
Auslösertyp 38, 60, 288
Auslöseton 297
Auswahltasten 19
Auto-Belichtungs-Serie 89
Auto-ISO im manuellen Modus 73
Autom. Aus 303
Autom. ISO-Einst. 72, 288
Autorotate anzeigen 298
Avid Media Composer 278
AWB → Weißabgleich

B

Backbutton-Fokus 153
Backfokus 264
Batteriegriff 262

Index

Bedienelemente 17
Bedienkonzept 17, 20
Bedienrad-Einst. 154, 300
Bel.-Vorschau/Weissabgleich Man. 298
Belichtung speichern 84
Belichtungskontrolle 95
Belichtungskorrektur 86
Belichtungskorrekturrad 18
Belichtungsmessmethode 18, 79
   Gesichtserkennung 81
   Integralmessung 81
   Mehrfeldmessung 80
   Spotmessung 82
Belichtungsreihe 89
Belichtungsskala 86
Belichtungswert 86
Belichtungszeit 18, 75
   beim Filmen 228
Ben.Einst. Ausw. 149, 283
Ben.Einst. Bearbeiten/Speicher 148, 283
Benutzer-Einstellung 296
Beugungsunschärfe 67
Bewegung einfrieren 59
Bewegungsunschärfe 59
Bild
   löschen 43
   schützen 44
   sichten 45
   zuschneiden 275
Bildansicht vergrößern 44
Bildgröße 36, 271, 280
Bildnummer 304
Bildqualität 36, 281
Bildqualitäts-Einstellung 280
Bildrauschen reduzieren 78
Bildstabilisator 60
Bildvorschau 298
Bildwiedergabe 40
   auf einem externen Monitor 40
   starten 41
BKT 27
BKT-Auswahl 202
Blackmagic DaVinci Resolve 279
Blende 76
   einstellen 62
Blende für Kinoobjektiv 299

Blendenautomatik → Zeitvorwahl
Blendeneinstell. 303
Blendenmodus-Schalter 63
Blendenring 23, 50, 62
Blendenring-Einstellung(A) 155, 302
Blendenschalter 50
Blendenstufen 61
Blendenvorwahl 22, 62
   beim Filmen 226
Blendenwert 50
Blitz-Einstellung 166, 289
Blitzen 160
   entfesseltes 182
   HSS 179
   indirekt 175
   ISO-Wert 174
   Langzeitsynchronisation 178
   Leistung einstellen 168
   manuelles 181
   Synchronisation 170
Blitzgeräte
   Dritthersteller 165
   EF-20 164
   EF-42 164
   EF-X20 164
   EF-X500 165
   EX-X8 160
Blitzschuh 18
Blitzsteuerung 167
Blitzsynchronzeit 179
Bluetooth 214, 217, 305
Boost-Modus 264
Bulb-Modus 48

C

Capture One Pro 12 Fujifilm 276
CH (Continuous High) 28, 205
CH Einstellung 290
CL (Continuous Low) 28, 206
Classic Chrome (Filmsimulation) 141
Commander 182
Copyright-Info 305
Cropfaktor beim Filmen 233
Cyberlink PowerDirector 279

D

Darkframe 210
Dateiname Bearb. 304
Datenspeich Setup 39
Datenspeicher-Einstellung 304
Datum/Zeit 296
D-Bereichspriorität 282
Digitales Schnittbild 122
Digital-Microprisma 122
Dioptrieneinstellrad 17
DISP/BACK 19, 31
Display 29, 31, 298
    Bildschirmansicht ändern 31
    duales 121, 299
    Einstellung 159, 297, 299
Display/Touchscreen 19
DR100% 94
DR200% 94
DR400% 94
Drahtlos-Komm. 289
Drive-Einstellung 287
Duale Display-Einst. 121, 299
Dunkelbild 210
Dynamikbereich 94, 282, 291
Dynamikumfang 92

E

EditShare Lightworks 279
Ein-/Ausschalter 18
Einst. Doppelklicken 128
Einst. Instax Druckerv. 305
Einst. Sofort-AF 124, 286
Einstellrad
    entriegeln 57
    hinteres 19, 24–25
    vorderes 20, 24–25
Einstellung Auswahltaste 300
Einstellung Blitzfunktion 289
Einzelpunkt-AF 102
Elektronischer Verschluss (ES) 47
Energieverwaltung 303
Entfernungsanzeige 119
Entfesselt blitzen 182

Erweit. Filtereinstellung 147
Erweiterte Filter 147
ES → Elektronischer Verschluss
Eterna (Filmsimulation) 142
EV → Lichtwertstufe
EVF-Farbe 298
EVF-Farbeinstellung 298
EVF-Helligkeit 298
EVF-Sucher → Sucher
EVF-Touchs. Bereich Einst. 129

F

Farbe 146, 282, 292
Farbe Chromeffekt 281
Farbe Chromeffekt (Bildeffekt) 146
Farbraum 151, 283
Farbsättigung 146
Farbtemperatur anpassen 138
Fernauslöser 265
Fernsteuern 214
Festbrennweiten 256
Film-Einstellung 290
Filmen 221
    180-Grad-Regel 227
    Auflösung 232
    Aufnahmedauer 236
    Ausrüstung 225
    Bedienungsgeräusche stummschalten 230
    Belichtungszeit 228
    Cropfaktor 233
    F-Log 238
    fokussieren 222
    HLG 238
    ISO-Wert 229
    Kontrollleuchte 222
    manuell fokussieren 224
    manueller Programmmodus 228
    Programmautomatik 225
    Programmmodus A 226
    Programmmodus P 225
    Programmmodus S 227
    Qualität 232
    Ton 243
    Touchscreen 224

Index

  Vignettierungskorrektur 242
  Weißabgleich 231
  Zebra-Einstellung 229
  Zeitcodes 242
Filmkompression 234, 291
Filmmodus 23
Filmsimulationen 140, 281, 291
  Acros 142
  Astia 141
  beim Filmen 241
  benutzerdefinierte Einstellungen 148
  Bildeffekte 144
  Classic-Chrome 141
  Eterna 142
  PRO Neg. Hi 142
  PRO Neg. Std 142
  Provia 141
  Schwarzweiß 124, 143
  Schwarzweiß-Farbfilter 143
  Sepia 143
  und Raw 140
  Velvia 141
Filmsimulation-Serie 29
Final Cut Pro X 278
Firmware-Upgrade 268
Flimmerreduzierung 288
F-Log/HLG Aufzeichnung 238, 292
Fn1 18
Fn2 20
Focus Peaking 123
  beim Filmen 224
Fokus Maßeinheit 299
Fokus-BKT 202
Fokushebel 19, 24
  Einstellung 300
  sperren 105
Fokuskontrolle 120, 285, 293
Fokusmodus
  AF-C 29
  AF-S 29
  manuell 29
  Schalter 29, 99
Fokusprobleme 100
Fokusrahmen anpassen 103
Fokusreihe 201
Fokusring 119, 302

Fokusringbetrieb 302
Fokusschalter 20, 26
Fokussierbereich 284, 293
Fokussieren, manuell 118
Fokussierpunkt-Anzeige 103
Fokussierpunkte 104
Fokus-Stacking 27, 201
Formatieren 296
Fujifilm Camera Remote 214
Fujifilm X Acquire 189
Full HD 232
Full-HD-Hochgeschw.Aufn. 291
Full-HD-Video-Ausgabe 237, 294
Funktionssperre 156, 303
Funktionstasten (Fn) 19, 25, 152, 300

G

Geotagging 219
Ges./Augen-Erkenn.-Einst. 115, 285, 293
Geschw.Verfolg.-Empfindl.K 111
Gesichts- und Augenerkennung 41, 115
  Belichtungsmessmethode 81
Gesichtsauswahl 116
Gestensteuerung 130
Graufilter 179, 196, 213
  Variofilter 227
Graukarte 139

H

H.264 .... 234, 291
H.265(HEVC) 234, 291
HDMI-Aufnahmesteuerung 294
HDMI-Ausgang 40
High-Speed-Synchronisation → HSS
Hilfslicht 285
Histogramm 43, 95
  lesen 88
HLG 238, 292
HSS 179
Hybrid-AF 132
Hyperfokale Distanz 120

Index

I

Info-Anzeige HDMI-Ausgabe 237, 294
Informat Kontrastanpassung 300
Information 305
Integralmessung 81
Intervallaufn. mit Timer 287
Intervallaufnahme 204
IRE 229
IS Modus 60, 288
ISO-Automatik 71
ISO-Einstellung 70
   erweitern 74
ISO-Rad-Einst (A) 301
ISO-Rad-Einst. (H) 74, 301
ISO-Rad-Einst. (L) 74, 301
ISO-Wert 18, 70, 77
   beim Filmen 229

J

Joystick → Fokushebel
JPEG-Format 37, 134, 271

K

Kamera fernsteuern 214
Kameraausrichtung 118
Kameramenü
   Aufnahmemodus 34
   Bildwiedergabe 46
   Wiedergabe 46
Kehrwertregel 59
Kelvin (K) 138
Kontrast-Autofokus 132
Kontrastumfang 92
Kontrollleuchte 19, 222, 295
Kopfhörerlautstärke 244
Körnungseffekt 144, 281

L

Lang. 296
Langsame Sync. 178
Langzeitbelichtung 62, 209
Langzeitsynchronisation 178
Lautstärke 297
LCD-Farbe 298
LCD-Farbeinstellung 298
LCD-Helligkeit 298
LCD-Monitor → Display
LED-Licht-Einstellung 290
Leistung 264, 303
Leistungs-Verstärkungsmodus 26, 264
Leitzahl 161
Lichtwertstufe 89
Live-Histogramm 96
Lookup Table (LUT) 239
Löschen-Taste 19
LW → Lichtwertstufe

M

M (Programmmodus) 67
Magix 279
Makrofotografie 198
Makroobjektive 260
Manuell blitzen 181
Manuell fokussieren 118
Manueller Programmmodus 22, 67
Master-Einstellung 290
Matrixmessung 80
Mehrfachbelichtung 28
Mehrfeld 222
Mehrfeldmessung 80
Mein Menü 35, 157
Meine Menü-Einstellung 296
MENU/OK 19, 34
MF-Abstandsanzeige 120
MF-Assistent 122, 285, 293
Mikro-Begrenzer 244
Mikrofone 18
   externe 245
Mindestbelichtungszeit vorgeben 73
Mittenbetonte Integralmessung 81
Modus große Indikat(EVF) 130, 159, 299
Modus große Indikat(LCD) 130, 159, 300
Modus, manueller 22, 67
Motivhelligkeit 52
My Menu → Mein Menü

N

Nachführ-AF	101
Naheinstellgrenze	100, 198
Nahlinsen (Achromaten)	199
Naturfotografie	194
Natürliche Liveansicht	299
ND-Filter → Graufilter	
Netzwerk-Einstellung	305
NR Langz. Belicht.	210, 283

O

Objektive	246
Bildstabilisator	60
Blende einstellen	23
Festbrennweiten	256
Kürzel	246
Makroobjektive	260
Standardzooms	248
Telekonverter	262
Telezooms	252
Weitwinkelzooms	254
zum Filmen	262
Objektiv-Entriegelungsknopf	20
Objektivmod.-Opt	67, 283
OIS	60
Ordner wählen	305
Org.Bld speichern	304

P

Panoramaaufnahme	28
PC Auto-Speicher	305
PC-Anschluss-Modus	190, 305
Phasen-Autofokus	132
Pixel-Mapping	283
Porträtfotografie	191
Pre-AF	102, 284
Pre-Aufnahme ES	207, 287
Prio. Auslösen/Fokus	113, 286
PRO Neg. Hi (Filmsimulation)	142
PRO Neg. Std (Filmsimulation)	142
Programmautomatik	22

Programmmodus	21
Blendenvorwahl	62
manueller	22, 67
Programmautomatik	49
Programmautomatik anpassen	51
Vollautomatik	49
Zeitvorwahl	55
Zeitvorwahl anpassen	58
Programm-Shift	51–52
Provia (Filmsimulation)	141

Q

Q-Menü	156
Q-Taste	19, 25, 34, 156

R

Rahmenhilfe	38, 299
Rauschreduktion	145, 282, 292
Raw File Converter EX 3.0	276
Raw-Aufnahme	37
Raw-Bearbeitung	273
Raw-Format	37, 134, 271
Raw-Konverter, kamerainterner	77
Reduktionsadapter	259
Reset	40, 296
Rolling-Shutter-Effekt	47
Rote-Augen-Korr.	171, 289

S

S (Aufnahmebetriebsart)	28
S&W-Einst.(Warm/Kalt)	281, 291
Schärfe	147, 282, 292
Schärfentiefe	64, 192
Schärfentiefen-Skala	120
Schattier. Ton	144, 282, 292
Schnellmenü	26, 34
anpassen	156
Schnellmenü Bearb./Sp.	300
Schnittbild, digitales	122
Schützen	44
Schwarzweiß (Filmsimulation)	143

Selbstausl Signaltonlautst 297
Selbstauslöser 213, 287
Sensorebene 18
Sensorreinigung 266, 296
Sepia (Filmsimulation) 143
Serienaufnahme 205
Slangsame Sync. 178
Speicherkarte auswählen 42
Speicherkartenmanagement 39
Sperre Spot-AE & Fokuss. 82, 285
Sport-Sucher-Modus 129, 208, 287
Spotmessung 82
   Bildmitte 82
sRGB 151
Standardzooms 248
Steckpl.-Einst. (Standb.) 39, 304
Steckpl.wähl. (Film/Sequenz) 304
Steckpl.Wähl. (Foto/Sequenz) 304
Sucher 19, 29, 31, 298
   Bildschirmansicht ändern 31
Synchronanschluss 20
Systemblitze 162

T

Tasten/Rad-Einstellung 300
Tastenbelegung ändern 152
Telekonverter 262
Tethered-Aufnahme 189
Tiefenschärfeskala 286
Tiefpassfilter 244
Timelapse 204
Ton beim Filmen 231, 243
Ton Lichter 144, 282, 292
Ton-Einstellung 37, 297
Touch-Funktion 130
Touchscreen 126
   AF 127
   ausschalten 127
   beim Filmen 224
   Bereich (Area) 128
   Bildwiedergabe 46
   Modus 126
   Touch-Aufnahme (Shot) 127
   verwenden 33
   Wiedergabe 130

Touchscreen-Einstellung 303
Touchscreen-Modus 286
TTL 166
   Blitzmessung 162
   LOCK Modus 172, 290
   Modus anpassen 169
   Sperre 172

U

Überbelichtungswarnung 95–96
USB-Tethering 190

V

Vario AF 222
Velvia (Filmsimulation) 141
Verbindungs-Einstellung 305
Verfolgungs-Empfindlichk. 111
Verlaufsfilter 196
Verschlusszeit → Belichtungszeit
Verwackeln vermeiden 59
Video AF Modus 222
Video-AF-Modus 293
Videocodec 234
Video-Modus 290
Videoschnittprogramme 278
Video-Stummschaltsteuerung 230, 295
VIEWMODE 18, 33
Vignettierungskorrektur 242, 292
Vorfokussieren 102
Vorschau/Weißabgleich man. 188

W

WA verschieben 137
Wasserwaage 39
Weißabgleich 135, 281, 291
   automatisch (AWB) 135
   AWB-Sperrmodus 136, 302
   beim Filmen 231
   Feinabstimmung 136
   Graukarte 139
   manueller 138
   Weissab. BKT 29

Weißabgleichverschiebung ... 136
Weitwinkelzooms ... 254
WG. Auto-Dreh. ... 299
Wiederg.Laut ... 297
Wiedergabe
   Menü ... 46
   Touchscreen ... 130
Wiedergabemodus → Bildwiedergabe
Wiedergabetaste ... 19
WiFi ... 214, 217
Windfilter ... 244
Wischgesten ... 130
WLAN-Einst. zurücksetzen ... 305
WLAN-Tethering ... 190

X

X-Bajonett ... 248
XC ... 246
XF ... 246
X-Fujinon ... 248

Z

Zebra-Einstellung ... 229, 294
Zeitautomatik → Blendenvorwahl
Zeitcode-Einstellung ... 242, 295
Zeitdiff. ... 296
Zeitlupe ... 235
Zeitraffer ... 235
Zeitstempel ... 242
Zeitvorwahl ... 22, 55
   Anpassungen ... 58
   beim Filmen ... 227
Zone-AF ... 105
Zonenbereichsumschaltung ... 112
Zoomen durch Doppeltippen ... 128

Christian Westphalen
Die große Fotoschule
Handbuch digitale Fotopraxis

Umfassend, aktuell und inspirierend – das Standardwerk zur digitalen Fotografie bietet Ihnen das komplette Wissen für Ihre tägliche Fotopraxis: Kamera- und Objektivtechnik, Regeln und Prinzipien der Bildgestaltung, Umgang mit Licht und Beleuchtung, Blitzfotografie, Techniken der Scharfstellung, Filmen mit der Systemkamera u. v. m. Die großen Fotogenres werden vorgestellt, und Sie erhalten zahlreiche Anregungen, Tricks und Kniffe. Dieses Werk ist Ihr Begleiter auf Ihrem fotografischen Weg!

701 Seiten, gebunden, 3. Auflage, 39,90 Euro
ISBN 978-3-8362-4122-9
www.rheinwerk-verlag.de/4113

Bastian Werner
Fotografieren mit Wind und Wetter

Nutzen Sie das Wetter gezielt für die eigene Fotografie! Bastian Werner zeigt Ihnen, wie Sie allgemein zugängliche Wetterdaten lesen und interpretieren. Ob Regen, Nebel, Raureif, Polarlichter oder Gewitter: Treffen Sie für Ihre Wunschgegend Vorhersagen und fotografieren Sie, wenn das Wetter zu Ihrem Motiv am besten passt!

356 Seiten, gebunden, 39,90 Euro
ISBN 978-3-8362-4222-6
www.rheinwerk-verlag.de/4176

André Giogoli, Katharina Hausel
Bildgestaltung
Die große Fotoschule

Wie gelingen ausdrucksstarke Fotos? Fotos, die nicht nur Ihren Blick fürs Motiv und Ihre Technikkompetenz zeigen, sondern auch bewusst und konsequent gestaltet sind? André Giogoli und Katharina Hausel bilden am Lette-Verein Fotografen aus und zeigen Ihnen in diesem Buch alles, was Sie über die fotografischen Gestaltungselemente wissen müssen.

427 Seiten, gebunden, 44,90 Euro, ISBN 978-3-8362-3940-0
www.rheinwerk-verlag.de/4001

> *Objektive bestimmen das Bild mehr als die Kamera!*
>
> Christian Westphalen

Christian Westphalen

Das große Buch der Objektive
Technik, Ausrüstung und fotografische Gestaltung

In diesem tief gehenden, aber immer verständlichen Buch zeigt Ihnen Christian Westphalen herstellerunabhängig alles, was Sie über Objektive wissen müssen: von der grundlegenden Technik über Schärfe, Abbildungsfehler und Bokeh bis hin zur Bildgestaltung mit den verschiedenen Objektivtypen. Erfahren Sie, wie Sie Ihren »Fuhrpark« sinnvoll erweitern, alte Objektive einschätzen, Ihre Objektive pflegen und lassen Sie sich von kreativen Bastellösungen inspirieren. Alles, was Sie je zu Objektiven wissen wollten, finden Sie in diesem Buch!

388 Seiten, gebunden, 49,90 Euro, ISBN 978-3-8362-5851-7

www.rheinwerk-verlag.de/4464

István Velsz

Lightroom Classic und CC
Das umfassende Handbuch

Dieses umfassende Handbuch zu Lightroom Classic und CC lässt keine Frage offen! Der Fotograf István Velsz erklärt Ihnen alle Funktionen und Werkzeuge von Lightroom: Sie erfahren, wie Sie Ihre Bildbestände sinnvoll archivieren und verwalten, Raw-Bilder umwandeln und bearbeiten, Ihre Bilder ansprechend präsentieren, veröffentlichen und drucken. Ein Schnelleinstieg für den ersten Überblick und Workshops zu verschiedenen Arbeitsabläufen erleichtern die ersten Schritte mit Lightroom.

993 Seiten, gebunden, 49,90 Euro, ISBN 978-3-8362-5893-7
www.rheinwerk-verlag.de/4478

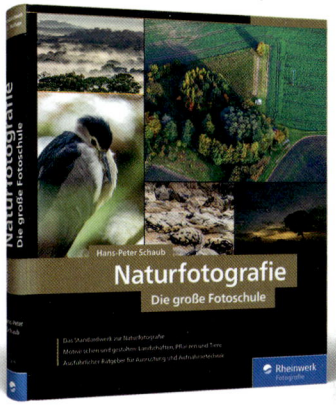

Hans-Peter Schaub
Naturfotografie
Die große Fotoschule

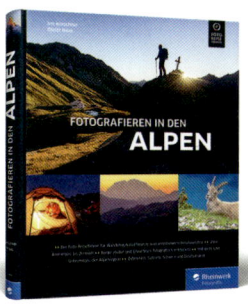

Iris Kürschner, Dieter Haas
Fotografieren in den Alpen

In diesem Buch erfahren Sie alles, was Sie über die Naturfotografie wissen möchten! Der erfahrene Naturfotograf Hans-Peter Schaub führt Sie in die heimischen Landstriche und zeigt Ihnen, dass überall um Sie herum Naturmotive zu finden sind – egal, ob Sie bevorzugt Landschaften, Tiere oder Pflanzenmakros fotografieren. Dieses Buch inspiriert Sie mit wunderschönen Bildern zu Ihren eigenen Fotografien und liefert Ihnen wichtige Praxistipps, damit Sie im richtigen Moment bei bestem Licht auslösen können!

415 Seiten, gebunden, 3. Auflage, 39,90 Euro, ISBN 978-3-8362-5910-1
www.rheinwerk-verlag.de/4492

Schroffe Felswände und spiegelklare Bergseen, blühende Almwiesen und einladende Hütten: Kommen Sie mit auf eine Entdeckungsreise durch die Alpen! Die Autoren führen Sie zu spektakulären Fotospots und Highlights jenseits der Postkartenmotive. Nützliche Foto-Tipps, Tourempfehlungen, Land und Leute – alles inklusive.

411 Seiten, gebunden, 39,90 Euro
ISBN 978-3-8362-3496-2

www.rheinwerk-verlag.de/3766

Maike Frisch, Florian Frisch, Aline Lange, Norma mi Sol, Steffi von der Heid
Babys, Kinder und Familie
Die Fotoschule in Bildern

So geht moderne Familienfotografie heute! Vom Neugeborenen über Kinderporträts bis zum Klassiker fürs Familienalbum – hier lernen Sie, wie Bilder von echten Menschen mit echten Gefühlen entstehen. Lassen Sie sich von den unzähligen Bildern inspirieren und profitieren Sie von zahlreichen Tipps aus der Praxis!

310 Seiten, gebunden, 34,90 Euro
ISBN 978-3-8362-4026-0
www.rheinwerk-verlag.de/4055

Andreas Bübl
STUDIO
Licht-Setups und Bildideen für gelungene Porträts

Entdecken Sie die Vielfalt der Studiofotografie! Dieses Buch zeigt Ihnen eine Fülle inspirierender Beispiele und präsentiert übersichtlich und kompakt, wie Sie sie selbst umsetzen. Lassen Sie sich von den Bildern des Profis inspirieren, schlagen Sie konkrete Bildideen nach und bauen Sie die Licht-Setups einfach vor Ort nach.

312 Seiten, gebunden, 39,90 Euro, ISBN 978-3-8362-4320-9

www.rheinwerk-verlag.de/4223